Ralf Blechschmidt

Mantrailing
in der Polizeiarbeit

© 2023 Kynos Verlag Dr. Dieter Fleig GmbH
Konrad-Zuse-Straße 3,
D-54552 Nerdlen/Daun
Telefon: 06592 957389-0
www.kynos-verlag.de

Grafik & Layout: Kynos Verlag

Gedruckt in Lettland

ISBN 978-3-95464-308-0

Bildnachweis:

Adobe Stock: S. 12: Angela Rohde-stock.adobe.com, S. 27: nacolol-stock.adobe.com, S. 64: Eudyptula-stock.adobe.com, S. 74: nsc-photography-stock.adobe.com, S. 99: Villiers-stock.adobe.com, S. 111: Artsiom P-stock.adobe.com, S. 122: Пётр Рябчун-stock.adobe.com, S. 154: dimedrol68-stock.adobe.com, S. 168: refresh(PIX)-stock.adobe.com, S. 176: Yuliya-stock.adobe.com, S. 204: Karl-Heinz H-stock-adobe.com, S. 229: benjaminnolte-stock.adobe.com, S. 230: Felipe Caparrós-stock.adobe.com, S. 234: Syda Productions-stock.adobe.com, S. 241: Stephen-stock.adobe.com, S. 254: kwanchaift-stock-adobe.com, S. 292: rolfkremming-stock.adobe.com,

Blechschmidt, Ralf: S. 11, 38, 42, 43, 68, 95, 100, 109, 115, 118, 131, 138, 139, 142, 153, 165, 166, 167, 236, 242,

Blechschmidt, Vincent: Grafik S. 98

Hochlan, Michael: S. 21, 33, 35, 37, 41, 50, 53, 54, 57, 73, 76, 86, 91, 92, 99, 102, 105, 106, 108, 117, 124, 126, 128, 129, 132, 134, 138, 143, 184, 198, 201, 248, 256, 300

Katja Culbertson: S. 252

Mike Trapp: S. 246, 274

picture alliance / Hendrik Schmidt: Titelfoto, S. 28, 194

Privat: S. 152, 149

Restliche Grafiken: Kynos Verlag unter Verwendung von Grafiken von AlexZel-stock.adobe.com und Macrovector-stock.adobe.com

Mit dem Kauf dieses Buches unterstützen Sie die
Kynos Stiftung Hunde helfen Menschen
www.kynos-stiftung.de

Inhaltsverzeichnis

21. EXTRA: Die Sicherung von odorologischen Spuren – Eine Handlungshilfe für Einsatzkräfte und Kriminaltechniker ... 293

Vorwort

Schon seit langem trug ich den Gedanken mit mir herum, dieses Buch zu schreiben. Dabei hatte ich es von Anfang an nicht als typisches Anfänger- oder Neueinsteigerbuch konzipiert, das ein autodidaktisches Ausbilden eines Hundes zuhause „im stillen Kämmerlein" anleitet. Ich bin der Meinung, dass eine grundsolide Mantrailerausbildung ohne einen erfahrenen Ausbilder und gut geschulte Runner in keinem Falle auskommt. Dieses Buch ist also keine Anleitung für Mantrailing, das wie eine Aufbauanleitung für ein Ikea-Regal benutzt werden kann. Es will Sie vielmehr mitnehmen in eine Geruchs- und Gedankenwelt der Hunde und die professionelle Arbeit im Bereich Mantrailing. Dabei werden ausbilderische und einsatzspezifische Zusammenhänge aus dem Blickwinkel einer späteren Einsatzverwendung des Hundes aufgezeigt – denn häufig werden die Grundsteine für spätere Defizite bereits sehr früh in der Ausbildung gesetzt.

Ich habe für dieses Buch ganz bewusst die Erzählperspektive in der „Ich-Form" gewählt. Zum einen, weil es viele verschiedene Wege gibt, sein (Ausbildungs-)Ziel zu erreichen und es letztlich vor allem auf das erreichte Ergebnis ankommt, weshalb in meinen Augen jede „Methodik" mit der (tierschutzgerecht) dieses Ziel erreicht werden kann, ihre Daseinsberechtigung hat. Zum anderen, weil ich aufgrund der Fülle an Erfahrungen, die jeder einzelne Hundeführer im Laufe seiner Ausbildung und Einsätze macht, ein verallgemeinerndes „wir" oder „man" für unangebracht halte. Alle Aussagen beziehen sich daher auf meine persönlichen Erfahrungen.

Ich wünsche mir, dass dieses Buch für den Einsteiger wie für den Fortgeschrittenen gleichermaßen Anregungen und Erfahrungen und Wissen bereithält und vielleicht auch Denkanstöße vermittelt.

Ich freue mich sehr, dass ich für dieses Buch einige bekannte Persönlichkeiten gewinnen konnte, die sich in der deutschen „Mantrailingsszene" um Ausbildung und Forschung verdient gemacht haben. Sie haben mich dankenswerterweise mit sehr interessanten Interwies bei diesem Projekt unterstützt.

Noch ein Wort zu den im Buch dargestellten Trails aus realen Fallbeispielen. Alle Trails, sofern es sich um solche zur Verfolgung von Straftaten handelt, stammen aus juristisch abgeschlossenen Fällen. Aus rechtlichen Gründen habe ich keine Originalaufzeichnungen verwendet. Alle übrigen Trailaufzeichnungen spiegeln ausschließlich und allein den Weg des Hundeführers bei der Ausarbeitung des Trails. Dieser Weg dokumentiert somit lediglich die Arbeitsleistung des Hundes und es ist aufgrund verschiedener äußerer Einflüsse von einer Abweichung zur tatsächlichen Laufstrecke der gesuchten Person auszugehen, die abhängig vom Suchverhalten des Hundes um eine weitere Toleranz abweicht.

Alle Personen und Einsatzdaten sind selbstverständlich komplett anonymisiert. Nun wünsche ich den Lesern viel Spaß bei der Lektüre dieses Buches!

Ihr
Ralf Blechschmidt

1.

Zu Beginn ein wenig Geruchstheorie

Vielen Leuten ist am Anfang nicht so genau klar, warum es einen eklatanten Unterschied zwischen Fährtenhunden und Mantrailern gibt. Deshalb möchte ich dies zu Beginn noch einmal erklären, damit es im Folgenden keine Missverständnisse gibt. Dazu müssen wir noch einmal kurz in die Theorie des Geruchs und der Entstehung von Geruchsfährten eintauchen.

Bodenverletzung oder Individualgeruch?

Obwohl echte Mantrailer ausschließlich über den Individualgeruch des Runners arbeiten, gehe ich hier zunächst einmal ziemlich intensiv auf die Komponente Bodenverletzung ein. Ich tue dies ganz bewusst, um manche bekannten, später in Erscheinung tretenden Defizite, die in der Ausbildung auf das ungewollte Konditionieren des Hundes auf die Bodenverletzung zurückzuführen sind, besser verständlich zu machen. Das, was hier beschrieben wird, hat vordergründig zuerst mal nichts mit Mantrailing zu tun!

Nehmen wir einmal an, Sie gehen einfach nur über eine Wiese ohne auch nur im Geringsten zu ahnen, welche „katastrophalen Folgen" dies hat. Während Sie das tun, werden nämlich unter Ihren Füßen Tausende im Boden lebende winzige Mikroorganismen zerquetscht, Grashalme zerdrückt, aus denen Flüssigkeit austritt und eventuell „erwischen" Sie sogar noch den ein oder anderen Käfer, der nicht schnell genug um sein Leben rennen konnte. Sie hinterlassen also, mikroskopisch betrachtet, eine Spur der Verwüstung. Schon bald danach beginnt die „Mikrobenpolizei" ihre Arbeit aufzunehmen. Bakterien siedeln sich an und es beginnt ein Fäulnis- und Zersetzungsprozess, der abhängig von der Witterung über mehrere Stunden oder sogar Tage andauern kann. Der nun entstehende Geruch baut sich allmählich bis zum Höhepunkt der bakteriellen Tätigkeit zu seiner intensivsten Ausdehnung aus und wird mit dem „Aufbrauchen der Nahrung" und damit verbundenen Abklingen der bakteriellen Tätigkeit wieder schwächer. Wenn dieser Zersetzungsprozess abgeschlossen ist, ist auch der Geruch der Bodenverletzung weg und der Hund kann die Fährte nicht mehr verfolgen. Daher kommt auch die Redewendung, dass sich eine Fährte (womit in erster Linie die Bodenverletzung gemeint ist) „entwickeln muss". Übertrüge man das in ein Diagramm, so erhielte man einen Kurvenverlauf von der sogenannten Anlaufphase und der anschließenden Wachstumsphase über eine Phase der Stagnation bis zur Endphase. Die Kurve bildet sozusagen die Entwicklung der Bodenverletzung (Fährte) in all ihren Entwicklungsphasen ab.

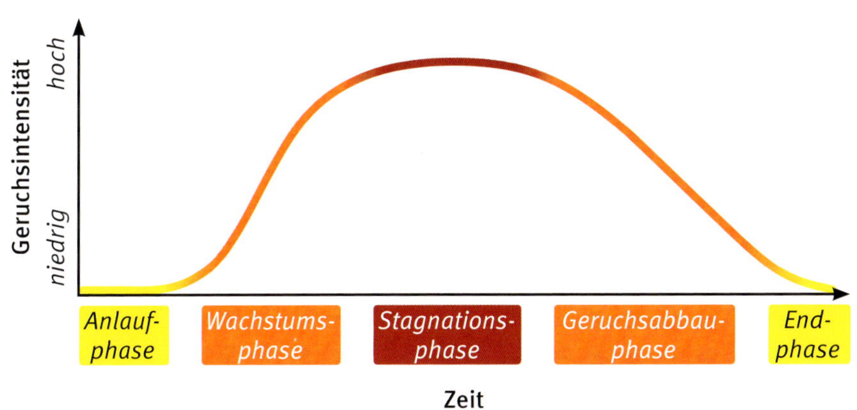

Praxisfährtenhund oder „Mantrailer light"

Ich verwende in diesem Buch manchmal den Begriff „Praxisfährtenhund". Ich tue dies bewusst einerseits zur Abgrenzung und Unterscheidung von dem im Hundesport geführten Fährtenhund, andererseits aber auch vom Mantrailer. Gemeint sind damit unsere polizeilich geführten Fährtenhunde, welche etwas anders ausgebildet werden, worauf ich später noch eingehen werde. Der Praxisfährtenhund ist ein Dienst- oder Einsatzhund, der nach Person(en) sucht. Er wird im natürlichen, aber auch in bebautem Gelände eingesetzt und sucht aufgrund seiner Ausbildung eine „Mischkalkulation" aus Bodenverletzung und Individualgeruch – mit sich daraus ergebenden gewissen „Leistungsgrenzen", auf die ich in diesem Buch später noch eingehen werde. Das in Amerika gebräuchliche Synonym für diese Hunde ist „Mantrailer light", was allerdings keinerlei negative Wertung implizieren soll. Es werden eben nur viele Hunde für Mantrailer gehalten und so bezeichnet, obwohl sie schon aufgrund ihrer Arbeitsweise de facto gar keine sind.

Wie aus einer Mixtur verschiedener Untergründe und Gerüche eine Fährte wird …

Die Nase des Menschen verfügt über etwa 5 Millionen Riechzellen, eine geradezu lächerlich anmutende Zahl im Vergleich zu den ca. 250 Millionen Riechzellen des Hundes! Sicher hat jeder schon einmal den Geruch von frisch mit einem Rasenmäher geschnittenem Gras gerochen. Wenn Sie sich nun vor Augen führen, welche „massiven Verletzungen“ des Grases nötig sind, damit die menschliche Nase diesen sich von der Umwelt abhebenden Geruch wahrnehmen kann, dann wird Ihnen sicher bewusst, welche Riechleistung eine Hundenase erbringt, wenn sie schon die Bodenverletzung registriert, die beim bloßen Gehen über natürlichem Boden entsteht. Die Bodenverletzung liefert dem Hund während der Sucharbeit auch wichtige Informationen. So kann der Hund zum Beispiel aufgrund des momentanen Stadiums der Geruchsentwicklung den Altersunterschied zwischen mehreren vorhandenen Fährten feststellen.

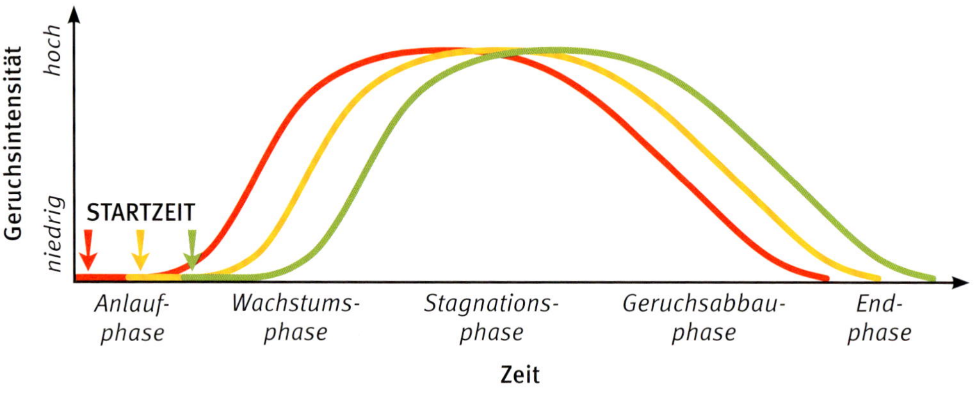

Nun werden ja bei jedem Schritt auf einer Fährte andere Mikroorganismen zerquetscht, ebenso finden sich auf verschiedenen Untergründen unterschiedliche organische Substanzen. Demnach kann jeder Meter der Fährtenstrecke, insbesondere bei Untergrundwechsel, völlig anders riechen! Nehmen wir zum Beispiel einmal an, die Spur beginnt auf einer Wiese, führt dann entlang eines unbefestigten Weges, durch ein Gleisbett mit Schotter, anschließend über ein frisch geackertes Feld und endet in einem Waldstück. Selbst für unsere menschliche Nase riecht ein Waldboden völlig anders als ein Feld. Wie kann es dem Hund also gelingen, daraus eine zusammenhängende Spur zu konstruieren? Es ist der Grad der Geruchsintensität, die den Hund „seine“ aufgenommene Fährte halten lässt. So hat zum Beispiel eine zwei Stunden alte Spur einen anderen Ausprägungsgrad der Geruchsintensität erreicht als eine zehn Minuten alte Spur (vgl. Grafik). Das heißt, „seine Fährte“ (z. B. „rot“) hat zum Zeitpunkt der

Ausarbeitung (vgl. Zeitachse) einen anderen Grad der Geruchsintensität (vgl. Geruchsintensitätsachse) erreicht als die beiden später entstandenen Fährten (grün und gelb).

Die Gefahr des Wechselns auf eine frischere Bodenverletzung

Der Haken an der Sache liegt jedoch auf der Hand! Je näher der Zeitpunkt des Legens verschiedener Fährten oder genauer gesagt des Erzeugens verschiedener Bodenverletzungen beieinander liegt, desto geringer sind deren Unterschiede im Fortschreiten der bakteriellen Zersetzung, sprich in der Intensität der Bodenverletzung! Darüber hinaus gibt es auch beim Vorhandensein von mehreren unterschiedlich alten Spuren in einem Gelände irgendwann zwangsläufig Schnittpunkte in der Geruchsintensität. Dies birgt die Gefahr von Fehlern, zum Beispiel am Schnittpunkt die Annahme der noch in der Wachstumsphase begriffenen und länger intensiveren „grünen Spur" (vgl. Grafik) durch den Hund. Die Gefahr besteht ab dem Kipppunkt jedoch nahezu ausschließlich auf Fährten, welche zu einem späteren Zeitpunkt als die „eigentliche" entstanden sind (frischere Fährten). Die Geruchsintensität älterer Fährten als der ausgearbeiteten, wird **nach dem Schnittpunkt** stets gegenüber der frischeren abnehmen. Ein Wechsel auf eine solche Fährte mit im Vergleich geringerer Geruchsintensität ist daher kaum zu erwarten.

Die gestrichelten Linien in der Grafik auf S. 18 machen deutlich, auf welchem unterschiedlichen „Intensitätslevel" sich die Fährten (Bodenverletzung) zum selben Zeitpunkt auf der Zeitachse befinden. Vor dem Erreichen des Kipppunktes (blauer Pfeil) ist bezogen auf die Bodenverletzung gewährleistet, dass die älteste Spur (rot) gegenüber allen später erzeugten frischeren Spuren auch das höchste Geruchsintensitäts-Level besitzt. Ab dem Erreichen des Kipppunktes ändert sich dies jedoch und es besteht dann eine erhöhte Gefahr, dass der Hund auf eine frischere, weil nun intensivere Bodenverletzungs-Spur wechselt. Mit anderen Worten: Es ist wesentlich wahrscheinlicher, dass der Hund auf eine gegenüber der „Ausgangspur" frischere Spur wechselt als auf eine ältere. Ein Wechsel von Rot auf Gelb oder Grün ist somit an einem bestimmten Punkt der Zeitachse, dem Kipppunkt, wahrscheinlicher als ein Switchen von Grün auf Rot oder Gelb. Deshalb ist es von Vorteil, wenn sich gerade in dem Zeitfenster vor dem Kipppunkt, also im Bereich von ein paar Minuten bis weniger Stunden, keine ähnlich alten oder nur geringfügig älteren (Bodenverletzungs-)Spuren in der unmittelbaren Nähe des Ansatzes befinden. Insbesondere dann, wenn der **Praxisfährtenhund** (nicht Mantrailer!) ohne Geruchsträger gestartet wird.

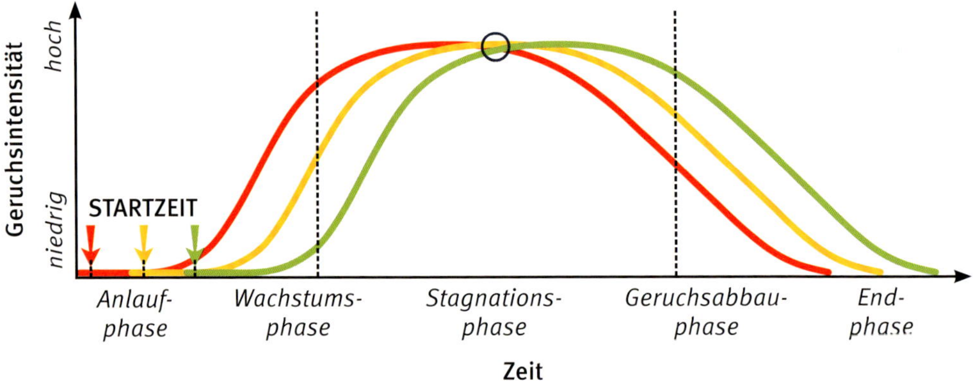

○ Kipppunkt: erhöhte Gefahr des Switchens auf die frischere Spur
Vor dem Erreichen des Kipppunktes ist „Grün" die schwächste Spur, nach dem Kipppunkt die stärkste.

Die Bodenverletzung wird von Hunden bei der Verfolgung von Geruchsspuren gern bevorzugt. Sie bleibt dort, wo sie entsteht und ist dadurch genauer, offenbar leichter zu verfolgen und hat eine kürzere Haltbarkeit als Individualgeruch! Sie ist daher für den Hund als Indikator für den „Frischezustand" der Spur zu betrachten. Dieses Konzept ist aus der Sicht eines Caniden, der zum Nahrungserwerb sucht, logisch. Hunde, die das Verfolgen der Bodenverletzung als Konzept kennengelernt haben werden, wenn sich die Möglichkeit hierfür ergibt, nahezu immer die Bodenverletzung gegenüber dem Individualgeruch vorziehen!
Praxisfährtenhunde bzw. „Mantrailer light" können mit dieser Findestrategie innerhalb eines Zeitfensters, welches im Stundenbereich liegt, somit erfolgversprechend zum Einsatz gebracht werden.

Der Individualgeruch

Wenn ich Sie mit verbundenen Augen durch einen Tierpark führen würde, so könnten Sie mir zweifellos, ohne etwas zu sehen sagen, ob Sie gerade vor einem Fuchsgehege oder vor einem Pferd stehen. Jedes Lebewesen verbreitet einen arttypischen Geruch, ebenso der Mensch. Doch könnten die Hunde nur den arttypischen Geruch der Spezies Mensch erkennen, würde dies nicht sonderlich hilfreich sein, wenn man einen bestimmten Menschen sucht. Es ist wissenschaftlich erwiesen, dass der menschliche Körper aus durchschnittlich ca. 37 Billionen Zellen besteht[1]. Diese sterben kontinuierlich ab und werden ebenso kontinuierlich durch neue ersetzt.

In jeder Minute werden dabei Zellen vom Körper abgestoßen. Diese Zellen werden bereits von am Körper lebenden Bakterien zersetzt und es entsteht dabei ein Gas, welches die Basis der menschlichen Geruchsspur bildet. Ebenso fanden Wissenschaftler heraus, dass etwa zwei Kilogramm des Körpergewichts eines durchschnittlichen erwachsenen Menschen ausschließlich Mikroben und Bakterien sind, welche im und am Körper leben. Bereits kurz nach der Geburt wird der Säugling von unzähligen Mikroben und Bakterien besiedelt, die jede Nische des Körpers besetzen. Dies ist von der Natur auch so gewollt, denn die vorhandenen Bakterien verhindern, dass sich andere, körperfremde Bakterien und Erreger dort ansiedeln. Sie bilden somit einen effektiven biologischen Schutzschild und sind Teil unseres körpereigenen Immunsystems. Jeder Mensch besitzt dadurch eine eigene individuelle Mischung aus einzelligen Lebewesen, mikroskopischen Pilzen und vor allem Bakterien, die allesamt zeitlebens Geruch produzieren. Die meisten Bakterien finden sich im Darm. Hier gibt es etwa eintausend verschiedene Bakterienarten. Bakterien leben jedoch auch auf jedem Quadratmillimeter unserer Haut, im Magen, in der Lunge, im Mund und im Urogenitalbereich.

Was ist überhaupt Individualgeruch?

Man nimmt an, dass das „Gesamtkonstrukt Individualgeruch" aus einer bislang unbekannten Anzahl von festen und gasförmigen Bestandteilen (schwerere und leichtere Komponenten) besteht. Tatsächlich gibt es bis heute keine wissenschaftlich belastbare Studie dazu, was Hunde nun wirklich riechen, wenn sie den „Individualgeruch" einer Person verfolgen. Es gibt dazu verschiedene Ansätze. Ich publiziere hier die in weiten Teilen plausibelste Erklärung, wenngleich auch sie nicht alle Fragen beantworten kann. Möglicherweise wird das Rätsel um die olfaktorischen Fähigkeiten und den Geruch an sich noch lange Zeit ungelöst bleiben.

Gasförmige Bestandteile

Wir haben oben schon gesehen, dass von den rund zwei Kilo an unserem Körper lebenden Bakterien und Mikroben uns viele *überaus nützlich* sind. Sie fressen tote, vom Körper abgestoßene Hautzellen, helfen im Darm bei der Aufschließung und Verdauung unserer Nahrung und blockieren das Ansiedeln körperfremder, schädlicher Bakterien und sind auf diese Weise ein wichtiger Teil unseres Immunsystems. Die gasförmigen (riechbaren) Abbauprodukte dieser Bakterienkulturen sind aufgrund der Spezifik jedes einzelnen Menschen ebenfalls höchst

1 Quelle: veröffentlicht am 30.05.2015 auf https//www.sience.lu/de/die-bewohner-des-koerpers/wie-viele-mikroben-leben-deinem-koerper)

individuell. Die Produktion dieser Komponente des Individualgeruchs ist nach dem bisherigen Wissensstand und nach den praktischen Erfahrungen nicht unterdrückbar.

Feste Bestandteile

Der durchschnittliche Erwachsene besteht aus etwa 30–40 Billionen Zellen, welche sich während des gesamten Lebens kontinuierlich regenerieren, also absterben und durch neue Zellen ersetzt werden. Mikroskopisch kleine Hautzellen haben ein Molekulargewicht, das vergleichbar mit dem von Rauch- oder Rußteilchen ist. Die abgestorbenen Körperzellpartikel werden vom Körper abgestoßen. Ein Teil dieser Partikel fällt vom Körper ab und wird an die Umwelt abgegeben. Sie setzen sich in der Umgebung ab. Auf den einzelnen solchen abgestoßenen Hautzellen konnten Wissenschaftler jeweils immer noch zwei bis drei körpereigene Mikroben nachweisen. Da wir Warmblüter sind, entstehen durch die Körperwärme geringste Luftströmungen am Körper (auch unter der Kleidung), mit denen die abgestoßenen Partikel mitgespült beziehungsweise transportiert werden.

Ein Mensch erzeugt somit ständig eine thermische „Geruchssäule“, die ihn umgibt und die bis ca. einen halben Meter über den Kopf reicht. Der an die Umgebung abgegebene Geruch bewegt sich unter dem Einfluss von Luftströmung, Thermiken, Luftverwirbelungen durch Personen und vorbeifahrende Fahrzeuge etc. dreidimensional.

Ausbreitung von Individualgeruch

Als sogenannte Makrosmaten (lat. „Großriecher oder Großnasen-Tiere“) sind Hunde in der Lage, diesen Individualgeruch zu erkennen und selbst Individuen der gleichen Art voneinander anhand des Geruches zu unterscheiden. Während Sie also vorhin über die Wiese gelaufen sind, haben Sie nicht nur eine Bodenverletzung erzeugt, sondern zugleich Millionen von Körperzellen verloren sowie ein individuelles Gas und damit Ihre „individuelle Note“ auf der von Ihnen zurückgelegten Strecke hinterlassen. Die Körperzellpartikel schweben aufgrund ihres geringen Gewichts noch Minuten nachdem Sie bereits weitergegangen sind, in der Luft und rieseln schließlich allmählich zu Boden.

Hunde, die über Individualgeruch arbeiten, suchen möglicherweise nicht die abgestoßenen Köperzellpartikel des gesuchten Menschen selbst, sondern erkennen den Geruch, welcher bei deren Zersetzung durch die individuellen Mikroben des betreffenden Menschen entsteht!
Dies ist jedoch noch nicht abschließend erforscht! Es ist daher ein Fakt, dass bisher niemand eine endgültige Aussage darüber treffen kann, was die Hunde tatsächlich „in der Nase haben“, wenn sie einer individuellen Spur folgen!

Eine Gegenüberstellung der wichtigsten bekannten Eigenschaften von Bodenverletzung und Individualgeruch

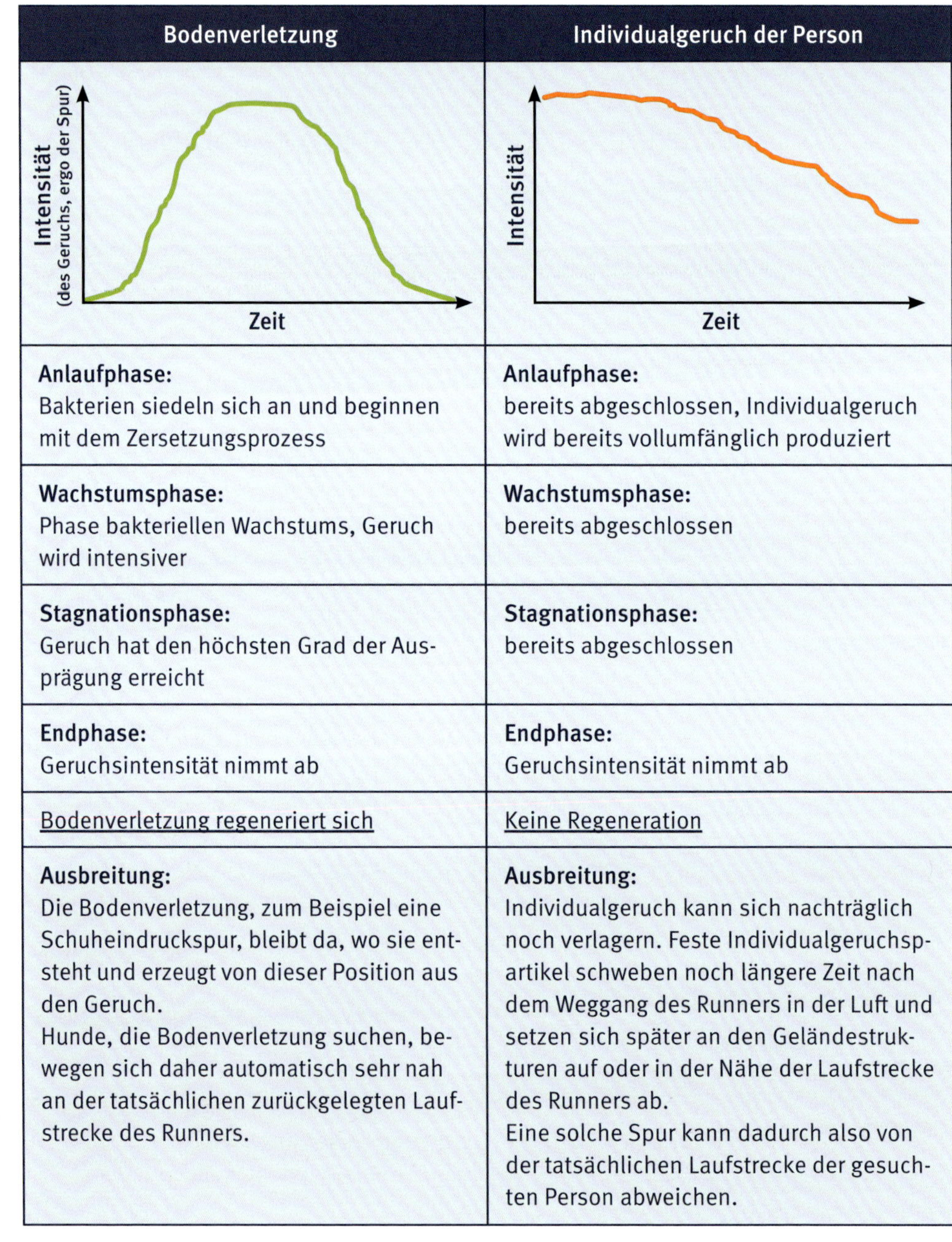

Bodenverletzung	Individualgeruch der Person
Anlaufphase: Bakterien siedeln sich an und beginnen mit dem Zersetzungsprozess	**Anlaufphase:** bereits abgeschlossen, Individualgeruch wird bereits vollumfänglich produziert
Wachstumsphase: Phase bakteriellen Wachstums, Geruch wird intensiver	**Wachstumsphase:** bereits abgeschlossen
Stagnationsphase: Geruch hat den höchsten Grad der Ausprägung erreicht	**Stagnationsphase:** bereits abgeschlossen
Endphase: Geruchsintensität nimmt ab	**Endphase:** Geruchsintensität nimmt ab
Bodenverletzung regeneriert sich	Keine Regeneration
Ausbreitung: Die Bodenverletzung, zum Beispiel eine Schuheindruckspur, bleibt da, wo sie entsteht und erzeugt von dieser Position aus den Geruch. Hunde, die Bodenverletzung suchen, bewegen sich daher automatisch sehr nah an der tatsächlichen zurückgelegten Laufstrecke des Runners.	**Ausbreitung:** Individualgeruch kann sich nachträglich noch verlagern. Feste Individualgeruchspartikel schweben noch längere Zeit nach dem Weggang des Runners in der Luft und setzen sich später an den Geländestrukturen auf oder in der Nähe der Laufstrecke des Runners ab. Eine solche Spur kann dadurch also von der tatsächlichen Laufstrecke der gesuchten Person abweichen.

Mögliche Einflüsse auf die Spur selbst

Bodenverletzung	Individualgeruch der Person
Witterung:	
Einfluss groß	Einfluss gering
Fremdspuren im Verlauf:	
Einfluss mittel bis groß	kein Einfluss
Spurenalter:	
Einfluss groß	Einfluss gering bis mittel

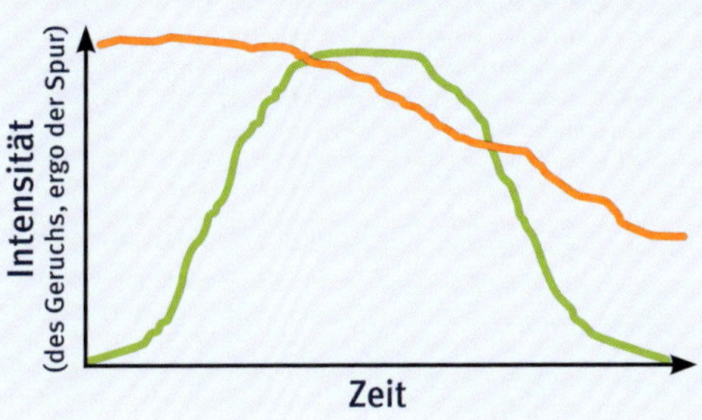

Man könnte jetzt bezogen auf das Ausarbeiten der Spur stark vereinfachend sagen: „Grüne Linie" = schwierig, „orange Linie" = einfach. Die Erfahrung zeigt aber, dass Hunde, welche die „Bodenverletzung" als erfolgversprechend kennengelernt haben, zwar auch Individualgeruch suchen können, jedoch die Bodenverletzung bei Möglichkeit nahezu immer vorziehen. Ganz so einfach ist es also nicht. Warum das wahrscheinlich so ist, wo sich der Fehlerteufel versteckt und wie man womöglich einer Fehlverknüpfung vorbeugen kann, darauf gehe ich später noch ein.

Eine für den Hund wahrnehmbare Bodenverletzung entsteht übrigens auch auf befestigtem Untergrund!

Die Ausbildungsmethodik von Praxisfährtenhunden zielt kombiniert auf die Verfolgung der Bodenverletzung und des ebenfalls vorhandenen Individualgeruchs ab. Damit kann man ein ziemlich breites Feld der Ad-hoc-Einsätze in einem relativ engen Zeitfenster von mehreren Stunden zwischen dem Ereignis und dem Hundeeinsatz abdecken. Die Ausbildung beginnt in der Regel nach dem Ankauf als Diensthund, also im Junghundealter oder mit dem bereits erwachsenen Hund.

Bei Mantrailern / PSH (Personensuchhunden) ist dagegen in der Ausbildung eine Verknüpfung des Sucherfolges mit dem Verfolgen der Bodenverletzung tunlichst zu vermeiden!

Die Ausbildungsmethodik zielt von Anfang an ausschließlich auf den Individualgeruch ab. Die Ausbildung beginnt schon im Welpenalter. Der PSH ist deshalb der Spezialist für die Arbeit mit individualgeruchsbehafteten Geruchsträgern!

Das liebe Wetter ... manchmal passt es, manchmal nicht

Der komplexe Begriff der Witterung beinhaltet solche Dinge wie Wind, Niederschlag, Trockenheit, Feuchtigkeit und Temperatur. Sie alle können Einfluss auf die Geruchsentwicklung der Bodenverletzung (oder besser das bakterielle Wachstum) nehmen. Erinnern wir uns dazu noch einmal an die zuvor beschriebenen Entwicklungsphasen des Geruchsaufbaus der Bodenverletzung.

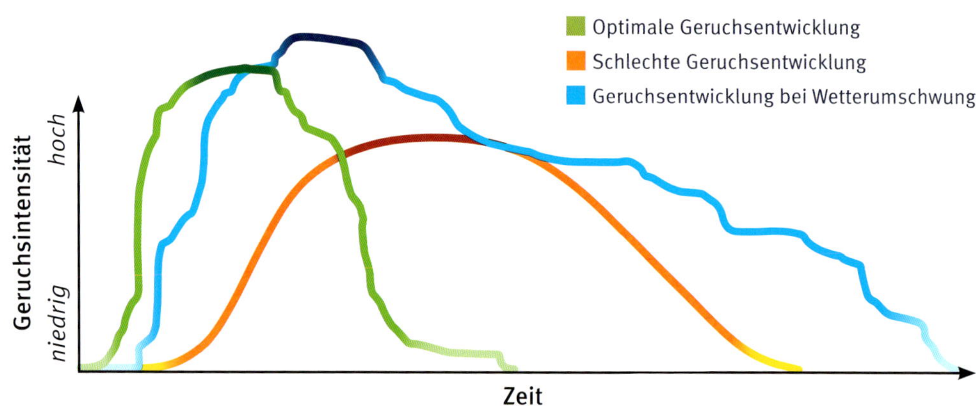

Die Dauer der einzelnen Phasen ist dabei, wie bereits oben geschrieben, abhängig von der Witterung, sprich von den Bedingungen, die die „arbeitenden Bakterien" vorfinden. In der Grafik möchte ich einmal veranschaulichen, wie sich unterschiedliche Bedingungen auf den Kurvenverlauf und damit die Geruchsentwicklung der Bodenverletzung auswirken können.

Optimale Bedingungen, im Beispiel grün dargestellt, bedeuten rasches Ausbreiten der Fäulnisbakterien (steiles Ansteigen der Kurve in kurzer Zeit), aber auch schnelles Aufbrauchen der „Nahrung" (steiles Abfallen der Kurve in der Endphase). Der Geruch der Bodenverletzung ist dann für relativ kurze Zeit sehr intensiv. Dieser Geruch ist trotz – oder gerade wegen – der für die Bakterien optimalen Bedingungen nur in einem vergleichsweise kleinen Zeitraum verfolgbar.

Weniger optimale Bedingungen, im Beispiel orange dargestellt, bedeuten langsameres Ausbreiten der Fäulnisbakterien und damit in der Endkonsequenz auch langsameres Abbauen des Geruchs (flache Kurven im Aufbau und Abfall der Geruchsintensität in relativ langem Zeitraum). Unter diesen Bedingungen hält sich der Geruch länger. Jede Phase muss durchlaufen werden und so hat natürlich auch ein Witterungswechsel zwischen zwei Phasen Auswirkungen auf deren Dauer (unterschiedlich steile Kurvenverläufe in Aufbau und Abbau). Es kann zum Beispiel aufgrund eines plötzlichen Wetterumschwunges der Abbau des Fährtengeruches deutlich langsamer erfolgen als dessen Entstehung in der Wachstumsphase, so wie im Kurvenverlauf in Blau beispielhaft dargestellt. Diese Geruchsabbau-Kurve ist hier flacher als bei der Wachstumsphase. Das kann sogar so weit gehen, dass die Bakterien ihre Arbeit vorübergehend einstellen und die *für den Hund verfolgbare* Bodenverletzung scheinbar plötzlich weg ist.

So gut wie jeder Fährtenhundeführer hat die Erfahrung schon gemacht, dass sein eigentlich gut trainierter Hund eine eigentlich noch gar nicht alte Fährte entgegen jeder Erwartung plötzlich nicht erfolgreich abspüren kann. Erneutes Kopfschütteln in Kombination mit Erstaunen und einer gewissen Ratlosigkeit verursacht dann der Hund, wenn er die gleiche Fährte bei einem erneuten Ansatzversuch ein paar Stunden später ohne Mühe absucht. Möglicherweise war diese Fährte aber nur eine Zeit lang intensiver Sonneneinstrahlung ausgesetzt und wurde auf diese Weise stark erwärmt. Nun ist zum Beispiel bekannt, dass große Hitze die bakterielle Tätigkeit stark hemmt, mitunter sogar unterbricht, ebenso wie große Kälte, wohingegen eine warme und feuchte Umgebung förderlich für die bakterielle Ausbreitung ist. Als die Temperatur bei der oben beschriebenen Fährte nach ein paar Stunden zurückging, lief die bakterielle Tätigkeit wieder an und der Hund konnte ohne Mühe an seine „gewohnte Suchleistung" anknüpfen. Ebenso kann dies (in umgedrehter Form) bei einer Fährte in großer Kälte passieren, insbesondere auf Eis oder verharschtem Schnee. Ähnliches lässt sich bei Fährten beobachten, die durch Mischgelände führen, wenn Teile der abzusuchenden Strecke in der prallen Sonne liegen und andere durch schattige Geländeabschnitte, zum Beispiel Park oder Wald führen.

Genau das ist mir selbst bei einer polizeilichen Einsatzfähigkeitsüberprüfung mit meiner damaligen (Praxisfährten-)Hündin passiert. Sie bewegte sich von dem vorgegebenen „Ansatz" keinen Meter weg, wozu eine Prüfung natürlich ein ziemlich unpassender Moment ist. Der Startpunkt befand sich an einem Weg in der prallen Sonne. Nachdem meine Hündin dort offenbar nichts Verfolgbares feststellen konnte, wurde ich vom Prüfer aufgefordert, sie einige

Meter weiter erneut zur Suche einzusetzen. Der dortige Streckenabschnitt befand sich im Gegensatz zu dem Startpunkt in schattiger Lage. Die Hündin konnte dort ohne Schwierigkeiten starten und anschließend die gesamte Spur bis zum Ende ausarbeiten.

Ich benutze bei Schulungen immer den folgenden Vergleich: Wir wissen, dass Fleisch wohl das am leichtesten verderbliche Lebensmittel ist. Innerhalb kürzester Zeit setzen Fäulnisbakterien dem Rohfleisch zu und machen es ungenießbar. Doch wie kann man Fleisch unter anderem haltbar machen? Indem man es entweder stark erhitzt oder einfriert, da hierdurch die bakterielle Tätigkeit stark gehemmt bzw. gar unterbrochen wird. Man kann es natürlich auch salzen (pökeln), wodurch Feuchtigkeit entzogen wird oder räuchern. Alle dieser Methoden laufen aber auf das Unterdrücken bakterieller Tätigkeit hinaus, indem man die „Lebensbedingungen" für die Mikroorganismen so beschwerlich wie möglich macht.

Der Einfluss von Niederschlag erklärt sich dagegen fast von selbst. Starker Regen bindet und spült einen Teil der Geruchspartikel (wahrscheinlich aber nicht alle!) von der eigentlichen Wegstrecke weg, leichter Nieselregen hingegen macht kaum etwas aus. Ähnlich verhält es sich bei Schneefall. Durch Windeinfluss können Geruchspartikel weggetragen werden und sich an Geländestrukturen (Sträuchern, Hecken, Gebäuden) festsetzen, an denen sich dann die Hunde dem Geruch folgend „entlanghangeln". Auf freien Flächen können sich ganze Streckenabschnitte seitlich verlagern und parallel zur eigentlichen Wegstrecke des Spurenlegers verlaufen. Man hat dazu an der Diensthundeschule der damaligen DDR in Pretzsch einmal einen interessanten praktischen Versuch gemacht. Man hat eine Spur auf einer asphaltierten Strecke gelegt und einige Minuten danach mit einem Wasserschlauch die Strecke nach einer Seite hin abgespült. Im Ergebnis liefen die Hunde bei der Ausarbeitung der Spur seitlich versetzt im Seitengraben, dort wohin das Wasser die Geruchspartikel vermeintlich gespült hatte.

Starker Regen spült die meisten, aber wahrscheinlich nicht alle Geruchspartikel weg.

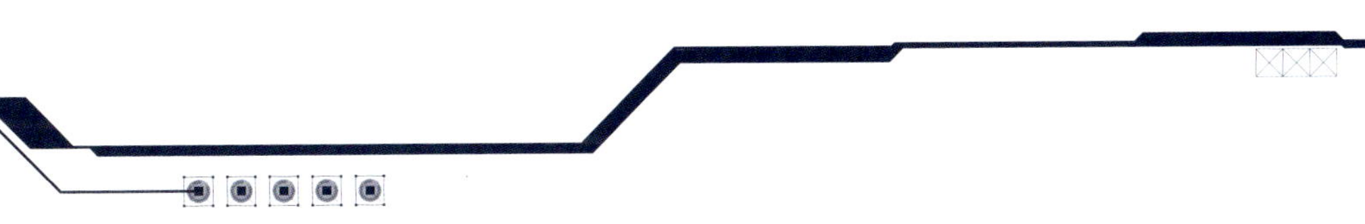

POLIZEI

2.

Wie ich zum Mantrailing kam und … warum manche Mantrailing-Ausbilder in Wirklichkeit Praxisfährtenhunde ausbilden

Seit der Mitte der 1990er Jahre führe ich Spezialhunde in der Polizei. Mein Bereich waren polizeilich geführte Fährtenhunde. Diese Hunde waren dazu ausgebildet, sowohl eine Bodenverletzung auszuarbeiten als auch dem Individualgeruch einer Person zu folgen. Ihre Einsatzgebiete waren vorwiegend Ad-hoc-Lagen, also innerhalb eines relativ kurzen Zeitraumes vom Ereignis bis zum Einsatz des Diensthundes. Die Hunde kamen beispielsweise zum Einsatz, wenn ein Einbruch festgestellt wurde, nach einer Raubstraftat oder zur Suche nach Vermissten. Man hatte zu dieser Zeit zwar schon mal sporadisch etwas zum Thema Mantrailer gehört, es hatte aber keine wirkliche Relevanz.

Für uns polizeiliche Fährtenhundeführer waren „Mantrailer" damals immer die amerikanische Version unserer Praxisfährtenhunde. Wie sehr ich mich dabei getäuscht habe, wurde mir erst bewusst, als ich selbst Mantrailing-Diensthundeführer wurde.

Als Mitte der Neunziger Jahre der damalige Ausbildungsleiter der Diensthundeschule der Polizei Sachsen, Thomas Baumann (vielen sicherlich auch bekannt als Buchautor kynologischer Fachliteratur) von einem USA-Aufenthalt zurückkam, berichtete er voller Begeisterung von einer speziellen Art der Suche, die dort praktiziert würde, dem sogenannten Street Tracking. Für ihn, der aus den alten Bundesländern in „den Osten" nach Sachsen kam, bis zu dem Zeitpunkt undenkbar, konnten diese Hunde tatsächlich einer Spur auf befestigtem Untergrund folgen! Ich bin überzeugt, Thomas versteht den kleinen scherzhaften Seitenhieb richtig ... Es ist nämlich ziemlich genau das, worin die alten Fährtenhundeführer der Kriminalpolizei in der damaligen DDR schon jahrzehntelange Praxiserfahrung hatten, was aber nach der deutschen Wiedervereinigung zunächst als Stasi-Methode abgetan und abgeschafft wurde.

Also galt es, dieses System des Mantrailings in das Diensthundewesen Sachsens zu integrieren und anwendbar zu etablieren. Auf einem der ersten Lehrgänge für Personenspürhunde – so die damalige Bezeichnung, die über mehrere Wochen an der Diensthundeschule gehalten wurden – war ich mit meinem damaligen Diensthund Alex als Teilnehmer und schloss diesen erfolgreich ab. Eine Teilnahmebedingung für diesen Lehrgang war, dass der betreffende Hund über eine große Strecke ausdauernd und fokussiert suchen konnte. Und so wurde an Tag eins des Lehrgangs für jeden Hund eine eigentlich gewöhnliche Fährte mit zwei Richtungswechseln in Form eines großen „U" auf ein Feld gelegt. Nur, dass dieses „U" in etwa dreimal so groß war wie eine „normale" Prüfungsfährte.

Bedingung war also, dass die Hunde bereits zum „Fährten" ausgebildet waren. Die Ausbildung eines solchen Praxisfährtenhundes macht sich im Wesentlichen den natürlichen Beute- und/oder Spieltrieb des Hundes zunutze. Hierbei wird dem Fährtenhund am (vermeintlichen) Ende der Übungs-Spur entweder ein Spielzeug, wie etwa sein Bällchen oder eine kleine Beißrolle hingelegt oder eben alternativ eine (verschlossene) Futterdose. Die Belohnung hat also im Prinzip geruchlich nichts mit der aufgenommenen und ausgearbeiteten Geruchsspur zu tun, das heißt der Hund folgt einer Duftspur, auf die er gestartet wird, findet aber am Schluss seinen Ball. Da die Tiere mit der Intention der Tätergreifung ausgebildet wurden und zudem allesamt dual, also auch im Schutzdienst ausgebildet waren, wurde auf diesen ersten Lehrgängen auch häufig mit Schutzdiensthelfern am Fährtenende gearbeitet. Man kann sich sicher leicht vorstellen, welche motivierende (Sog-)Wirkung es entfaltete, wenn der Hund durch das Ausarbeiten der Fährte in die Nähe eines Beißärmels oder gar ins Duftfeld eines Vollschutzanzuges kam. Wir werden später im Buch noch öfter Beispiele dafür sehen, warum eine solche duale Ausbildung nicht ratsam ist.

Die Tiere sollen ein klares Triebziel haben, also entweder das Futter oder das Spielzeug. Dies birgt den Vorteil, dass der Fährtenhund auf jede beliebige Spur angesetzt werden kann. Er arbeitet diese dann aus, um an sein (klar definiertes) Triebziel zu gelangen. Dies geht auch ohne Geruchsträger, der Hund nimmt dann seinem Instinkt folgend einfach die letzte, sprich frischeste Spur. Geradezu ein Paradebeispiel hierfür war ein Einsatz anlässlich eines Viehdiebstahls, bei dem ich mit meinem Praxisfährtenhund einen von einer Weide am Waldrand gestohlenen Jungbullen verfolgen sollte. Dieser war durch die Diebe an einen Traktor hinten angebunden und auf diese Art von der Weide „geführt" worden, wie die Spuren im aufgeweichten Boden verrieten. Dort wo auf dem anschließenden, befestigten Waldweg keine sichtbaren Spuren mehr vorhanden waren, wurde mein Praxisfährtenhund angesetzt, der die Spur von dort bis zu einer Stelle weiterverfolgte, wo das Tier vermutlich auf einen Anhänger verladen wurde. Der wie beschrieben ausgebildete Praxisfährtenhund ist in der Erwartung, am Ende der ausgearbeiteten Suchstrecke stets sein Spielzeug oder sein Futter zu finden und arbeitet deshalb jeden beliebigen, verfolgbaren Fährtengeruch, auf den er gestartet wird, aus, um an dieses Ziel zu kommen.

Zur Verwendung des Begriffs „Trieb" in diesem Buch

In diesem Buch werden Ihnen immer wieder die Begriffe „Trieb", „Triebziel" und so weiter begegnen. Mir ist bewusst, dass dies verhaltensbiologisch nicht ganz korrekt ist, da stark vereinfacht. Es gibt nicht den *einen* Beutetrieb, der bei Vorhandensein eines Reizes immer nach festgelegtem Muster wie in einer Kette abläuft, sondern das ganze Verhalten ist natürlich wesentlich komplexer und setzt sich aus vielen verschiedenen Einflussfaktoren zusammen, die zum Teil genetisch verankert, zum Teil erlernt, zum Teil durch Umweltfaktoren bedingt sind. Dennoch fehlt es bis heute in der Praxis an einem wirklich passenden und allgemeinverständlichen Ersatzbegriff. „Intrinsische Motivation, kombiniert mit individuellen Lernerfahrungen" ist da wirklich etwas sperrig. Da also jeder Hundeausbilder weiß, was in der Praxis mit „Trieb" gemeint ist, werde auch ich diesen Begriff in diesem Buch weiter verwenden, auch wenn dies zu Lasten wissenschaftlicher Korrektheit gehen mag.

Beim Ausbringen einer solchen Übungsfährte kann der Fährtenleger also eine Strecke gehen, einige Richtungswechsel einbauen und dort, wo **er (!)** das Ende der Fährte definiert, die Futterdose oder das Bällchen o.ä. verbunkern. Alsdann kehrt er im großen Bogen, ohne die gelegte Fährte zu kreuzen, wieder an den Ausgangspunkt zurück. Soll die Fährte nun nach einer gewissen Liegezeit ausgearbeitet werden, so kann der Fährtenleger mit dem Hundeführer mitgehen und darauf schauen, ob der Praxisfährtenhund die Strecke, so wie sie gelegt wurde, ausarbeitet. Ein eventueller Schutzdiensthelfer wird vor dem Beginn der Arbeit aus einer anderen Richtung an das Fährtenende gebracht.

Die Ausbildung begann damals im Grünen und man arbeitete sich langsam an „schwereres" Gelände heran. Den Hunden war also „Bodenverletzung" als Tool zum Auffinden des Suchziels bestens bekannt. Ein Umstand, der nach meiner Ansicht für den Unterschied noch entscheidend sein wird! Natürlich nahm der Hund neben der Bodenverletzung immer auch den Geruch des Fährtenlegers mit wahr, und so erweiterte man den „Werkzeugkoffer" des Hundes über den „Wegfall der Bodenverletzung" durch schrittweisen Wechsel in befestigtes Gelände um den Individualgeruch des Fährtenlegers. Der Hund sollte nun lernen, auch im befestigten Gelände mithilfe des Individualgeruchs des Fährtenlegers an sein Ziel zu gelangen. Dies alles bei nach wie vor klar definiertem Triebziel Beute oder Futter.

Ich habe 14 Jahre lang polizeilich solche Praxisfährtenhunde erfolgreich geführt und dabei einige interessante Einsätze erlebt. Mein erster Hund Alex, ein Deutscher Schäferhund, hat während seiner aktiven Laufbahn mit mir insgesamt einhundert Täter gestellt, davon vierzig unmittelbar durch Fährtenarbeit. Darunter waren Einbrecher und Autodiebe ebenso wie Gewalttäter. In einem Fall stellte Alex eine dreiköpfige Bande, die einen Münzautomaten der Telekom geplündert hatte und bei ihrer Entdeckung durch einen Anwohner in einen angrenzenden Park geflüchtet war. Die drei liefen durch den Park über ein daran angrenzendes Feld und kamen in einem großen Bogen in einer Wohnsiedlung unterhalb des Tatortes heraus, in dessen unmittelbarer Nähe sie bei der überstürzten fußläufigen Flucht ihr Fahrzeug stehen gelassen hatten. Nachdem sie sich von ihrem Versteck aus vergewissert hatten, dass die Polizei noch immer dort vor Ort war und sie sich wieder ins Hinterland, aus dem sie gerade herkamen, zurückziehen wollten, waren sie völlig überrascht, als sie plötzlich vor einem ihnen auf ihrem Fluchtweg gefolgten, ziemlich humorlosen großen Schäferhundrüden standen, in dessen Gefolge sich zwei Polizisten befanden. Ich hatte Alex einfach ohne Geruchsträger (das geht bei Praxisfährtenhunden) an dem Münzautomaten angesetzt und er war einfach der frischesten, von dort wegführenden Spur gefolgt. Dies waren die Spuren der Tätergruppe. Nach der Festnahme stellte sich heraus, dass es sich bei dem Trio um die Urheber einer ganzen Serie ähnlich gelagerter Fälle handelte.

Alex war für mich die perfekte Symbiose aus Schutzhund und Fährtenhund, der sogenannten dualen oder bifunktionalen Ausbildung. Er konnte sehr überzeugend sein und war imstande, zwanzig Randalierer so lange in Schach zu halten, bis die Verstärkung eingetroffen war. Gewaltbereite Betrunkene waren in seiner Gegenwart, nachdem er kurz die Verhältnisse geklärt hatte, binnen Sekunden wieder augenscheinlich „nüchtern" und diszipliniert. Gleichzeitig war er ein guter Sucher und wusste durchaus mit unfreundlichen Straftätern am Ende der Spur umzugehen.

Meine Hündin Jessie, die Nachfolgerin von Alex, war weniger der Schutzhund. Obwohl auch sie dazu ausgebildet war, lagen ihre Stärken eindeutig in der Spurensuche. Sie fand unter anderem nach einem Einbruch in eine Spielothek das vom Täter erbeutete und auf der Flucht (ein Anwohner hatte ihn bemerkt und ein kurzes Stück verfolgt) im Gestrüpp in einer Tasche versteckte Diebesgut. Der Dieb hatte allen Ernstes aus den aufgebrochenen Spielautomaten zweieinhalbtausend Euro in Münzen (!) mitgehen lassen! Ich habe keine Ahnung, wie viele Kilo schwer die Tasche war, aber damit rennen hätte ich definitiv nicht wollen! Im weiteren Verlauf der Suchstrecke fand Jessie auch noch ein Basecap, welches nach der Sichtung der Videoaufzeichnung in der Spielothek einwandfrei dem Täter zugeordnet werden konnte und womit wir natürlich seine DNA hatten. Zu den erfolgreichen Einsätzen, bei denen Personen unmittelbar gefunden werden konnten, kommt noch eine ganze Reihe an Ermittlungserfolgen, zu denen meine Fährtenhunde durch weitere Hinweise beigetragen haben – etwa durch die ausgearbeitete Fluchtstrecke, in deren Folge Anwohner befragt und weitere Tatzeugen ausfindig gemacht werden konnten oder durch das Auffinden von Beweismitteln.

Da die Arbeit im befestigten Gelände mit mittlerer Frequentierung, wie etwa einem Gewerbegebiet oder einem Wohngebiet, einen zeitnahen Einsatz des Hundes erfordert, welche aber aufgrund der Umstände (die Zeit von der Feststellung bis zur Alarmierung des Suchhundeteams, Anfahrtswege usw.) oft überschritten wird, hatte ich mit meiner Hündin Jessie dieses verstärkt trainiert und die Zeit zwischen dem Legen der Spur und deren Ausarbeitung speziell im befestigten Gelände immer weiter ausgedehnt. Mein Hund sollte, so meine Theorie, lernen, mit immer weniger Geruch auszukommen. So kam ich im befestigten Gelände irgendwann bei etwa sechs Stunden Liegedauer der Spur an, die Jessie noch meisterte. Alles, was deutlich darüber hinausging, war für mich aufgrund meiner langjährigen Erfahrungen in diesem Bereich und in diesem Gelände nicht vorstellbar. Und so war auch der zeitliche Rahmen, in welchem ein solcher Hund eingesetzt werden konnte, für mich klar definiert:

Dieser Satz hat auch bis heute nichts von seiner Gültigkeit verloren! Dem bewanderten Leser dürfte auffallen, dass sich diese Aussage mit den Einlassungen eines in der (europäischen) Fachwelt bekannten amerikanischen Autoren und Mantrailing-Instructors deckt. Der Unterschied besteht allerdings darin, dass ich hierbei von Praxisfährtenhunden, also einer völlig anderen Ausbildung spreche, wohingegen er von Mantrailern spricht. (Darauf gehe ich näher in dem Abschnitt ein, in dem es darum geht, warum manche Mantrailing-Ausbilder eigentlich eher Fährtenhunde ausbilden.)

Mit diesem Wissen und meiner vermeintlich „geballten Erfahrung“ kam ich also 2007 erstmals in (tatsächliche) Berührung mit Mantrailing. Armin Schweda hatte damals gerade sein Pilotprojekt, Mantrailer in die Rettungshundestaffel des BRK Hof zu integrieren, erfolgreich abgeschlossen und Repräsentanten der Polizei verschiedener Dienststellen aus Bayern und dem Nachbarland Sachsen eingeladen. Am ersten Tag ging es um die praktische Arbeit der Hunde, die in verschiedenen Trails gezeigt wurde, während am zweiten Tag das Projekt selbst in einem Vortrag bei einer Präsentation mit Häppchen und Sekt vorgestellt wurde. Im Nachhinein frage ich mich, warum am ersten Tag wir Hundeführer geschickt wurden, hingegen am zweiten Tag unsere Vorgesetzten dorthin fuhren ...

Zugegen waren Hunde aus der Rettungshundestaffel des BRK Hof und auch Teams aus der Schweiz, wo die Hofer gelernt hatten. Es wurden also mehrere gelegte Trails gearbeitet, die zu meinem und dem Erstaunen meines Kollegen quer durch die belebte Innenstadt von Hof führten. Auch das Alter der Trails löste bei uns Zweifel und Erstaunen aus, da es für uns nicht nachvollziehbar war, dass ein Hund nach 24 Stunden und darüber hinaus noch irgendetwas riechen können sollte, geschweige denn einen zusammenhängenden Trail ausarbeiten. Was uns jedoch auffiel, war die gemessen an unseren Praxisfährtenhunden geringere Spurtreue, was jedoch der Tatsache des Findens der gesuchten Versteckperson keinen Abbruch tat. Als Resümee des Tages schätzten wir ein, dass diese Art der Suche unsere Praxisfährtenhunde zwar sehr gut ergänzen könne, dies jedoch in erster Linie für Vermisste gelte, da es hierbei wohl kaum auf die Stimmigkeit der Wegstrecke ankäme. Schließlich ist der Mutter eines wiedergefundenen, verirrten Kindes ziemlich egal, ob das Kind nun auf der rechten oder der linken Straßenseite oder in einer parallel verlaufenden Straße gelaufen ist. Wichtig ist ihr ausschließlich, dass ihr Kind gefunden wird. Hingegen war es aus unserer damaligen Sicht beim Einsatz zum Zwecke der Strafverfolgung schon wichtig, ein ziemlich genaues Bild von der Fluchtstrecke zu bekommen. Hier könnten immerhin wichtige Beweise und Spurenträger gefunden werden, zum Beispiel weggeworfenes Diebesgut, Zigarettenkippen, Tatwerkzeug oder es können entlang der Fluchtstrecke später Anwohner und Zeugen bekannt gemacht und befragt werden. Die aus unserer damaligen Sicht einzige Ausnahme stellten Einsätze zu Suche nach entwichenen Strafgefangenen dar, wozu in Amerika auch gefängniseigene Bloodhoundteams eingesetzt werden, da auch bei solchen Einsatzlagen das Auffinden und Habhaftwerden des Gesuchten gegenüber der exakten Fluchtstrecke im Vordergrund steht.

Mit einem Koffer voller Eindrücke und einer Meinung zur Thematik Mantrailer verließen mein Kollege und ich die Stadt Hof. Es sollte nochmal gut zwei Jahre dauern, bis das Thema Mantrailing für mich erneut eine Relevanz bekam. In der Zwischenzeit reifte in mir die Idee heran, wie toll es doch wäre, einmal einen Bloodhound als reinen Praxisfährtenhund

Bei der Rettungshundestaffel Hof hatte ich meine erste Berührung mit Mantrailern.

polizeilich zu führen. Ich war mir natürlich vollends bewusst, dass diese Hunde in jedem Fall keine Schutzhunde sind, eine duale Ausbildung nicht möglich ist und es daher niemals dazu kommen würde, dass jemals durch die sächsische Polizei ein Bloodhound gekauft würde, aber dennoch gefiel mir die Idee außerordentlich gut.

Im Jahr 2008 machte der Fall „Michelle“ aus Leipzig bundesweit Schlagzeilen. Das kleine Mädchen war entführt, missbraucht und ermordet worden. Die Polizei suchte mit Hochdruck nach dem Täter. Dabei kamen auch Mantrailer der Thüringer Polizei und eines privaten Anbieters zum Einsatz. Ein Kollege unserer Dienststelle war zu diesem Zeitpunkt auf Abordnungsbasis der Kriminalpolizei zugeordnet und dadurch unterstützend in die Maßnahmen der „SOKO Michelle“ involviert. Er erkannte die Zeichen der Zeit und erbat einen Termin bei unserem Polizeipräsidenten der Polizeidirektion Zwickau Herrn Kroll, wo er die Thematik erläuterte. Im Ergebnis dieses Gespräches wurde ein Bedarf für solche Hunde für die sächsische Polizei erkannt. Hieraus resultierte ein in Absprache und mit Erlaubnis des sächsischen Innenministeriums ins Leben gerufenes Pilotprojekt „Mantrailer“.

Schnell war klar, dass ein solches Projekt, vorausblickend auf spätere Einsätze, mit einem einzelnen Hund nicht funktionieren konnte. Bei einer Dienstversammlung unserer Dienststelle wurden wir über dieses Projekt informiert und gleich im Anschluss bewarb ich mich sofort um meine Teilnahme. Die Zeichen standen günstig für mich, ich hatte schon seit längerem Interesse, war als langjähriger Fährtenhundeführer in gewisser Weise „vom Fach“ und hatte einen älteren Diensthund, der demnächst irgendwann ausgemustert und in den wohlverdienten Ruhestand versetzt werden würde. Die Idee sah vor, diese Hunde als Ergänzung zu unseren Fährtenhunden, und zwar ausschließlich zur Vermisstensuche einzusetzen, so wie dies aus dem Rettungshundewesen bekannt war. Meine Fährtenhunde-Kollegen hat es möglicherweise abgeschreckt, mit einem solchen Hund keine Kriminalfälle mehr zu lösen wie ein „richtiger Polizist", sondern stattdessen vermeintlich nur noch „demenzerkrankte Omis und Opis im Schlafanzug und Pantoffeln rund um die zahlreichen Pflegeheime einzusammeln". Dies ließ mich jedoch nicht zaudern, da für mich vielmehr mein Wunsch, mich weiter fortzubilden und zu spezialisieren, das heißt einen reinen Spezialhund zu führen, ohne Schutzaufgaben und auf dem Spezialgebiet das mich am meisten interessierte, im Vordergrund stand. Aber auch dies sollte sich noch völlig anders entwickeln, jedoch konnte das damals noch niemand ahnen.

2009 – Die Frage der Ausbildung

Niemand im Diensthundewesen der sächsischen Polizei hatte jemals zuvor mit Mantrailern gearbeitet oder einen Mantrailer prüfungsreif nach Maßstab der Rettungshundeausbildung des DRK oder vergleichbar ausgebildet. Man verfügte zwar über gute Erfahrung in der Ausbildung von Praxisfährtenhunden, aber man wollte diese ja sinnvoll ergänzen. Jedoch ohne die von der Fährtenhundeausbildung abweichende, besondere Spezifik der Mantrailingausbildung zu kennen, wären es eben wieder Praxisfährtenhunde geworden. Herr Polizeipräsident Kroll, so muss man es im Nachhinein formulieren, ersparte es uns dankenswerterweise, diese Aufgabe autodidaktisch lösen zu müssen und zog es stattdessen vor, das Knowhow bereits auf dem Gebiet erfahrener, gegebenenfalls auch polizeiexterner Mantrailingausbilder zu nutzen.

So kam es erneut zum Kontakt mit Armin Schweda. Dieser hatte sich mit erfolgreichen Einsätzen in Bayern und auch innerhalb unserer damaligen Polizeidirektion Südwestsachsen inzwischen bekannt gemacht. Er hatte ein eigenes erfolgreiches Pilotprojekt aufzuweisen und unterstützte gerade aktiv die Polizei in NRW. Es war also mehr als naheliegend, den Experten von vor der Haustür, nämlich aus dem oberfränkischen Hof / Saale, also quasi unserer Nachbardienststelle, ins Boot zu holen.

Das Ziel der Ausbildung sollte darin bestehen, insgesamt vier einsatzfähige Mantrailing-Teams für den Freistaat Sachsen nach internationalen Standards auszubilden. Dabei orientierte man sich an den Maßgaben des Deutschen Roten Kreuzes. Zwei dieser Teams sollten in der Inspektion Zentrale Dienste, Fachdienst Diensthundestaffel der Polizeidirektion Südwestsachsen (später umbenannt in Polizeidirektion Zwickau) stehen, zwei weitere sollten in der Einsatzgruppe der Diensthundeschule der Polizei Sachsen installiert werden. Das künftige Einsatzgebiet dieser vier Teams sollte der gesamte Freistaat Sachsen sein. Armin erklärte sich bereit, diese Aufgabe zu übernehmen.

Bloodhounds sind nicht etwa wegen einer größeren Nase, sondern wegen ihrer Suchausdauer und -fokussierung meist die Stars unter den Mantrailern.

Als es um die bevorstehende Anschaffung der Hunde ging, kam natürlich die Frage nach der Rasse auf. Klar war, es würde in jedem Fall ein Jagdhund sein, da diese die größte Neigung für diese Art der Suche zu versprechen schienen. Armin riet uns zum Bloodhound (womit er bei mir offene Türen einrannte), da er überzeugt war, dass diese Rasse, die seit Jahrhunderten nur für das Verfolgen von Geruch gezüchtet wurde, die besten Anlagen mitbringen würde. Dies jedoch nicht etwa nur wegen einer besonders großen Nase mit jeder Menge Riechzellen, sondern vielmehr auch wegen ihrer mehr als bei anderen Hunden ausgeprägten Neigung, ihre Umwelt geruchlich zu erfassen und ihrer Fähigkeit, in fast autistischer Weise in einer Nasenarbeit zu versinken und diese Fokussierung über lange Zeiträume beizubehalten. Dies macht sie gegenüber anderen Hunden in der Arbeit deutlich weniger ablenkbar. Ausnahmen bestätigen zwar wie überall die Regel, jedoch ist die Wahrscheinlichkeit, beispielsweise unter zehn Bloodhoundwelpen gleich mehrere gute Trailer zu haben, ungleich höher als bei den allermeisten anderen Rassen.

Im Zusammenhang mit der Rassewahl, die bei uns keine war, plädierte mein direkter Vorgesetzter damals für einen Weimaraner, weil die so nett aussehen würden. Der Diskussion setzte letztendlich wiederum Herr Polizeipräsident Kroll ein kurzes und schmerzloses Ende, indem er dem Rat Armins folgend versinnbildlichend meinte, was soll er mit einem Fiat, wenn er einen Mercedes bekommen könne. Schließlich wolle man für das Gelingen des Projektes optimalste Voraussetzungen schaffen. Dies kam mir wie ich bereits erwähnt habe sehr gelegen, da ich sowieso einen Bloodhound wollte. Für meinen Kollegen Jörg Kempe und mich wurden in der Folge zwei aus einer deutschen Zucht stammende Bloodhoundwelpen angeschafft.

Unvorbereitet auf das Unerwartete

So bekam ich also meinen ersten Bloodhound, einen Rüden. Worauf ich als langjähriger Diensthundeführer und noch viel langjährigerer privater Hundebesitzer und Züchter jedoch nicht vorbereitet war (obwohl ich glaubte, alle Eventualitäten, die ein Welpe mit sich bringt, zu kennen), war ein Bloodhound! Bloodhounds sind Nagetiere! Sehr große Nagetiere! Und sie lieben Menschen! Und sie wollen ständig beschäftigt werden. Und ihnen wird schnell langweilig. Und dann werden die übergroßen Nagetiere alles, was irgendwie nach ihrem Mensch riecht, aus lauter Liebe und Einsamkeit anfangen zu zernagen. Man darf nichts im Garten oder Haus liegenlassen, an dem einem etwas liegt und woran der eigene Geruch haftet. Selbst das Thermostat der Heizung, das man ja zwangsläufig anfassen muss, war nicht sicher. Meine Hunde dürfen sich frei auf unserem Grundstück bewegen. Die persönliche Schadensbilanz nach bisher drei aufgezogenen Bloodhounds sind etliche zernagte, liegengelassene Spielsachen meiner Kinder, mehrere zerstörte Leinen, mehrere zerspante Gartengeräte mit Holzgriff vom Straßenbesen bis zum Laubrechen und Schneeschieber sowie eine zerstörte Hintertür. Man muss erst schmerzlich lernen, mit einem solchen nasenpräferierten Hund zusammenzuleben.

Apropos Geruch! Der Geruch eines Bloodhounds ist schon, sagen wir mal … speziell. Mein Rüde hatte bei ansonsten bester Gesundheit einen derart penetranten, beißenden Geruch an sich, der schon bei kurzer Berührung wie eine ansteckende Seuche auf einen überzugehen schien, dass ich schon alsbald zum „beliebtesten Mitarbeiter der Dienststelle“ avancierte. Mein Dienstauto hatte ich für mich allein. Eine Kollegin, mit der ich zusammen Nachtdienst verrichtete, erzählte mir in der Folgeschicht am nächsten Abend, dass sie sich früh nach der Schicht zu ihrem Mann ins Ehebett begab und dieser sie regelrecht entsetzt ein zweites Mal in die Dusche schickte. Sie hatte sich in der Nachtschicht bereit erklärt, mit meinem Hund ein wenig Opferbindung zu machen und sich als Runner zur Verfügung gestellt, um sich von ihm finden und freudig anspringen zu lassen. Die ihm eigene Melange hatte in ihrer Penetranz eine etwas süßliche Note und ließ sich wohl am treffendsten beschreiben als „ein in Zuckerwatte gehüllter Fuchs“.

Der erste Reinfall … doch kein Praxisfährtenhund!

So hatte ich nun einen Welpen von neun Wochen, und bevor das offizielle Training mit Armin losging, dachte ich, mit ein bisschen Futter und Spaß könnte man ja nichts verkehrt machen. Mit meiner Erfahrung aus der Praxisfährtenhundeausbildung wollte ich den Kleinen schon etwas vorbereiten.

Also schnappte ich mir einen erfahrenen Fährtenhundeführerkollegen und wir gingen in ruhiges Gelände ohne jede Ablenkung. Mein Kollege hatte schon den halben Vormittag ein großes Baumwolltuch unter seiner Kleidung getragen, das er nun herausholte. Wir legten das Tuch auf dem Ansatz breit aus und verteilten darauf großzügig Futter. Mein Rüde war überaus verfressen und ich hoffte, mir dies irgendwie zunutze machen zu können. Anschließend durfte mein Welpe, von mir festgehalten, zuschauen, wie der Kollege von dem Tuch aus langsam rückwärtsging und gut sichtbar kleine Futterbröckchen in jeden hinterlassenen Schuheindruck hineinlegte. Danach führte ich den Welpen zu dem Ansatz, wo sich das ausgebreitete Tuch mit dem „Individualgeruch“ des Fährtenlegers befand. Mein Welpe begann erwartungsgemäß das Futter schnüffelnd aufzusammeln und ich war sehr zufrieden. Ich hatte nun die von meiner Fährtenhundeführererfahrung genährte Hoffnung, dass mein Hund, nachdem das Futter alle sein würde, beginnen würde, so wie ich es von unseren Schäferhunden kannte, der gelegten Spur des Futters zu folgen und Stück für Stück weiterlaufen würde. Am Ende der Strecke von etwa zehn Metern würde ein weiterer Futterjackpot auf ihn warten. Nun, genau dies tat mein Bloodhound aber nicht!

Stattdessen war er gerade dabei, das Tuch aufzufressen! Er ging keinen einzigen Schritt vom Ansatz weg. Ich habe die Sache dann schnell beendet und konnte so noch das Tuch vor dem gefräßigen Bloodhoundwelpen retten. Nach einer anfänglichen Phase der Ratlosigkeit kamen wir auf die Idee, wir könnten doch mal probieren, dass mein Kollege nach kurzem Spiel mit dem Hund wegliefe und dabei eine Sichtunterbrechung schaffen würde. So hätte er mal gesehen, sagte er, seien solche Hunde dazu zu bewegen, jemanden zu suchen. Ich hegte zwar einige Zweifel, aber wir probierten es aus. Und siehe da, zu meinem Erstaunen bewegte sich mein Welpe plötzlich und suchte aktiv nach meinem Kollegen. Dies war der Moment, in dem ich zum ersten Mal ahnte, dass die Ausbildung wohl gänzlich anders verlaufen würde, als ich es bis dahin kannte.

Als ich Armin von der Begebenheit erzählte und bei der Episode mit dem ausgelegten Futter auf dem Tuch ankam, unterbrach er mich und sagte: „Der ist nicht losgelaufen, stimmts?" Ich antwortete verwundert: „Ja, woher weißt du das?" und er sagte: „Solange das Tuch noch nach Futter riecht, geht er dort nicht weg, es kann höchstens sein, dass er anfängt, das Tuch zu fressen!" Ich habe ab diesem Moment während der gesamten Grundausbildung meines Hundes nicht mehr alleine trainiert, sondern nur noch, wenn Armin als Ausbilder dabei war.

Opferbindung als neues Motivationsmittel

Bloodhounds sind ausgesprochene Meutehunde und lieben Gesellschaft mehr noch als andere Hunde, sie brauchen sie sogar regelrecht. Sie sind in etwa zu vergleichen mit einem Schwarmfisch. So lernte ich ein mir bis dahin wenn überhaupt, dann eher rudimentär verwendetes Instrument zur Konditionierung kennen, nämlich die Liebe zu Menschen oder sogenannte „Opferbindung". Der Begriff stammt aus der Rettungshundeszene und drückt aus, dass der in der Regel frei suchende Rettungshund unter allen Umständen an der Stelle bei seinem gefundenen „Opfer" verbleiben muss, bis der Hundeführer und das Hilfsteam beide gefunden haben. Der frei arbeitende Rettungshund zeigt seine und die Position des Gefundenen dabei durch lautes, anhaltendes Bellen an. Das ist natürlich bei einem an einer nur wenige Meter langen Suchleine arbeitenden Mantrailer nicht erforderlich.

Die Hunde bekommen vom Welpenalter an und ab dem ersten Tag der Ausbildung vermittelt, dass Menschen etwas unglaublich Tolles sind. Um eine solide Basis zu schaffen, haben wir bei unseren Welpen in dem ersten Vierteljahr der Ausbildung nur an der Opferbindung gearbeitet. Dazu wurde der Welpe in einer aktiven Phase (denn Welpen schlafen noch viel) aus dem Auto geholt und bekam einen „Spielpartner" zugewiesen, der sich intensiv mit ihm beschäftigte. Manchmal wurde das Spiel mit Futter verstärkt, es ging jedoch stets darum, dass der Hund aus freien Stücken bei dem ihm fremden Menschen blieb, ob nun mit oder ohne

Zu Beginn der Ausbildung steht der Aufbau der Opferbindung.

Futter. Dieses Spiel wurde unter allen vorstellbaren Umweltsituationen betrieben – auf der Treppe einer Grundschule zum Schulschluss, wenn alle Kinder dort herausgerannt kamen, inmitten eines belebten Einkaufszentrums oder in der Wartehalle eines Hauptbahnhofes. Die Priorität der Aufmerksamkeit des Hundes soll stets beim „Opfer" sein, auch ohne dass dieser den Hund locken muss. Auch mussten ständig die Opfer getauscht werden, damit der Hund sich nicht auf einen bestimmten Helfer einstellte. Erst, als diese Verknüpfung unverrückbar im Hund manifestiert war, ging es mit den ersten Trails los.

So lernte ich die Opferbindung als für mich neues Motivationsmittel kennen. Der Runner (so heißt der Trailleger bzw. das „Opfer") geht mitten während des Spieles plötzlich ohne Hast davon und sorgt bereits kurz nach dem Losgehen für eine Sichtunterbrechung, zum Beispiel, indem er um eine Hausecke geht. Während er das tut, lässt er einen zunächst noch größeren Gegenstand, an dem sein Geruch anhaftet, gewissermaßen als Ansatzpunkt zurück.

In der Opferbindung arbeitet sich der Runner langsam an eine Sichtunterbrechung heran.

Jetzt steht der Runner auf und ...

... begibt sich ohne Hast weg ...

... während der Welpe ihm zunächst nicht folgen kann.

Der Welpe vermutet seinen Spielpartner hinter der Sichtunterbrechung, da ist er aber nicht! Nur sein Geruch ist noch vorhanden.

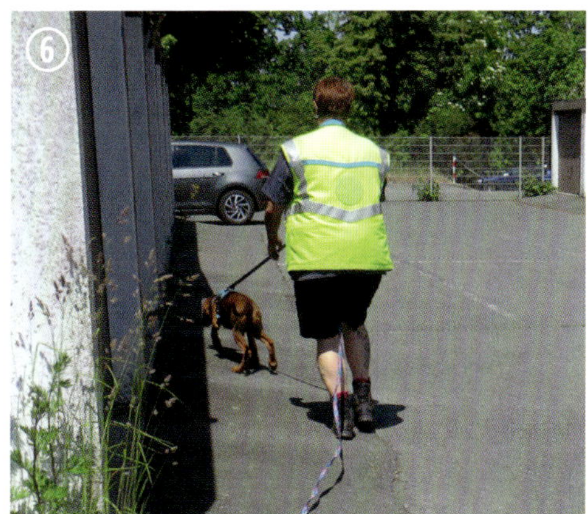

Instinktiv nutzen viele Hunde nun ihre Nase …

… und verfolgen die (anfangs freilich nur kurze) Spur …

… um schließlich mit Spiel und Leberwurst aus der Tube belohnt zu werden.

Als Abschluss wird der Welpe vom Runner zurückgebracht. Das Tragen dient zum einen der Opferbindung …

… und verhindert zum anderen, dass der Welpe auf dem Rückweg durch irgendwas abgelenkt wird und mit anderen letzten Eindrücken in seine Box geht.

Der Hund wird indes von seinem Hundeführer zurückgehalten. Sobald der Runner in seinem Versteck nur wenige Meter weiter angekommen ist, darf der Hund ihm nachsetzen. Dieser möchte natürlich das eben unterbrochene Spiel fortsetzen und „erinnert" sich noch ganz gut an den Geruch seines eben weggelaufenen Spielpartners. Dabei hilft ihm zusätzlich, wenn er am Ansatz über den großen zurückgelassenen Geruchsartikel des Runners, meistens eine Jacke oder ähnliches, läuft. Da er seinen Kumpel hinter der Ecke vermutet, geht er zunächst einmal sehr zügig dorthin. Der Runner aber ist weitergegangen und befindet sich in einigen Metern Entfernung in seinem Versteck. Gerade bei nasenpräferierten Jagdhunden kann man sehr schnell beobachten, wie sie ihre Nase zur Lösung des Problems nutzen. Die allerwenigsten Hunde, die ich gesehen habe, hatten ihre Nase dabei auf dem Boden, sondern zumeist halbhoch. Der Hund sucht seinen verlorenen Kumpel, indem er **genau dessen** individuellem Geruch folgt. Dieser Schritt in der Ausbildung wurde absichtlich in frequentiertem Gebiet und auf befestigtem Boden gemacht. Über das klare Ziel „Mensch", und zwar nicht irgendeinen, sondern einen ganz bestimmten Menschen verbunden mit dem Übungsaufbau in befestigtem, kontaminiertem Gelände erreicht man eine klare Trennung von der Bodenverletzung. Mehr zum Aufbau der Opferbindung lesen Sie übrigens noch ab S. 102!

Ich denke, hier ist ein entscheidender Baustein, der den Hauptunterschied zur Praxisfährtenhundeausbildung ausmacht. Dies ist letztlich auch der Schlüssel zu einem unterschiedlichen Leistungsspektrum der beiden so ähnlichen und doch verschiedenen Spezialrichtungen.

Der Praxisfährtenhund oder „Mantrailer light" – eine eigene Spezialrichtung!

Die Ausbildung unserer Mantrailer ging so schrittweise immer weiter voran. Leider musste ich zwischenzeitlich meinen Rüden aus Gesundheitsgründen aus dem Projekt herausnehmen, konnte aber bald darauf mit meiner neuen Hündin Hermine weitermachen. Im Verlaufe der Ausbildung wurde mir aber klar, dass es durchaus größere Unterschiede zwischen den mir geläufigen Praxisfährtenhunden und den Mantrailern gibt.

Daraus ergeben sich für die beiden Spezialbereiche unterschiedliche Aufgabenbereiche, bei denen ihre sich ergänzenden Fähigkeiten sinnvoll genutzt werden können. So bleibt der Praxisfährtenhund dort, wo er zeitnah zum Einsatz gebracht werden kann, der Hund mit guten Erfolgsaussichten bei Ad-hoc-Lagen. Er kann darüber hinaus bei entsprechend vernünftiger Tatortsicherung auch ohne Geruchsartikel gestartet werden, was bei Einsätzen, bei denen kein geeigneter Spurenträger vorliegt, durchaus einen entscheidenden Vorteil darstellt. Dies ist sogar eines der häufigsten Einsatzszenarien für den Praxisfährtenhund!

Der Hund arbeitet dann die letzte (frischeste) vom Ansatzort wegführende Spur aus. Durch seine zumeist duale Ausbildung kann er bei der Sofortnachsuche nach einem Straftäter bei dessen Lokalisierung nötigenfalls auch sofort als Schutzhund eingesetzt werden, um beispielsweise einen fliehenden Täter zu stellen oder einen Angriff auf sich oder seinen Hundeführer zu vereiteln.

Unsere Mantrailer machten im Training deutlich erkennbar einen Unterschied zwischen älterem und frischerem Geruch derselben Person. Ebenso unterschieden die Hunde sicher zwischen dem meisten und dem frischesten Geruch des jeweiligen Runners. So konnte zum Beispiel ein Runner auf dem Parkplatz, auf dem wir uns zum Training trafen, aussteigen, sich dort eine halbe Stunde aufhalten, dem betreffenden Hundeführer einen Geruchsartikel von sich übergeben und dann irgendwann von dort loslaufen und einen Trail legen. Der durch den Geruchsartikel mit dem Individualgeruch des Runners „beauftragte" Hund unterschied sicher zwischen dem meisten Geruch, der sich zweifellos am Start auf dem Parkplatz befand, und dem frischen Trail, der von dort wegführte und folgte diesem.

Noch verzwickter war die Situation, wenn der Runner bereits mehrere Trails von dort aus in verschiedene Richtungen gelaufen war oder bei anderen Teams mitgelaufen war und ihnen zugesehen hatte. War man dann mit seinem Hund als fünfter Starter dran, so gab es nicht nur den meisten Geruch desselben Runners direkt am Start, sondern es führten von dort auch noch etliche geruchlich identische, ältere Spuren weg (wobei ältere Spuren manchmal nur einen Zeitunterschied von einer Viertelstunde bedeutete). Aber auch das konnten die Hunde ziemlich problemlos differenzieren und es kam so gut wie nie vor, dass ein Hund beim Vorhandensein mehrerer Spuren die ältere ausgearbeitet hätte.

Bei Vorhandensein mehrerer Spuren der gleichen Person nahmen die Hunde zuverlässig die frischeste (hier in der Abbildung versinnbildlichend die farbintensivste) an. Ebenso lernten sie schnell, aus einem Geruchspool (also aus flächig verteiltem Geruch) zu starten und die frischeste, wegführende Spur anzunehmen. (Abgleich meister Geruch – frischester Geruch)

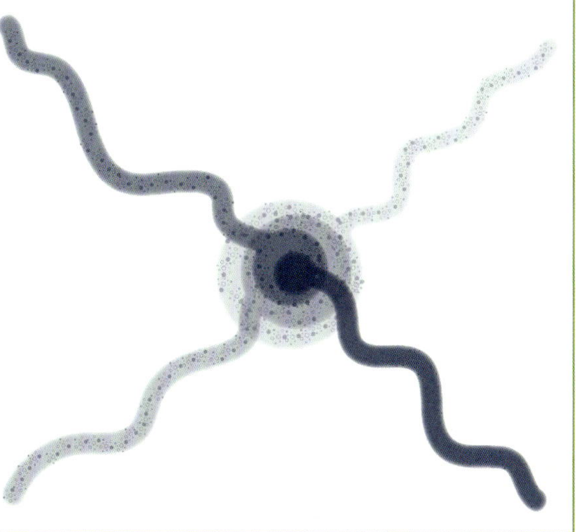

Da Individualgeruch ständig vom Körper abgegeben wird, ist die einzige Bedingung, um eine Geruchsspur zu erzeugen die, dass der Geruch in die Umwelt gelangen kann. Somit ist es beispielsweise auch möglich, einen Trail zu verfolgen, wenn der Runner ihn mit dem Rad gefahren ist. Dinge, die wir im Training erfolgreich ausprobierten, waren Trails mit dem Fahrrad, einem Quad und einem Pkw mit geöffneter Scheibe – dies alles im normalen Stadtverkehr und mit der ortsüblichen Geschwindigkeit.

Als für mich die erste Prüfung mit meiner Hündin Hermine bevorstand, hatte ich während eines der monatlichen Trainings mit Rettungsorganisationen und Polizei-Mantrailern anderer Bundesländer den Trainer unserer Gruppe gebeten, mir einmal einen 24-Stunden-Trail vorzubereiten. Zur Prüfung müsste ich einen solchen Trail mit ihr schaffen und wir hatten bis dahin lediglich Trails im Alter von zehn Minuten bis etwa drei Stunden ausgearbeitet. Gerald (einer der Trainer) sagte mir mit einem Lachen, dass das Alter von Trails nicht unser Problem sei und mein Hund würde das schon machen, aber er war gerne bereit, mir den Wunsch zu erfüllen.

Da ich wusste, wie lange ich damals mit meiner Fährtenhündin trainiert hatte, um uns schließlich Stück für Stück an die Sechs-Stunden-Fährten im Gewerbegebiet heranzuarbeiten, war ich zugegebenermaßen skeptisch, wie das mit einem Hund funktionieren sollte, der bis dahin immer nur frische Spuren gearbeitet hatte. Bei meiner Fährtenhündin konnte man den Schwierigkeitsgrad unter anderem sehr gut an ihrem Suchtempo ablesen. Bei alter Spur mit „wenig" Geruch lief sie sehr langsam und schnüffelte sehr intensiv, bei frischen Spuren hingegen war ihr Tempo schneller und sie lief häufig mit mittelhoher Nase.

Mit einer entsprechend skeptischen Erwartungshaltung ging ich also am nächsten Tag zu dem Ansatz, um den ca. einen Kilometer langen Generalproben-Trail zu „probieren". Der Start war auf dem Gelände einer Schule, mitten im Zentrum von Hof. Der Runner, der den Trail gelaufen war, war am nächsten Tag mit seinem Pkw aus der Gegenrichtung, also quasi von hinten, an das Trailende gefahren. Zu meinem Erstaunen nahm Hermine nach der Darreichung des Geruchsartikels ziemlich routiniert und klar einen Geruch auf, dem sie mit halbhoher Nase zügig folgte. Ich konnte an dem Suchverhalten meines Hundes mitnichten erkennen, dass dieser Trail mitten durch den Verkehr von Hof an der Saale, über Straßen und Fußwege, vorbei an etlichen Passanten und durch Fußgängerzonen 24 Stunden alt gewesen sein soll! Selbstverständlich war mir der Trailverlauf nicht bekannt, so wie übrigens in keinem unserer Trainings. Hermine führte mich dennoch sicher und zielstrebig zu dem Runner, welcher bis zu meinem Eintreffen in einem verschlossenen Pkw am Ende des knapp einen Kilometer langen Trails gewartet hatte und erst bei meinem Eintreffen dort ausstieg, damit Hermine nicht etwa vorzeitig schon frischen Geruch von ihm wahrnahm und den gelegten Trail vielleicht abkürzte. Dieser Trail mit meinem eigenen Hund zeigte mir, dass ich meine bisherige Meinung zur Machbarkeit von alten Trails gründlich überdenken musste.

Eine Meinung, die ich inzwischen mit vielen Polizei- und Rettungshundeführern im Mantrailing teile, ist die, dass die Hunde häufig sogar auf älteren Trails ein viel klareres Suchverhalten zeigen und Entscheidungen viel schneller und eindeutiger treffen als auf frischeren. Die oft übereinstimmende Aussage ist, dass sich der Geruch dann etwas gesetzt hat und die Hunde ein viel klareres Geruchsbild vor sich haben.

Das Argument, das ältere Spuren nicht gingen, höre ich fast ausschließlich von Hundeführern, die mit ihren Hunden zum Beginn der Ausbildung auf „Grün" angefangen haben. Ich möchte gar nicht abstreiten, dass dies deren objektive Beobachtung ist und ihre Hunde wirklich keine älteren Trails arbeiten können. Jedoch muss es ja einen Grund dafür geben, da ja Individualgeruch ganz offensichtlich deutlich länger als die sechs Stunden noch verfolgbar ist, wie etliche nachweislich richtige Trails und erfolgreiche Einsätze beweisen.

Unterschied Bodenverletzung / Individualgeruch

Ich habe dafür für mich eine Erklärung gefunden. Dazu ist es jedoch zuerst einmal notwendig, sich die signifikanten Unterschiede zwischen dem Geruch der Bodenverletzung und dem Individualgeruch einer Person noch einmal ganz explizit klarzumachen. Wie wir in Kapitel 1 gesehen haben, ist der Geruch der Bodenverletzung ein Abbauprodukt biochemischer Zersetzung, welches durch Fäulnisbakterien hervorgerufen wird und nur zeitlich begrenzt vorhanden ist. Der „verletzte Untergrund" regeneriert sich und die Bodenverletzung verschwindet infolgedessen, sobald „das Futter" für die Fäulnisbakterien alle ist. Niedergedrückte Vegetation richtet sich wieder auf, Verletzungen der Vegetation verschließen sich wieder und so weiter. Dies begründet auch die vergleichsweise geringe Haltbarkeit gegenüber dem Individualgeruch.

Offensichtlich völlig anders sieht es beim Individualgeruch aus. Vieles deutet darauf hin, dass dieser von Bakterien erzeugt wird, die im und am menschlichen Körper leben. Wissenschaftliche Studien[2] belegen, dass im Verlauf eines Jahres etwa 98 Prozent der Atome eines Menschen ersetzt werden. Zusammen mit den abgestoßenen Zellen gelangen auch die darauf befindlichen Mikroben auf den Trailverlauf. Dort erzeugen sie nicht nur weiterhin ihr spezifisches Gas, sondern bilden durch Zellteilung gegebenenfalls Kolonien, die sich selbständig regenerieren. Kolonien mit den individuellen Geruchsmerkmalen der ursprünglichen Person! Wie lange diese haltbar sind, hängt wiederum ebenfalls von den Lebensbedingungen ab, welche die Bakterien dort vorfinden.

Bei günstigen Bedingungen teilt sich ein Bakterium alle 20 bis 40 Minuten. In 24 Stunden sind so aus einer Bakterienzelle etwa 10 000 000 000 Bakterienzellen hervorgegangen. Wenn sie ganz eng aneinander liegen, nennt man ein solches Gebilde „Kolonie". Die Temperatur beeinflusst die Vermehrung der Bakterien sehr stark. Zwischen 27° C und 37° C gedeihen die meisten Bakterien am besten. Bei niedrigen Temperaturen teilen sie sich seltener, bei hohen Temperaturen werden die Zellen teilweise geschädigt oder sterben ab.[3]

Wie mir viele Hundeführer im persönlichen Gespräch bestätigt haben, neigen Hunde, die einmal die Bodenverletzung als zielführendes, erfolgversprechendes Mittel kennengelernt

2 http://www.tagesspiegel.de/wissen/der-fluss-des-lebens/1141896.html
3 Quelle: www.paedagogik.net

haben, dazu, diese gegenüber dem Individualgeruch vorzuziehen. Ich habe mich nun gefragt, warum das so ist und bin für mich zu folgender Erklärung gelangt.

Das Ganze hat womöglich mit dem ursprünglichen Jagdinstinkt wildlebender Caniden zu tun. Wahrscheinlich ist dies ein instinktives Erbe aus Zeiten jagdlicher Nahrungsbeschaffung. Der vorhandene Individualgeruch verschafft dem Wolf in erster Linie eine Vorstellung davon, um welche Art potenzieller Beute es sich handelt, z. B. ein harmloses Reh oder ein wehrhafter Elch und damit zugleich, welches Risiko der Räuber eingeht. Für einen wildlebenden Caniden auf Nahrungssuche ist die Information, die ihm der Individualgeruch liefert, in erster Linie deshalb zunächst einmal die, ob es sich überhaupt um potenzielle Beute handelt, die er wirklich finden will. Es ist für einen Wolf in Nordamerika beispielsweise durchaus von Bedeutung, ob er der Spur eines Damhirsches folgt oder der eines ausgewachsenen Grizzlybären. Auf eine Begegnung mit letzterem legt der Wolf naturgemäß keinen gesteigerten Wert und würde sich nicht die Mühe machen, dieser Spur womöglich kilometerweit zu folgen. Wenn er diese Information also „gelesen" und verarbeitet hat, dann sagt ihm das zeitlich begrenzte Vorhandensein einer Bodenverletzung, dass die Spur noch frisch ist, die Beute also noch nicht ewig weit weg sein kann und sich eine Verfolgung lohnt. In seiner Logik heißt das also, wo eine Bodenverletzung vorhanden ist, ist die Spur noch frisch und das Alter der Spur bewegt sich *höchstens* im niedrigen Stundenbereich. Eine Verfolgung lohnt sich. Viele Hunde neigen wahrscheinlich instinktiv genau deshalb sehr dazu, eine vorhandene Bodenverletzung gegenüber dem Individualgeruch bevorzugt anzunehmen und zu verfolgen. Dieses Konzept ist aus der Sicht eines Caniden, der instinktgesteuert beziehungsweise zum Nahrungserwerb sucht, logisch und bewährt. Im Übrigen sind auch asphaltierte Fußwege und Straßen nicht keimfrei. Auch hier findet man organisches Material und Mikroorganismen, die beim Darüberlaufen zerquetscht werden. Was dabei entsteht, ist demnach nichts anderes als eine herkömmliche Bodenverletzung, wenngleich sicher in einer etwas anderen Ausprägung als auf natürlichem Untergrund. Ein Hund, der die Bodenverletzung als zielführend für sich „entdeckt" hat, findet sie daher auch auf befestigtem Untergrund.

Hunde sind somit sehr leicht auf „Bodenverletzung" zu prägen, da dies ihrem Instinkt entgegenkommt. Genau diese Prägung kann bei der Ausbildung sowohl mit voller Absicht als auch unbeabsichtigt geschehen!

Wie ich bereits weiter vorn beschrieben habe, kann der Hund die verschiedenen Untergründe und damit Gerüche der vorhandenen Bodenverletzung aufgrund ihres aktuellen Ausprägungsgrades der Geruchsintensität zu einer Geruchsspur „zusammenpuzzeln". Eine zwei Stunden alte Spur ist aufgrund ihrer differierenden Geruchsintensität für den Hund gut von älteren oder frischeren Spuren in demselben Gelände zu unterscheiden. Schwierig wird es jedoch für ihn, wenn die Spur im weiteren Verlauf plötzlich in ein Gelände führt, in welchem eine Vielzahl von Spuren mit dem gleichen oder sehr ähnlichen Ausprägungsgrad vorhanden sind. Der Hund kann dann *seine* zwei Stunden alte Spur von gegebenenfalls zehn weiteren, ebenfalls zwei Stunden alten Spuren nicht mehr unterscheiden. Es sind dann häufig genau diese Momente, in denen die dual auf Individualgeruch und Bodenverletzung ausgebildeten Hunde „aussteigen", weil sie instinktiv der Bodenverletzung den Vorrang eingeräumt haben und nun überfordert sind. Zudem scheitern sie oftmals an ihrem Konzept

„frischeste/intensivste Spur". Ich möchte dazu nochmals auf diese Grafik zurückkommen, die den Vergleich zwischen Individualgeruch und Bodenverletzung deutlich macht.

Leitgeruch?

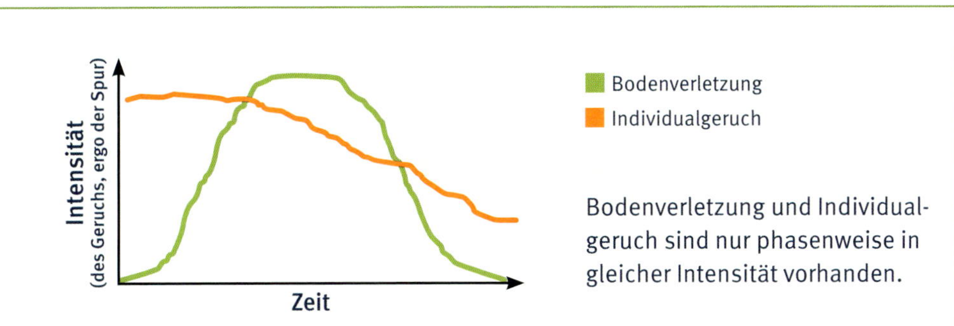

Bodenverletzung und Individualgeruch sind nur phasenweise in gleicher Intensität vorhanden.
Ein Hund mit der Findestrategie „frischester Geruch" müsste also zwischendurch zwischen Individualgeruch und Bodenverletzung switchen.
Aufgrund der eklatant unterschiedlichen Eigenschaften dieser beiden Komponenten (Bodenverletzung ortsgebunden – Individualgeruch kann sich verlagern), geht dieses Konzept nur in einem kleinen Zeitfenster auf, da die beiden mit fortschreitender Zeit gegebenenfalls räumlich auseinander liegen können.
Ein auf beides trainierter Hund, der sich anfangs des Trails für die Bodenverletzung entschieden hat, kann unter Umständen dann gar nicht mehr auf den Individualgeruch des Runners wechseln, da sich dieser mit fortschreitender Zeit von der ursprünglichen Wegstrecke des Runners verlagert hat, während die Bodenverletzung dort bleibt, wo sie entsteht. Zudem, das sollten wir nicht vergessen, sprechen wir hierbei auch von völlig unterschiedlichen Gerüchen! Das heißt, wenn ein Hund bereits eine Weile fokussiert auf die Bodenverletzung (ein Puzzlespiel des Abbaus organischen Materials durch Fäulnisbakterien, bei dem es auf das „Vergleichen" der Geruchsintensität ankommt) gesucht hat, dann dürfte es ihm schwerfallen, mitten auf der Strecke schnell mal auf den völlig anders gearteten Individualgeruch überzuspringen und fortan diesen weiterzuverfolgen. Zumal dies ja ohnehin erst notwendig würde, wenn Schwierigkeiten, zum Beispiel durch ein Gebiet mit plötzlich vielen unterschiedlichen, aber gleichaltrigen Spuren auftreten.

Rettungshundestaffel
suchen
retten
helfen
Deutsches Rotes Kreuz

3.

Die häufigsten Fehler bei der Mantrailerausbildung

Zu zeitig getrailt

Manche beginnen mit den Welpen sofort zu trailen. Oder zumindest zeitnah in den ersten paar Trainings. Hierzu ein kleiner Vergleich. Wenn man beispielsweise einen Rauschgiftspürhund, Leichen- oder Brandmittelspürhund ausbilden möchte, würde wohl keiner auf die Idee kommen, gleich zum Beginn der Ausbildung in einer der ersten Übungseinheiten den Stoff irgendwo zu verstecken, um dann den unbedarften Hund herbeizuholen und ihm zu sagen: „Such". Ohne Zweifel *kann* der Hund suchen! Ohne Zweifel nimmt er mit seinen olfaktorischen Fähigkeiten alles – auch den versteckten Stoff – wahr. Jedoch würde er trotzdem nicht wissen, was von ihm verlangt wird, denn ihm würde jedweder Bezug zu dem Geruch fehlen, den er finden soll! Das bedeutet, ihm muss, bevor überhaupt an die Suche nach dem Geruch eines bestimmten Stoffes oder einer Substanz zu denken ist, dieser Stoff oder diese Substanz irgendwie interessant gemacht werden. So interessant, dass alles andere dagegen in den Hintergrund tritt und unter dem Suchauftrag ignoriert wird!

Bei einem auszubildenden Spezialhund, der auf den Geruch einer bestimmten Substanz konditioniert werden soll, schafft man also eine Verbindung zwischen etwas, was in seiner „Prioritätenliste" ganz weit oben steht und der gewünschten Substanz, die für ihn zunächst erst einmal völlig belanglos ist. Zumeist werden dafür sehr spieltriebstarke Hunde verwendet. Man schafft in dem Falle also eine Verknüpfung zwischen dem Spielzeug des Hundes (zumeist Bringsel oder Ball) und dem zu trainierenden Stoff. Dies gelingt am besten, indem man das Spielzeug des Hundes nimmt, ihn damit „anspielt" und dieses dann, während er aus entsprechender Entfernung dabei zusieht (meist wird er durch den Hundeführer gehalten, während der Ausbilder oder Assistent das Bringsel versteckt), irgendwo deponiert, wo der Hund nicht herankommt, zum Beispiel in einer Schublade einer Schrankwand oder ähnliches. Der Hund lernt in der Regel sehr schnell, zum Auffinden / Lokalisieren des Spielzeuges seine Nase einzusetzen. Bei der professionellen Ausbildung wird anfangs häufig eine Suchwand genutzt. Zusammen mit dem Spielzeug liegt dort in der weiteren Folge auch die zu konditionierende Substanz. Zeigt der Hund die richtige Schublade, das Fach oder das Depot in der Suchwand (anfangs zumeist aktiv durch Kratzen oder Hineinbeißen) an, bekommt er das Spielzeug von dort und wird so bestätigt. Die ersten Erfolge stellen sich häufig schon nach ein paar Tagen ein und der Hund begreift, dass der Geruch dieser Substanz gleichsam ein Indikator für das Lokalisieren seines geliebten Spielzeuges ist. Diese Verknüpfung wird dann über ein paar Wochen immer weiter etabliert, das Spielzeug wird dabei immer „zusammen mit der Substanz" versteckt und vom Hund gesucht. Ist der Lernerfolg verfestigt, so reicht bereits die Substanz allein, um ein Anzeigeverhalten des Hundes auszulösen. Ich gehe hier jetzt bewusst nicht näher auf die Ausbildung solcher Spezialhunde ein, vielmehr geht es mir um das Verstehen des Ausbildungsprinzips. Bei den meisten auszubildenden Spezialhunden bei Behörden erfolgt diese Ausbildung im Alter ab einem Jahr aufwärts, was mit der dualen Verwendung zusammenhängt.

Bevor (und damit überhaupt!) ein Rauschgift-Spürhund mit großem Eifer Rauschgift sucht, muss ihm also zuerst suggeriert werden, dass Rauschgift etwas „ganz Tolles" ist, was sich zu finden lohnt!

Warum wird also bei einem angehenden Mantrailer oft mit dem zweiten Schritt vor dem ersten begonnen? Bei einem Welpen, der zum Trailen ausgebildet werden soll, kann und muss man sich viel Zeit lassen, um das Ziel Mensch / Runner tief in seinem Bewusstsein zu verankern. Ihm wird ebenso, wie dem angehenden Rauschgiftspürhund, das Zielobjekt, in dem Falle der Spielpartner Mensch, als etwas Lohnendes und Erstrebenswertes erklärt. Wir sagen gern „Triebziel" dazu (s. S. 31).

„Mensch ist was Tolles – dafür strenge ich mich an!"

Erst, wenn diese Verknüpfung sitzt, sollte man dazu übergehen, den Menschen auch zu suchen! Der Hund wird nur nach etwas suchen, was er finden *möchte*. Es schadet ihm daher nicht, wenn er das erste Vierteljahr seiner Ausbildung überhaupt nicht trailt, sondern stattdessen nur mit seinem zugewiesenen Runner spielt. Die Runner sind jedoch ständig zu wechseln, damit sich der Hund nicht auf einen bestimmten Runner einstellt! Da Welpen sich wie Kleinkinder noch nicht lange auf eine Sache konzentrieren können und noch viel schlafen, sollten die Übungen kurz gehalten und in den Wachphasen flexibel gestaltet werden. Kurze, intensive Übungen haben darüber hinaus den Vorteil, motivationssteigernd zu wirken.

Mehr dazu, wie man in der Ausbildung von Welpen vorgeht, lesen Sie auch ab S. 134.

Falscher Fokus und selbstbestätigendes Trailen

Vielmals berichten Hundeführer freudig, dass ihr Hund so eifrig bei der Sache sei, dass ihm allein schon die Suche um ihrer selbst willen riesigen Spaß mache und deshalb die gesamte Ausbildung sehr einfach werden würde. Ein solches Verhalten wird oft als im guten Sinne besonders arbeitsfreudig interpretiert. Leider ist das eine Fehlannahme.

Durch das anfängliche Fokussieren des Interesses des Welpen auf den zugewiesenen Interaktionspartner Mensch wird dieser als Ziel höchster Priorität etabliert. Ist dieses Ziel jedoch (noch) nicht völlig klar und von oberster Priorität, so nimmt etwas anderes den Platz in der Hierarchie der Prioritäten ein. Gerät die Freude am Verfolgen einer Geruchsspur an sich in den Vordergrund, so etabliert sich stattdessen womöglich ein selbstbestätigendes Arbeitsverhalten. Das ist so lange schön, wie der Hund die vom Menschen gewünschte Spur ausarbeitet. Das selbstbestätigende Trailen birgt allerdings leider allzu realistisch die Gefahr, dass der Hund nach eigenem Belieben unterwegs die Geruchsspuren wechselt und irgendwas sucht, nur um des Suchens Willen. Dabei entscheidet er selbst, was er für interessant genug hält, um es zu verfolgen, denn er ist nicht auf die Bestätigung durch den Runner am Ende angewiesen, weil sie für ihn eben nicht das höchste, erstrebenswerteste Glücksgefühl ist, sondern das Suchen an sich!

Man wird sich als Hundeführer auch schwertun, den Moment zu erkennen, wenn ein solcher Hund auf eine andere Spur wechselt, da es aufgrund der anhaltenden „Begeisterung des Hundes“ im Suchverhalten praktisch keine Unterschiede gibt. Das bedeutet für den Hundeführer völligen Kontrollverlust. Sie beschäftigen einen Handwerker, der das Werkzeug nicht benutzt, sondern es bewundert. Trailen jedoch ist zielorientiert! Nicht die Freude am Ausarbeiten einer Spur, sondern die Freude am Finden genau dieser einen Person ist zielführend! Es muss von Anfang an klar sein, dass die Geruchsspur nur das Mittel zum Zweck ist, welches dem Auffinden der Person dient!

Wichtig: Nur der Runner bestätigt mit Futter oder Spielzeug!

Daher ist es außerordentlich wichtig, dass die Person/der Runner für den Hund das Ziel mit der höchsten Priorität ist. Dies gilt auch dann, wenn die Zielperson den Hund mit einem Spielzeug oder Futter bestätigt. Der Einsatz solcher „Verstärker“ ist legitim und durchaus praktikabel. Es ist dabei jedoch darauf zu achten, dass der Hund klar erkennt, dass das Spiel oder die Bestätigung im engen Zusammenhang mit der Person des jeweiligen Runners steht. Es wird also nur „*mit* dem Runner“ gespielt und nur „*am* Runner“ bestätigt! Niemals wird dem Hund das Spielzeug oder das Futter zur Selbstbeschäftigung überlassen! Zum Abschluss der Übung macht es sich auch gut, wenn das Spielzeug oder die Futterdose oder -tube vom Runner für den Hund sichtbar wieder „kassiert“ wird. (Siehe dazu auch „Opferbindung“, S. 102)

Auf „Grün“ angefangen

Viele legen am Anfang der Ausbildung die ersten Trails in natürlichem Gelände. Der Hund lernt jedoch hier von Anfang an sehr schnell, die Bodenverletzung zu nutzen, da sie ihn ziemlich direkt ans Ziel führt. Dies kommt, wie bereits weiter oben beschrieben, der Neigung der meisten Hunde sehr entgegen.

Manchmal wird sogar in alter Fährtenhunde-Ausbildungsmanier noch Futter in die Bodenverletzung gelegt. Damit wird ein ohnehin instinktives Suchverhalten hinsichtlich der Bodenverletzung noch gefördert und verstärkt. Gleiches gilt übrigens für den Unfug, stinkige Socken auszukochen und das „Sockenwasser“ beim Legen des Trails auf der Laufstrecke zu verspritzen. Hierbei werden allenfalls „Erwartungen“ des Menschen an die Optik des Suchens – nah an der gelegten Laufstrecke und mit tiefer Nase – bedient, der tatsächliche, ausbilderische Mehrwert für die Sucharbeit kann dagegen bezweifelt werden. Es ist nämlich so, dass vom Runner kontaminierten Gegenständen (und nichts anderes ist solches „Sockenwasser“) zwar dessen Geruch anhaftet, jedoch produzieren diese Gegenstände keinen frischen Geruch (und insbesondere nicht in progressiver Ausbreitungsform), so wie dies ein Mensch ununterbrochen tut! Insofern ist ein kontaminierter Gegenstand auf dem Trail nicht das Gleiche wie der vom Runner erzeugte Trail selbst. Anstelle der „Sockenwasserspur“ könnte man deshalb auch gleich mit dem Hund an einer Aufreihung von persönlichen Gegenständen des Runners entlang laufen. Man darf nämlich auch nicht vergessen, dass der Trail des Runners nicht nur die Information „Individualgeruch“ enthält, sondern auch die Information „Laufrichtung“ nämlich „von alt nach frisch“! Das können Gegenstände (und auch verspritzte Flüssigkeiten) nicht. Zuvor gesagtes gilt im Übrigen selbstredend auch für zerschreddertes Gummispielzeug, dessen Schnipsel auf der Laufstrecke des Runners verstreut werden. Dann kann ich demnächst auch ein Pferd als vermeintlichen Trailer ausbilden, indem ich geriebene Möhre hinter mir verteile. Denken Sie mal darüber nach! Dergleichen und weitere, womöglich aus dem Hundesport (wo die „Schönheit und Akkuratesse des Suchens“ nach menschlicher Vorstellung, mit Punkten belohnt wird) entliehene Manipulationsmethoden haben im Mantrailing keinen Platz. Hier ist immer auch die Einstellung des Hundes und vor allem seine Vorstellung davon, „was“ er sucht, von Bedeutung. Einen Hund, der wirklich (auch in seiner geistigen Vorstellung) nach einem Menschen sucht, dürften die Spielzeugschnipsel dann auch kaum interessieren. Machen Sie sich selbst Gedanken dazu, wonach wohl ein Hund sucht und was er zu finden hofft und wie ablenkbar er ist, der sich von Kong-Schnipseln über den Trail „leiten“ lässt. Meine Einstellung ist: wir arbeiten nicht für die Optik, sondern für den Erfolg!

Diese auf Bodenverletzung konditionierten Hunde zeigen oft dieselben Leistungsgrenzen der Praxisfährtenhunde und unterscheiden sich faktisch nicht von ihnen, wenn man mal von den verwendeten Hunderassen absieht. Je älter dann die auszuarbeitende Spur ist und je mehr gleich alte Spuren vorhanden sind, desto höher ist die Gefahr des Scheiterns (siehe hierzu evtl. nochmals den Abschnitt „Bodenverletzung" ab S. 14).

Im Internet kann man Videos bewundern, in denen vorgebliche Mantrailer durch menschenleere Gewerbegebiete trailen und sich dabei von Grünfläche zu Grünfläche hangeln. Sie zeigen dabei ein ähnliches Suchverhalten wie unsere polizeilich geführten Praxisfährtenhunde und suchen genaugenommen eine Art Mischkalkulation aus Bodenverletzung und Individualgeruch. Praxisfährtenhunde werden allerdings explizit für den Ad-Hoc-Einsatz im Stundenbereich ausgebildet und in den Diensthundestaffeln in ausreichender Anzahl vorgehalten!

Ich schreibe dies vor dem Hintergrund, dass einige Mantrailing-Teams aus dem privaten Bereich den Einsatz für Behörden anstreben, aber eben genau so wie gerade beschrieben ihre Hunde ausbilden. Zumindest in dem Bundesland, aus dem ich komme, werden Mantrailer als *Ergänzung* der wirklich guten Praxisfährtenhunde angesehen und eingesetzt. Sie sollen das Spektrum der Leistungs- und Einsatzmöglichkeiten komplettieren. Häufig war vor dem Mantrailereinsatz bereits ein Praxisfährtenhundeteam im selben Einsatz und hat den Mantrailer nachgefordert. Für private Mantrailing-Teams, die in jeder Hinsicht unseren behördeninternen Praxisfährtenhundeteams entsprechen, besteht daher schlicht kein Bedarf.

Zeigen mit dem „Ausbildungskennzeichen Mantrailer" versehene Hunde die Tendenz, beim Trailen in urbanem Gebiet allzu gern auf Grünflächen zu wechseln, sind aber vor allem nicht in der Lage, ältere Spuren auszuarbeiten, die über die übliche Haltbarkeit einer Bodenverletzung deutlich hinausgehen, so liegt dem meist ein „Fehler im System" zugrunde und es liegt oft (ob nun beabsichtigt oder unbeabsichtigt) daran, dass sie *nicht ausdrücklich und ausschließlich* auf die Verfolgung des Individualgeruchs konditioniert wurden.

Haben sie ihrer instinktiven Neigung entsprechend aber erst einmal die Bodenverletzung als Tool kennengelernt und orientieren sich daran, dann hat man de facto einen Praxisfährtenhund an der Leine. Die in Amerika geläufige Bezeichnung dieser Hunde lautet „Mantrailer light".

Es ist möglicherweise zu hart, dies als Fehler zu bezeichnen. Wenn man jedoch als Zielstellung einen echten Mantrailer hat, so *darf* die Bodenverletzung zwingend *keine* zielführende Rolle spielen!

Es bleibt die Feststellung, dass „Mantrailer" nur ein Name ist, der ausdrückt, was der Hund tut. Menschlichen Geruch individuell verfolgen. Deshalb muss sich ein als Mantrailer bezeichneter Hund auch daran messen lassen, ob er das auch tatsächlich und ausschließlich tut.

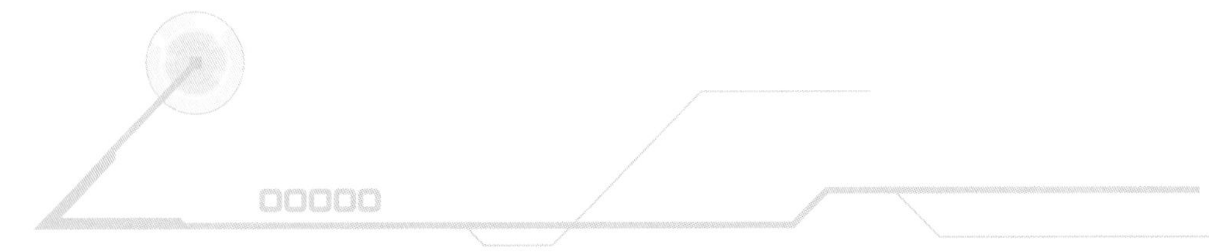

Wechselt ein Hund häufig und ohne erkennbaren Zusammenhang mit dem Trail auf Grün, sollte man dies kritisch hinterfragen. *(Beispielfoto)*

Zum Vergleich hier einmal die Anforderungen, die das FBI an Mantrailer stellt:

Aged Trails

„A dog must be proficient with seven-day-old trails in rural and urban environments".

„Ein Hund muss sieben Tage alte Trails in ländlichen und Stadtgebieten beherrschen."

Quelle: „Specialized Use of Human Scent in Criminal Investigations„, Forensic Science Communications, FBI, July 2004 – Volume 6 – Number 3

Das halte ich bei Hunden, die sich – ob nun ausbilderisch gewollt oder aufgrund eines Ausbildungsfehlers – ungewollt an der Bodenverletzung orientieren für schwierig bis unmöglich! Ich vertrete die Einstellung, dass ein Mantrailer sein Handwerk in richtigem, wirklich urbanem Gebiet erlernen sollte. Wenn der Hund am Ende der Ausbildung in einer belebten Innenstadt mit unzähligen Ablenkungen einen 24 h oder älteren Trail verfolgen kann, dann kann man relativ sicher sein, dass er den Job verstanden hat und wirklich den Individualgeruch des Runners sucht. Ein solcher Hund kann dann auch über natürlichem Boden trailen. Umgedreht dürfte die Sache ein wenig anders aussehen.

Runner ist immer die frischeste Spur

Eine weitere mögliche Ursache ist eine Fehlverknüpfung des Hundes, die aus seiner Sicht recht logisch erscheint und wahrscheinlich meist unbewusst im Training passiert. Wie häufig kommt es im Training vor, dass nach dem Runner niemand mehr den vorgegebenen Startpunkt überquert und verlässt? Dadurch ist die Spur des Runners nicht nur individuell, sondern zugleich die frischeste, letzte Spur. Hunde nehmen diese Hilfestellung dankbar an und es kommt leicht zu einem Lernfehler des Hundes. Er ist in einem solchen Fall gar nicht gezwungen, mehrfach zu differenzieren, sondern braucht nur der frischesten Spur zu folgen. Führt dies ein paarmal zum Erfolg, so kann sich unter Umständen eine Fehlverknüpfung oder sagen wir falsche Schlussfolgerung beim Hund festsetzen, die wir am Anfang gar nicht bemerken. Bei einem solchen Hund kann es sogar passieren, dass das Präsentieren des Scent-Artikels (Geruchsartikels) zwar zum Startritual dazugehört, eine wirkliche „Geruchsaufnahme" und der anschließende Abgleich mit den im Startumfeld vorhandenen Geruchsspuren aber gar nicht wirklich stattfindet. Man kann dies aber ganz gut testen, wenn man kurz vor dem Start einen weiteren Runner über den Startbereich schickt. Dieser entfernt sich jedoch in anderer Richtung. Nimmt ein Hund diesen Trail an, dann ist der „Denkfehler" bereits bei ihm vorhanden. Um dieses zu vermeiden, hat es sich recht gut bewährt und ist trainingstechnisch auch relativ einfach zu organisieren, immer gleich mehrere, aber mindestens zwei Runner im selben Startfenster für verschiedene Mantrailing-Teams zeitgleich auszubringen. Da am Start dadurch alle Spuren gleich alt sind, kann die in jedem Hund latent vorhandene, instinktive Neigung hin zu dem frischesten Trail recht gut beherrscht oder sogar ausgeschaltet werden. Die Lernerfahrung, dass es nur bei dem mit dem Geruchsartikel übereinstimmenden Runner die Bestätigung gibt, trägt ihr übriges bei. Ich glaube auch, dass es förderlich ist, wenn der Hund von Anfang an gezwungen ist, den „richtigen Trail" zu selektieren, weil er dadurch zu einer bewussten Entscheidung für den mit dem Geruchsartikel übereinstimmenden Geruch motiviert und angeregt wird.

Warum echtes Mantrailing im Prinzip unnatürlich ist

Nochmal zum Vergleich: Unsere ausgebildeten Mantrailer, bei denen von Anfang an die Verknüpfung Bodenverletzung – Runner bewusst vermieden wurde, verfolgen auch sehr alte Spuren noch, die für einen anders ausgebildeten Hund nichts anderes bedeuten als, „ja, der war irgendwann hier, ist aber nicht frisch – lohnt sich nicht zu suchen!" Dies geschieht unabhängig davon, ob es andere, frischere Spuren am Startpunkt gibt. Insofern bringen wir unseren Hunden ein Stück weit eigentlich ein unnatürliches Suchverhalten bei, wenn wir sie ältere Spuren suchen lassen. Jedoch lässt sich dadurch erst erahnen, über welche schier unglaublichen Fähigkeiten unsere vierbeinigen Gefährten verfügen!

Wie können wir nun diese Fähigkeiten für die Suche nach Personen und insbesondere für die polizeiliche Arbeit nutzen?

Die Mantrailer in der sächsischen Polizei wurden ursprünglich in erster Linie für die Suche nach Vermissten angeschafft und ausgebildet. Die Zielsetzung war hierbei, eine Lücke zu schließen, die bei Einsätzen unserer Fährtenhunde aufgefallen war. Häufig wurden (und werden noch immer) Vermisstenanzeigen durch Angehörige oder Betreuer erst verhältnismäßig spät bei der Polizei erstattet. So gut wie immer wird der Vermisste zuerst auf eigene Faust von Angehörigen oder Pflegepersonal gesucht. Meistens wird erst, wenn dies keinen Erfolg brachte, zuletzt die Polizei in Kenntnis gesetzt. Dies führte dazu, dass die Chancen für einen Praxisfährtenhund sinken oder oft gar zunichte gemacht wurden, weil das Suchgebiet oder der Ansatzpunkt bereits mehrfach durch vorherige Suchkräfte und Angehörige des Vermissten begangen wurde. Ein Hund nämlich, der gelernt hat, sich im Zweifelsfall bei Vorhandensein mehrerer Spuren verschiedener Personen instinktsicher für die frischeste (weil für den Beutejäger erfolgversprechendste) Spur zu entscheiden, kann dann nicht mehr sinnvoll zum Einsatz gebracht werden. In solchen Fällen werden heute Mantrailing-Teams zum Einsatz gebracht, die gelernt haben, unabhängig vom Alter einer Spur genau den Individualgeruch zu verfolgen, den sie in Form eines Geruchsartikels zuvor präsentiert bekommen haben. Da sie nur diesem einen bestimmten Individualgeruch folgen, ist es unschädlich, wenn nach dem Verschwinden bereits andere Personen dort wieder unterwegs waren, egal in welcher Anzahl. Wir haben in Einsätzen und insbesondere im Training und bei Prüfungen schon häufig und regelmäßig quer durch belebte Fußgängerpassagen und Innenstadtbereiche erfolgreich getrailt.

Dabei möchte ich auf eine Sache hinweisen, der in diesem Zusammenhang besondere Beachtung geschenkt werden muss: Dies ist ein eindeutiger Geruchsartikel des zu Suchenden, mit dem das Ergebnis steht oder fällt. Ich komme darauf später noch gesondert zurück.

Als ehemaliger und langjähriger Fährtenhundeführer bin ich gegenüber anfordernden Dienststellen immer bemüht zu unterstreichen, dass unsere Mantrailer eine Ergänzung und keinesfalls ein Ersatz für unsere in der sächsischen Polizei zu Recht etablierten Praxisfährtenhunde sind. Eine Ergänzung, die uns befähigt, das Spektrum der Einsatzmöglichkeiten zu erweitern, zum Beispiel im Hinblick auf den verstrichenen Zeitraum oder auf die örtliche Situation.

Ende 2014 wurde ich zum Einsatz wegen einer vermissten Person gerufen. Dort wurde eine ältere Dame gesucht, die vor ihrem Verschwinden bereits Suizidandeutungen gemacht hatte. Es lag über 30 Stunden zurück, seit sie zuletzt von Zeugen in einem Supermarkt gesehen wurde.

Der Hund wurde also bei vollem Geschäftsbetrieb im Ein- und Ausgangsbereich des Supermarktes mit einem zuvor gesicherten Geruchsartikel der Vermissten gestartet. Er nahm ohne Schwierigkeiten eine von dort wegführende Geruchsspur auf, der er etwa zweieinhalb bis drei Kilometer zunächst durch das Stadtgebiet und dann in den Außenbereich folgte und die bedauerlicherweise unmittelbar zum Auffinden der Leiche der Vermissten führte.

Auffinden einer vermissten Person, Suizid

Im Sommer 2015 fand meine Hündin eine demenzerkrankte Frau, die seit den Vormittagsstunden aus einem Pflegeheim abgängig war.

Alle anderen Suchmaßnahmen waren zu diesem Zeitpunkt bereits erfolglos abgebrochen worden, als ich alarmiert wurde und spätabends am Einsatzort eintraf. Nach der Sicherung eines Geruchsartikels aus dem Zimmer der Vermissten dauerte es vom Start vor dem Pflegeheim an noch etwa zehn Minuten und einige hundert Meter Trail, bis die Frau durch meinen Bloodhound „Hermine" hinter dem örtlichen Bahnhof auf einem abgelegenen, unbefestigten und teilweise grasüberwucherten Weg liegend lebend aufgefunden wurde.

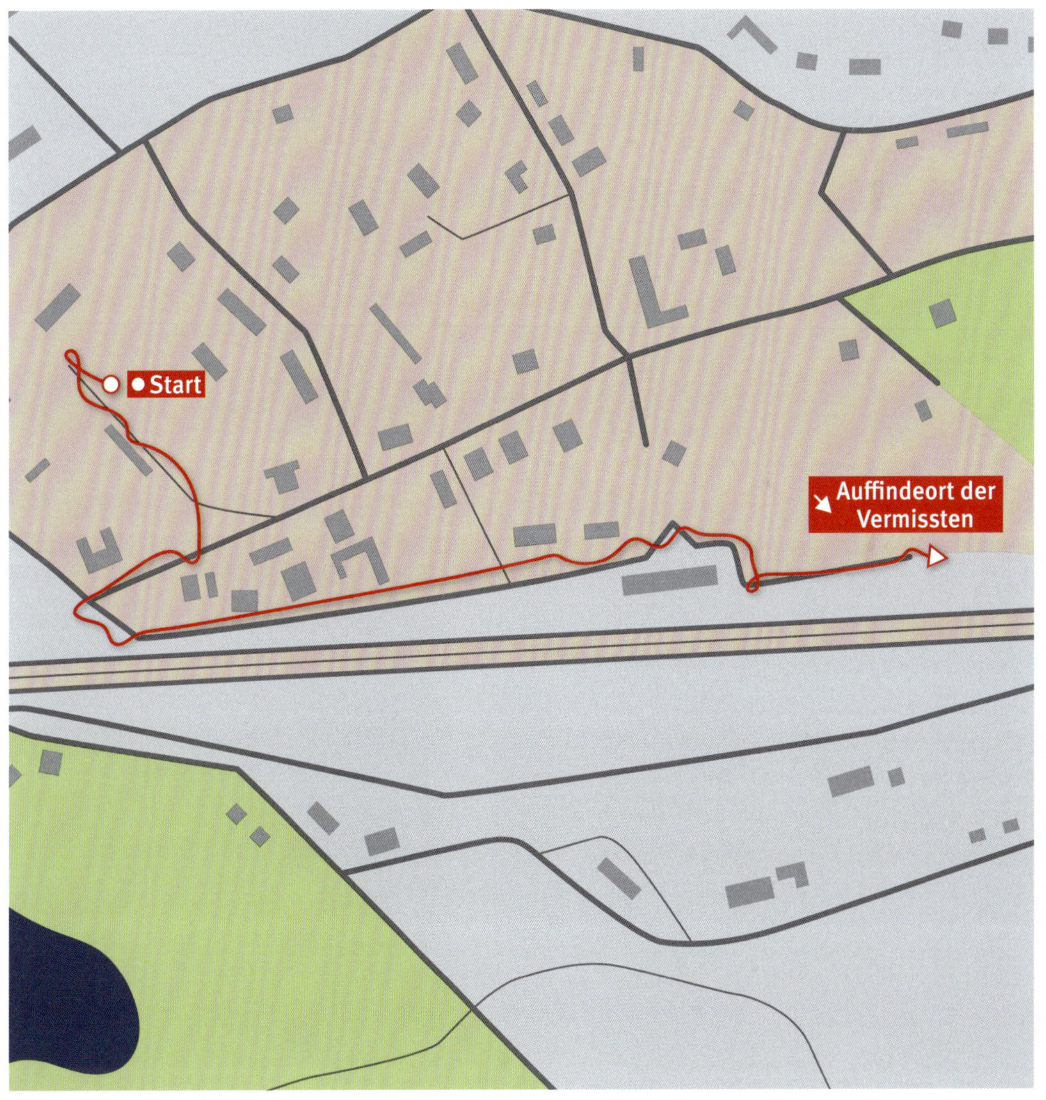

Auffinden einer vermissten Person

Nur zwei Tage zuvor hatte Hermine in einem ähnlichen Fall einen bereits seit gut sieben Stunden verschwundenen, ebenfalls demenzerkrankten Mann lebend aufgefunden.

Leider geht nicht jede Vermisstensuche erfolgreich zu Ende, was nicht selten an einigen ungünstigen Begleitumständen liegt. In vielen Großstädten nutzen zum Beispiel die Bewohner und eben auch Vermisste den öffentlichen Nahverkehr, sodass eine Nachsuche wegen der vielen Zustiegsmöglichkeiten oft bereits im Nahbereich mit dem frischesten Geruch endet, ohne dass die Person dort noch ist. Hierbei wird dann von einem „Pick up" gesprochen, weil die Spur an dieser Stelle scheinbar grundlos aufhört (weil der Gesuchte in ein Fahrzeug eingestiegen ist).

Weiterhin sind Vermisste oft aus ihrem Wohnumfeld abgängig. Das heißt, dass dort per se schon mal jede Menge übereinstimmender Geruch vorzufinden ist. Hat das Team dann nicht das Glück, auf die frischeste, weil letzte gelegte Spur des Vermissten zu treffen, so arbeitet der Hund womöglich zwar korrekt und ist immer richtig, hat jedoch keine Chance, den Vermissten zu finden, weil er zwar auf mit dem Suchauftrag übereinstimmenden, aber älteren Spuren läuft.

Mir persönlich ist so etwas im Sommer 2012 passiert. Ich startete Hermine nach der Einsatzbesprechung und Informationsaustausch mit der Heimleitung mehrmals am einzigen Ein- und Ausgang des Pflegeheimes, aus dem der Vermisste abgängig war. Jedes Mal lief meine Hündin in der Stadt die gleiche Strecke bis zum Bahnhof und endete dort auf dem Bahngelände. Nachdem ich daraufhin Rücksprache mit dem Personal im Pflegeheim nahm, bestätigten diese, dass der Vermisste bereits wiederholt diesen Weg in der Vergangenheit genommen habe und dort am Bahnhof jedes Mal von den Pflegekräften wieder aufgegriffen und zurück ins Pflegeheim gebracht worden war. Was wir nicht wussten, war, dass der Vermisste an diesem Tag eben nicht das Gebäude durch diese Tür verlassen hatte, sondern auf der Gebäuderückseite, an der sich ein (eigentlich sicher umzäunter) Garten befand, den die Bewohner nutzen konnten und wo er über den Gartenzaun geklettert war. Die Information kam erst einen Tag später durch einen anderen Heimbewohner, der den Vermissten dabei gesehen hatte. Zwischen dem frischen und einem älteren Trail derselben Person lag also ein komplettes Gebäude, welches man aufgrund baulicher Gegebenheiten auch nicht umlaufen konnte. Somit hatte Hermine erstens am Start einen mit dem Suchauftrag übereinstimmenden Trail und zweitens keine Chance, auf den ebenfalls vorhandenen frischeren Trail zu treffen, auf den sie dann wohl zweifellos gewechselt wäre, wenn die beiden sich an irgendeiner Stelle gekreuzt hätten.

Darum ist es wichtig, den letzten bekannten Abgangs- bzw. Aufenthaltsort des Gesuchten zu kennen. Dies trifft insbesondere auch auf Gebäude mit mehreren Ausgängen und Abgangsmöglichkeiten zu. Ohne den PLS (Point last seen) hat der Mantrailer vielleicht keine Chance, auf die frischeste und damit für die Suche relevante Spur des Gesuchten zu kommen!

Frische Spur, zweiter Ausgang aus Gebäude

Alte Spur, Haupteingang des Gebäudes, Start des Mantrailing-Teams

Die Suche wurde am folgenden Tag mit den richtigen Informationen fortgesetzt und führte zum Lokalisieren eines Bereiches, in welchem die Person schließlich aufgefunden wurde.

Einiges zum Lernverhalten

Über das Lernverhalten des Hundes wurde natürlich schon viel geschrieben, das hier nicht wiederholt werden soll. Dennoch möchte ich nochmals einige Punkte kurz aufgreifen, die mir im Zusammenhang mit dem Mantrailing besonders wichtig erscheinen.

Die Persönlichkeit des Hundes

Die Persönlichkeit eines Hundes kennzeichnet sein Verhalten gegenüber der Umwelt im Allgemeinen. Sie wird in der kynologischen Fachliteratur häufig als „das Wesen" des Hundes beschrieben. Zu Beurteilung der Persönlichkeitseigenschaften oder „Wesenseigenschaften" eines Hundes, sollte man diese drei Dinge betrachten. Es sind dies sein Umweltverhalten, sein Persönlichkeits- oder Wesenstyp (oder auch Charakter) und seine Triebeigenschaften. Betrachten wir uns zunächst das Umweltverhalten.

Das Umweltverhalten

So wie es von Natur aus eher ängstliche, zurückhaltende, leise, wenig risikobereite Menschen und im Kontrast dazu laute und unsensible ausgesprochene Draufgänger gibt, existieren diese unterschiedlichen Typen auch in der Hundewelt. Ihr Auftreten nach außen hin wird allgemein als Umweltverhalten bezeichnet. Das Umweltverhalten setzt sich nach meiner Überzeugung aus zwei Teilbereichen zusammen. Dem genetischen Teil, also dem, was der Hund vererbt bekommen hat, sowie dem erlernten Teil.

In vielen Fachbüchern wird die enorme Bedeutung des erlernten Teiles, der sogenannten Umweltprägung, immer wieder stark betont. Dieser hat natürlich einen nicht zu unterschätzenden Einfluss auf die Umweltsicherheit des Hundes. Dennoch sollte ihm meiner Ansicht nach nicht die überragende Bedeutung beigemessen werden, die ihm so häufig zugeschrieben wird. Unter den Begriff der Umweltprägung fallen alle Aktivitäten des Züchters oder des Besitzers, die den Hund mit seiner Umwelt vertraut machen und ihm eventuell vorhandene Ängste nehmen, ihn „umweltsicher" machen sollen. Das betrifft die Bekanntschaft mit ungewohnten Untergründen wie glatten Fliesen oder Gitterrosten ebenso wie das Bewältigen von Treppen, ungewohnte Geräusche und nicht zuletzt fremden Menschen und Tieren. All diese Bemühungen sind durchaus löblich, können aber keine grundsätzlichen Veränderungen am Wesen des Hundes herbeiführen. Sie sind letztlich höchstens geeignet, einige Verbesserungen – wohlgemerkt innerhalb des dem betreffenden Hundes vorgegebenen genetischen Rahmens – zu erzielen. Dabei verhält es sich ähnlich wie mit den Triebeigenschaften. Das heißt, eine Einflussnahme ist möglich, aber wie umweltsicher der Hund letzten Endes werden wird, gibt sein genetischer Rahmen vor. Dieser ist auch mit großer Mühe und aufopferungsvoller Arbeit durch erlerntes Verhalten nicht zu sprengen. Ich habe dies an vielen praktischen Beispielen erlebt. So habe ich Hunde kennengelernt, die trotz intensiver Bemühungen ihrer Züchter und Besitzer, die sie überall mit hinnahmen, über ein mittleres Maß an Umweltsicherheit nicht hinauskamen, während andere Hunde, die ihr erstes Lebensjahr beim Vorbesitzer vorwiegend im Zwinger zugebracht hatten, trotzdem ein hervorragendes Umweltverhalten zeigten und problemlos mit allen Situationen fertig wurden. So kenne ich zum Beispiel die Begebenheit von einem Schäferhund, der auf einem Bauernhof lebte und mit der Zeit seinen Besitzern, einem älteren Ehepaar in nahezu jeder Hinsicht „über den Kopf gewachsen“ war. Er wurde der Polizei kostenlos angeboten, mit den Worten „... aber aus dem Zwinger rausholen müsst ihr ihn euch schon selber..“! Dieser Hund, der in seinem Leben bis dahin noch nichts anderes gesehen hatte als den Bauernhof und seinen Zwinger, meisterte auf Anhieb alle Umwelttests. Auch trieblich war dieser Hund, wie bereits aus den Schilderungen des bisherigen Besitzers zu vermuten war, alles andere als eine Schlaftablette. Nach kurzem „Anspielen“ biss der Hund in die Beißrolle, die er bis dahin noch nie gesehen hatte. Die Umstellung auf den Beißarm dauerte nur Minuten und am zweiten Tag setzte der Hund bereits derart harte Griffe und ging durch Angriffe hindurch, wie man es niemals von einem solchen „ungearbeiteten“ Hund erwartet hätte. Das gleiche erlebte ich auch mit dem Boxerrüden meines Schwiegervaters, der bis zu seinem ersten Besuch auf einem Hundeausbildungsplatz im Alter von etwa vier Jahren ein Leben als reiner Familienhund geführt hatte. Man könnte dies als Zufall oder Naturtalent bezeichnen, es würde den Kern der Sache aber nicht treffen. Nichts von dem, was dieser Hund gezeigt hat, konnte erlernt sein. Sein gesamtes von unerhörter Selbstsicherheit geprägtes Umweltverhalten, war ihm gewissermaßen „ins Körbchen gelegt“, also genetisch mitgegeben worden. Einen solchen Hund mit bestimmten, ihm noch unbekannten Umweltsituationen bekannt zu machen, stellt kein großes Problem dar.

Dies heißt aber nicht, dass ein genetisch bedingt selbstsicherer Hund niemals Schwächen zeigt. Andererseits kann man einen genetisch bedingt unsicheren Hund durch viel Training und Gewöhnung „gut aussehen lassen“. Wie kann man nun aber einen „genetisch starken“ Hund, der vor einer ihm bislang unbekannten Situation kurzzeitig eine Schwäche erkennen lässt, von einem Hund unterscheiden, der „genetisch schwach“ ist, aber an bestimmte Situationen „gewöhnt“ wurde, wenn in dem Moment beide ein ähnliches Verhalten zeigen? Dazu muss man sich verinnerlichen, was ausbilderisch bei dem schwachen Hund passiert ist. Dies lässt sich auch am Menschen erklären. Deshalb hier ein menschliches Beispiel.

Nehmen wir also an, ein bestimmter Mensch hat Höhenangst. So etwas hat er sich nicht antrainiert oder wurde ihm irgendwie vermittelt, sondern es ist in einem bestimmten Alter irgendwann zu Tage getreten und genetisch verankert. Er besitzt ein kleines Einfamilienhaus, an welchem eines Tages die Dachrinne gesäubert und gestrichen werden muss. Wenn nun diese Person das erste Mal die Leiter am Haus anlegt und zur Dachrinne hinaufsteigt, wirkt sie sehr unsicher und vorsichtig. Alle Bewegungen wirken gehemmt, der Blick ist unsicher und man hat den Eindruck, sie ist jederzeit bei kleinsten zusätzlichen Einflüssen wie zum Beispiel einem Windstoß, zum „rettenden“ fluchtartigen Abstieg bereit. Schauen wir nun nach einigen Tagen wieder vorbei, werden wir eine deutliche Veränderung erkennen. Die Person geht selbstsicher die Leiter hinauf, arbeitet frei und scheinbar ohne Ängste. Sie hat sich an die Arbeit gewöhnt. Doch der Schein trügt, die Höhenangst ist immer noch da. Während sie nämlich inzwischen keine Probleme mehr damit hat, auf dem Dach ihres eigenen Hauses herumzuklettern, ist die Höhenangst sofort wieder präsent, wenn wir nur das Objekt wechseln oder die Höhe ändern. Bezogen auf den Hund bedeutet dies, man kann einen genetisch schwachen Hund zwar an vieles gewöhnen, aber eben nicht an alles. Während nun zum Beispiel der Hund A auf der steilen Gitterrosttreppe seines Hundeplatzes keine Probleme erkennen

lässt, verweigert er eine ähnliche Treppe in einem nahen Gewerbegebiet. Deshalb schaut man sich zur Beurteilung der Umweltsicherheit eines Hundes diesen möglichst in für ihn fremder Umgebung an. Greifen wir nun das Beispiel der Gitterrosttreppe auf, um den Unterschied zwischen den beiden Hunden zu erklären. Der genetisch schwache Hund A, dem seine scheinbare Selbstsicherheit lediglich antrainiert wurde, zeigt an der Treppe im Gewerbegebiet wieder sein ursprüngliches, unsicheres Verhalten. Eine rasche Steigerung ist bei kurzzeitiger Wiederholung der Übung kaum zu erkennen. Hingegen ist dies bei Hund B, dem genetisch starken Hund, durchaus der Fall. Seine anfängliche, geringfügige Unsicherheit resultierte aus der für ihn völlig neuen Situation. Er hat aber keine grundsätzliche Angst vor der Höhe und erkennt schnell, dass die Situation für ihn nicht bedrohlich ist. Wenn man die Übung kurz darauf wiederholt, erkennt man bereits schnell eine deutliche Steigerung.

Auch wacklige Untergründe wie dieser alte Sessel in einer stillgelegten Industriehalle sind als Trainingsobjekte geeignet und lassen diese sechs Monate alte Junghündin bei der Opferbindung unbeeindruckt. Im Bild ist meine Hündin „Gerda" zu sehen, die gerade völlig fokussiert auf unseren Helfer Matthias ist.

Was für ein Typ! Von Persönlichkeitstypen und Charakteren der Hunde

Der Persönlichkeitstyp eines Hundes hat nichts mit der Zugehörigkeit zu einer Rasse zu tun! Dies ist ein leider sehr verbreiteter Irrglaube, der zum Leidwesen der gesamten Hundewelt immer wieder von Zeit zu Zeit durch die Medien geistert und höchst unseriösen und oberflächlich recherchierten Publikationen hohe Einschaltquoten oder Absatzzahlen beschert. Begriffe wie „bissig“, „aggressiv“ oder gar „Bestie“ sind nämlich zwar keine Persönlichkeitsmerkmale im kynologischen Sinne, gleichwohl aber den Passanten in Fettschrift von der Titelseite der betreffenden Tageszeitung förmlich anschreiende Verkaufsargumente ebendieser, zumeist untermalt mit dem Bild eines zähnefletschenden Hundes von der Rasse, um die es eben gerade geht. Sie können in den allermeisten Fällen davon ausgehen, dass der Publizist eines solchen Artikels lediglich über ein rudimentäres kynologisches Fachwissen verfügt. Möglicherweise hatte er als Kind einmal einen Nachbarn, der jemanden kannte, dessen Onkel einen Dackel besaß und zweimal im Jahr auf Besuch kam, was allerdings offenbar bei manchen Medien bereits ausreicht, um als „Experte“ zu gelten. Und glauben Sie nicht, dass der Fotograf sich für seine Bilder in Lebensgefahr begeben hat! Jeder Hundebesitzer weiß, wie höchst unspektakulär solche äußerst effektheischenden Bilder entstehen können. Es gibt reichlich 300 verschiedene, anerkannte Hunderassen, die sich für den Laien wohl am offensichtlichsten durch den verkörperten Phänotyp, das heißt durch das äußere Erscheinungsbild voneinander unterscheiden. Wollte man nun die Persönlichkeitseigenschaften eines Hundes, und wie gerne in den Medien dargestellt insbesondere solche aus der Gesamtbetrachtung gerissenen Schlagworte wie „Reizschwelle“ oder „Aggression“ an diesem Erscheinungsbild festmachen, so hieße das, wir könnten am Aussehen des Hundes den Ausprägungsgrad eben dieses Einzelmerkmales erkennen. Ein „gefährlich aussehender“ Hund müsste demnach auch eine niedrige Reizschwelle haben oder bissig und somit „gefährlich“ sein. Die Unsinnigkeit dieser These wird deutlich, wenn wir den wissenschaftlich üblichen Gegenbeweis antreten, denn dann müsste ein erwiesenermaßen bissiger Hund auch gefährlich aussehen! Inzwischen weiß jedoch fast jeder, dass die meisten offiziell registrierten Bissverletzungen gerade auf das Konto typischer „Symphatieträger“ gehen. Schäferhund, Labrador, Cocker Spaniel oder Dackel seien hier nur stellvertretend genannt. Viele nett aussehende Arbeitshunde haben eine weitaus niedrigere Reizschwelle und ein erheblich höheres „Angriffspotenzial“ als auf ein martialisches Erscheinungsbild gezüchtete Rassen. Ich habe einmal erlebt, wie zwei Deutsche Jagdterrier einen VW Transporter T4 (!), in welchem sie in Boxen untergebracht waren, zum Schaukeln brachten, nur weil ich daran vorbeigelaufen bin und sie „ihr Fahrzeug“ verteidigt haben.

Ich möchte mich stattdessen lieber an die wissenschaftlich erforschten Fakten halten. Ivan P. Pavlov hat die Charaktere und Wesenstypen höherer Lebewesen anhand bestimmter Merkmale typisiert und klassifiziert. Im Rahmen seiner Forschung etablierten sich seine „Typen der höheren Nerventätigkeit“. Diese gibt es natürlich auch beim Menschen, gehören wir doch in der Mehrzahl der Fälle auch zu den Lebewesen der höheren Nerventätigkeit.

Man unterscheidet dabei in vier reine Grundtypen. Den Sanguiniker, den Choleriker, den Phlegmatiker und den Melancholiker. Jeder dieser Typen hat besondere Eigenschaften, die es sich lohnt, einmal näher zu betrachten. Bevor Sie sich fragen, warum ich hierbei den Wehrtrieb immer mit erwähne, obwohl er für die Mantrailingausbildung eigentlich gar keine Rolle spielt, lassen Sie mich folgendes erklären. Damit haben Sie natürlich Recht.

Das Vorhandensein und der Ausprägungsgrad dieser Triebform ermöglicht jedoch einen sehr guten Aufschluss bei der Beurteilung des Persönlichkeitstyps. Der Wehrtrieb bezeichnet die Reaktion auf Aktionen, die sich gegen die körperliche Unversehrtheit des betreffenden Hundes richten.

Der Sanguiniker: *Lass uns irgendwas zusammen machen!*

- **Allgemein:** Der typische Sanguiniker verfügt über ein insgesamt starkes, selbstsicheres, ausgeglichenes Wesen. Er ist aufgeschlossen und freundlich.
- **Aktivität:** Er zeigt sich in seinen Aktionen aktiv, aufgeweckt und mit mittlerem Aktionsradius
- **Reizschwelle:** mittlere Reizschwelle, reagiert auf Umweltreize ab mittlerer Intensität
- **Trieb:** hohes Triebpotenzial im Beute- und Wehrtrieb, meist ausgeglichenes Verhältnis von Beute- und Wehrtrieb

Der Choleriker: *Ich eskaliere gleich!*

- **Allgemein:** Der Choleriker verfügt über ein insgesamt starkes, selbstsicheres, aber sehr unausgeglichenes Wesen. Er steht häufig „unter Spannung". Er ist sprichwörtlich von 0 auf 200, ist sehr schnell „trieblich aktivierbar", aber nur langsam wieder zu beruhigen, also „runterzubekommen".
- **Aktivität:** in seinen Aktionen aktiv, oft aufbrausend, unbeherrscht, hektisch mit großem Aktionsradius, wirkt oft ruhelos
- **Reizschwelle:** niedrige Reizschwelle, reagiert schon auf geringe Umweltreize wie oben beschrieben in typischer Choleriker-Manier.
- **Trieb:** Bei insgesamt hohem Triebpotenzial in Beute- und Wehrtrieb ist der Wehrtrieb häufig auffällig stark ausgeprägt, wenn Sie diesem Hund auf den Keks gehen, ihn ärgern oder ihm Schmerzen zufügen (z. B. beim Tierarzt), flippt er schnell aus, setzt sich zur Wehr und beruhigt sich auch nicht gleich wieder.

Der Phlegmatiker: *Hol doch deinen Scheißball selbst!*

- **Allgemein:** insgesamt starkes, selbstsicheres, ruhiges Wesen
- **Aktivität:** in seinen Aktionen träge, lustlos mit sehr geringem Aktionsradius
- **Reizschwelle:** sehr hohe Reizschwelle, reagiert meist erst auf starke Umweltreize, ist häufig schwer aus der Ruhe zu bringen und zu Aktionen zu bewegen
- **Trieb:** meist hohes Triebpotenzial im Wehrtrieb, aber schwaches Triebpotenzial im Beutetrieb, dieser Hund spielt kaum, und wenn doch, dann mit wenig Ausdauer

Der Melancholiker: *Äh, ich bin dann mal weg!*

- **Allgemein:** insgesamt schwaches, unsicheres, unausgeglichenes Wesen
- **Aktivität:** in seinen Aktionen ängstlich und gehemmt wirkend, oft auch regelrecht hysterisch und unberechenbar. Eine für den Menschen alltägliche Situation kann auf den Hund schon bedrohlich wirken.
- **Reizschwelle:** niedrige Reizschwelle, reagiert schon auf geringe Umweltreize wie oben beschrieben oder mit Meideverhalten
- **Trieb:** aufgrund des unsicheren Wesens meist geringes Potenzial im Beute- und Wehrtrieb, aber stark ausgeprägter Fluchttrieb. Sieht der Hund keine Möglichkeit, eine ihm bedrohlich erscheinende Situation zu meiden, folgen häufig völlig unvermittelt hysterisch durchgeführte Angriffe auf den vermeintlichen Gegner. Der typische Angstbeißer ist der Melancholiker. Vom Besitzer eines solchen Hundes ist viel Sachverstand und vorausschauendes Denken gefragt.

Bei den hier angeführten vier Typen handelt es sich wie bereits gesagt lediglich um die Grundtypen. Diese sind zum einen in ihrer „Reinform“, häufiger aber auch als so genannte „Mischtypen“ anzutreffen. Da gäbe es zum Beispiel den „Mischtyp“ des **Sanguinikers / Cholerikers**. Dieser hat in der Regel das starke selbstsichere Wesen der beiden Reintypen, aber eine etwas geringere Reizschwelle als der reine Sanguiniker (bzw. etwas höher als der Choleriker) und wirkt in seinen Aktionen noch etwas agiler als der reine Sanguiniker.

Weitere mögliche und in der Hundewelt häufig vorkommende Mischtypen wären der **Sanguiniker / Phlegmatiker** und der **Sanguiniker / Melancholiker.**

Pavlov selbst hat es durch Kombination der möglichen Wesenseigenschaften von zwei oder gar drei Grundtypen miteinander auf insgesamt vierundzwanzig mögliche Typen gebracht. Wenn man jedoch nicht den Ehrgeiz hat, seinen Hund tiefenpsychologisch zu ergründen, sollte man mit dem Basiswissen um die Grund- und häufigsten Mischtypen sowie deren Eigenschaften bereits gut bedient sein.

Warum nun ist dieses Wissen wichtig? Nun, es versetzt uns zuerst einmal in die Lage, unseren Hund im Großen und Ganzen richtig einzuschätzen und sein Wesen zu verstehen. Dieses ist von enormer Wichtigkeit, denn jeder Typ verlangt eine eigene, auf ihn zugeschnittene Herangehensweise bei der Ausbildung. Ich bin ein absoluter Gegner einer Ausbildung, bei der alle Hunde nach dem gleichen „Strickmuster“ gearbeitet werden. Um eine maximale Leistungsentfaltung beim Hund zu erreichen, muss auf dessen Individualität speziell eingegangen werden.

Wollen Sie nun feststellen, welchen Typ Hund Sie besitzen, so sollten Sie sich die hier aufgeführten typischen Eigenschaften anschauen und analysieren, welche wohl am ehesten für Ihren Hund zutreffen. Von größter Wichtigkeit ist dabei, sich ein allgemeines Gesamtbild von dem Hund zu machen, das heißt zu analysieren, wie sich der Hund insgesamt in allen Lebensbereichen zeigt. Dies bezieht sich in erster Linie auf das Umweltverhalten (auch in fremder Umgebung). Dies beinhaltet Geräusche, Hindernisse wie Treppen, Räumlichkeiten, Laufen auf verschiedenen Untergründen (glatte Böden, Gitterrost), fremde Personen und so weiter. Sehen sie sich den Hund nicht nur in seiner gewohnten Umgebung an, denn hier zeigt er sich oft automatisch stark.

Die Persönlichkeiten von Mensch und Hund als Team

Grundsätzlich eignen sich die meisten Persönlichkeitstypen (wenn man nur die grundlegenden betrachtet) für die Ausbildung zum Mantrailer, wobei sich allerdings aus der Natur der Sache gewisse Einschränkungen bei den schwachen (melancholischen) Typen und allzu phlegmatischen Typen ergeben. Auch sollte der Mensch dazu passen. In einem guten Team ergänzen sich Hund und Hundeführer und können dadurch Defizite ausgleichen. So wäre beispielsweise ein Team aus zwei Cholerikern selbst bei außerordentlich optimistischer Betrachtung kaum zielführend. Ich habe aber bereits auch mehrmals erlebt, was im Gegensatz dazu herauskommt, wenn ein ruhiger und insgesamt gehemmt wirkender Hund auf einen Hundeführer trifft, der irgendwo zwischen introvertiert und phlegmatisch zu verorten ist. Der Hundeführer, oder in den speziellen Fällen die Hundeführerinnen, entfalteten auf den Hund eine ähnliche Wirkung wie die eines Narkotikums. Selbst das Zuschauen bei der Arbeit war schon langweilig. Starke, cholerische Hundepersönlichkeiten sollte man im Einsatz im Auge behalten und möglichst nicht mit dem Gefundenen in Kontakt lassen. Manche Vermisste sind verwirrt oder haben Angst vor Hunden und neigen zu unbedachten Aktionen gegen den Hund. Ausbilderisch die wenigsten Sorgen werden Ihnen wohl Sanguiniker machen, speziell, wenn Sie Anfänger auf dem Gebiet der Hundeausbildung sind.

Die beiden verstehen sich.

5.

Was bringt er mit? Die Arbeit mit den Anlagen des Hundes

Wie lange ein Hund konzentriert arbeiten, sprich suchen wird, ist zum einen durch seine körperliche Fitness und zum anderen durch seine Motivation bedingt. Wir Ausbilder sprechen hier gern von „Triebkondition". Diese Motivation lässt mit fortschreitender Dauer der Handlung immer weiter nach. Bezogen auf das Mantrailing bedeutet dies, ein Hund mit hoher Triebkondition kann also lange fokussiert arbeiten – sprich suchen. Die Triebkondition ist somit vielmehr ein zeitlicher Messfaktor als eine Mengengröße.
Viele Ausbilder sprechen irrtümlicherweise häufig davon, dass ein Hund „viel Trieb" braucht, um einen sehr langen Trail zu arbeiten. Dabei wird von Laien häufig ein übermäßig aktives Gebaren des Hundes am Start mit „viel Trieb" und hoher Triebkondition gleichgesetzt. Basis dieser Überlegung könnte die Vorstellung sein, dass eine Fünf-Liter-Flasche Wasser, aus der man den Inhalt kontinuierlich entnimmt, ja auch „länger hält" als ein entsprechendes einen Liter fassendes Gefäß. Meine Erfahrung ist dagegen die, dass man es bei den sich derart gebärdenden Hunden auch häufig einfach sprichwörtlich mit „geschüttelten Sektflaschen" zu tun hat. Diese Hunde sind am Start oft nicht nur hochmotiviert, sondern regelrecht zitternd vor Anspannung. Jedoch will ein Großteil dieser Hunde meist den schnellen Erfolg, der, wenn er sich nicht einstellt, oft zu sehr raschem Motivationsabbau führt. Das Problem hierbei ist vor allem das Nachlassen der Konzentration und damit einhergehend eine hierzu diametral ansteigende Anfälligkeit für Ablenkungen.

Hunde, die schon am Start ihre ganze Energie verbrauchen, können sich oft nicht bis zum Ende des Trails konzentrieren.

Um bei der bildhaften Sprache zu bleiben, ich möchte keinen Hund, der bereits beim Anlegen des Suchgeschirrs und auf den ersten fünfhundert Metern des Trails sein ganzes Pulver verschießt. Genau so etwas ist jedoch häufig zu beobachten. Kommen die Hunde nicht innerhalb der ersten 15–20 Minuten zum Erfolg, so sind oft erkennbar die Konzentration und der Fokus dahin.

Lieber ist mir der Hund, der ruhig agiert und über einen langen Zeitraum auf dem gleichen Niveau fokussiert arbeitet. In dieser Hinsicht ziehe ich versinnbildlichend den „Tropf", der über einen langen Zeitraum seinen Inhalt abgibt, der schäumenden „Sektflasche" vor! Ich selbst habe bei Prüfungen öfter gesagt bekommen, dass sich der Leistungsrichter einen etwas drangvolleren Hund am Start wünschte. Jedoch hatte mein Hund den Prüfungstrail von zwei Kilometern durch rein urbanes Gebiet von Anfang bis Ende ruhig und konzentriert auf dem gleichen Triebniveau erfolgreich ausgearbeitet. Diese Kontinuität empfinde ich persönlich nicht nur als angenehmer im Arbeiten, sondern auch als zielführender als vergleichsweise einen Hund, den man am Beginn des Trails bremsen und ab der Mitte des Trails motivieren muss. Ein kluger Prüfer erkennt das Triebpotenzial des zu beurteilenden Hundes anhand von dessen Triebkondition und nicht daran, wie wild er sich aufführt.

Wenn der Antrieb nachlässt

Wir Ausbilder unterscheiden zwischen zwei Arten von nachlassendem Trieb bzw. nachlassender Motivation des Hundes bei der Arbeit. Das eine ist die Ermüdung durch Gewöhnung, die so genannte „reizspezifische Ermüdung". Das andere die Triebermüdung durch körperliche Erschöpfung, die so genannte „aktionsspezifische Ermüdung". Es handelt sich in beiden Fällen genaugenommen um Schutzmechanismen der Natur, die eine Überlastung des Tieres verhindern sollen.

Reizspezifische Ermüdung

Reizspezifische Ermüdung tritt dann auf, wenn der das Verhalten auslösende Reiz mit fortschreitender Dauer der (Trieb-)Handlung an Attraktivität verliert. Man könnte auch von einem Motivationsverlust sprechen. Beim Beispiel des Fresstriebes würde dies bedeuten, dass bei einem ständigen Überangebot an Nahrung, der Anblick (optisch = extrinsischer Reiz) von leckerem Futter mit der Zeit einiges an Reiz für den Hund verliert. Er löst somit nicht mehr zuverlässig eine entsprechende Triebhandlung (gieriges, schnelles Fressen / Schlingen) aus. Dies gilt auch für jedes andere Verhalten – in Alltagssituationen kann man dies gut beobachten. So stieg mein Hund einmal nach einer Woche Rufbereitschaft mit etlichen Einsätzen nur noch widerwillig ins Auto ein, obwohl dies für ihn immer das größte Vergnügen bedeutete! Autofahren bedeutete stets für ihn „Arbeiten", was ihn mit großer Freude erfüllte. Nach der sehr arbeitsreichen Woche büßte dieses Vergnügen jedoch erkennbar an Reiz für ihn ein. Ein Hund ist eben auch nur ein Mensch!

Wie wir wissen, löst ein Reiz eine Handlung aus, und bei den angeborenen, „instinktiven" Verhaltensweisen, die nicht erlernt werden müssen, wie Fressen, Jagen, Fortpflanzung etc. sprechen wir gern von „Triebreiz" und „Triebhandlung" (s. a. S. 31). Diese Triebhandlung ist immer für den Hund mit einer Form von Stress verbunden, der mit dem Erreichen des Triebzieles abgebaut wird. Würde der Hund nun beim ständigen Vorhandensein eines Reizes mit einer immer fortwährenden Triebhandlung reagieren, so würde er irgendwann an völliger körperlicher Erschöpfung zusammenbrechen. Reizspezifische Ermüdung ist somit eine völlig normale und dazu sehr sinnvolle „Schutzeinrichtung" der Natur. Dazu muss man aber auch sagen, dass die auslösenden Reize in der Natur im Normalfall nicht immer und anhaltend vorhanden sind oder bleiben. Die Hündinnen oder Fähen sind nicht pausenlos läufig und die Beutetiere fliehen. Das anschaulichste Gegenbeispiel ist der Wolf, der den Zaun zu einer eingepferchten Schafsherde überspringt: Normalerweise wäre der Rest der Herde, nachdem er ein Schaf gerissen hat, weg. Nun aber laufen die Schafe weiter panisch um ihn herum und er kann bis zur Erschöpfung nicht aufhören, sie zu jagen … dies aber nur am Rande!

Für uns interessant ist dabei, dass das Phänomen der reizspezifischen Ermüdung vorwiegend oder beinahe ausschließlich bei extrinsischen Reizen zu beobachten ist, während die meisten intrinsischen Reize nahezu immer zuverlässig die Triebhandlung auslösen. Dies ist auch einer der Gründe, warum die Arbeit im Mantrailing über die sogenannte Opferbindung so gut funktioniert. Hierbei kommen unter anderem Sozial- und Rudeltrieb zum Tragen. Triebformen also, die vor allem von innerem Antrieb also intrinsischer Motivation / Reiz zehren.

Zu beachten ist, dass manche Triebhandlungen sowohl durch ex- wie auch intrinsische Reize ausgelöst werden können. Zum Beispiel kann „Fressen" sowohl durch den Anblick von Futter (optisch = extrinsisch) wie auch durch Hunger (intrinsisch) ausgelöst werden. Hunger unterliegt hierbei im Gegensatz zum Anblick von Futter nicht der reizspezifischen Ermüdung! Der Hund wird jedes Mal fressen (Triebhandlung), wenn er Hunger (intrinsischer Reiz) hat, während ein permanentes Überangebot an Futter (optischer, extrinsischer Reiz) auf Dauer eine Veränderung des Fressverhaltens (Triebhandlung) bewirkt.

Jeder extrinsische Reiz, der eine Triebhandlung auslöst oder mit einer Triebhandlung verknüpft ist, unterliegt der reizspezifischen Ermüdung! Oft werden dann in der Ausbildung gezielt „Reize" erneut bzw. wiederholt gesetzt, um ein „Wiederaufleben" der Triebhandlung zu bewirken. Beim Mantrailing kann dies zum Beispiel die aufmunternde Aufforderung an den Hund zum Weitersuchen sein, beim Rauschgift- oder Sprengstoffspürhund das erneute „Anspielen". Was dabei geschieht, wird in der nachfolgenden Grafik veranschaulicht.

Reizspezifische Ermüdung

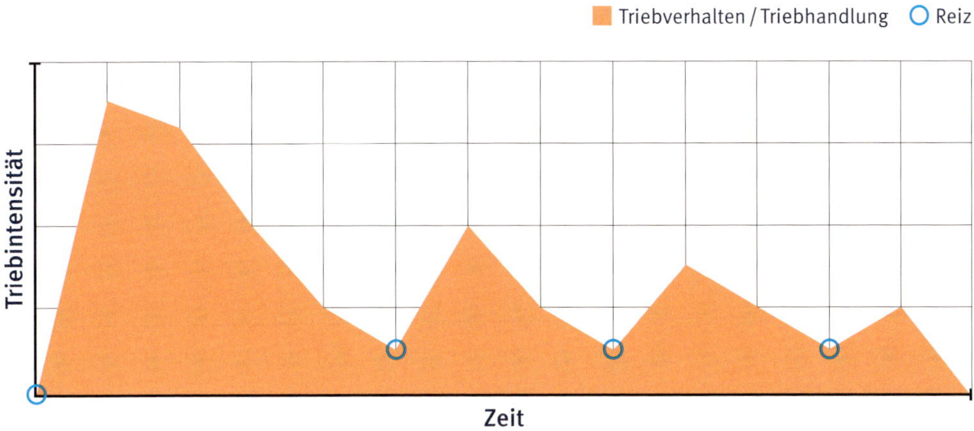

Jeder erneut gesetzte Reiz bewirkt zwar zunächst eine kurzfristige Steigerung des Triebverhaltens, jedoch bei insgesamt sowohl absinkender Intensität wie auch Dauer der Triebhandlung. Das heißt, die Intervalle bis ein erneuter Reiz gesetzt werden muss, um die Triebhandlung „aufrecht zu erhalten", werden immer kürzer. Die Folge ist ein „Abstumpfen" gegenüber dem Reiz.

Aktionsspezifische Ermüdung

Unter aktionsspezifischer Ermüdung versteht man die Ermüdung durch körperliche Erschöpfung. Sie stellt genau das dar, was ganz allgemein als „Kondition" oder „Ausdauer" bezeichnet wird. Damit ist im Prinzip auch schon alles gesagt. Je länger eine bestimmte Aktion andauert oder je intensiver sie erfolgt, desto mehr kommt die aktionsspezifische Ermüdung zum Tragen. Sie führt zu einem schrittweisen „Abflauen" der Handlung (beim Mantrailing also der „Sucharbeit") und kann gegebenenfalls bis zum kompletten Einstellen der Handlung führen. Auch mit Blick auf die aktionsspezifische Ermüdung zeigen sich also die Vorteile einer ruhigeren Suche. Ein Hund, der mit seiner Energie besser „haushaltet", hält in der Regel länger durch, das heißt die effektive Suchdauer und damit Einsatzzeit ist dementsprechend länger!

Aktionsspezifische Ermüdung

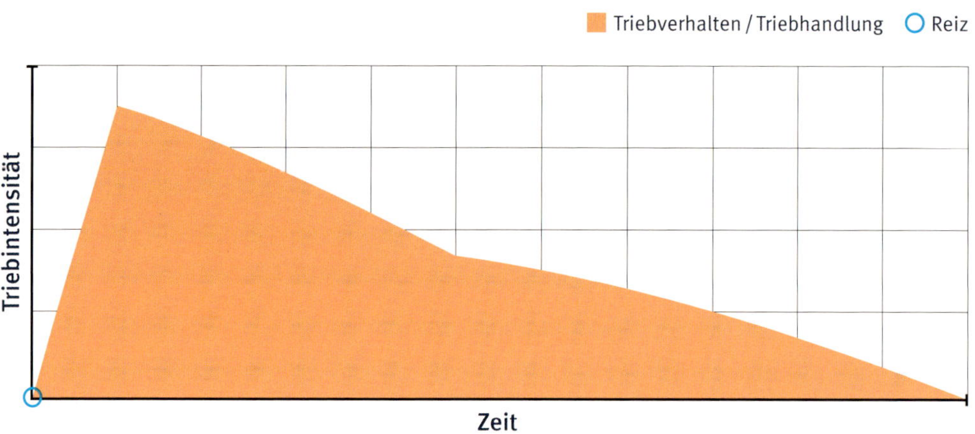

Mitgeführtes Trinkwasser und Pausen können ein probates Mittel sein, um die aktionsspezifische Ermüdung etwas abzumildern. Sie heben sie aber nicht auf!

Die richtige Motivationslage

Die Art und Weise, wie ein Hund darauf reagiert, wenn er in einer Triebform „angesprochen wird", wird allgemein als seine „Trieblage" oder Motivationslage bezeichnet und drückt sich in seinem Arbeitsverhalten aus. Dieses Arbeitsverhalten innerhalb der Motivationslage äußert sich in den Aktionen des Hundes. Daher spricht man auch von dem „Aktionsradius". Je nachdem, wie stark ausgeprägt die Aktionen des Hundes in der bei ihm angesprochenen Motivationslage ausfallen, können Hunde einen kleinen, mittleren oder großem Aktionsradius haben. Wie ein Hund auf Reize reagiert, hat viel mit seiner Persönlichkeit zu tun. Somit müssen die bekannten „Persönlichkeitstypen" (s. S. 70) stets auch Gegenstand der Betrachtung sein.

Hunde mit einem mittleren Aktionsradius sind am besten zu arbeiten. Sie sprechen einerseits sehr gut auf verschiedene Reize an und lassen sich gut motivieren. Zugleich lassen sie sich auch recht schnell wieder in die Ruhe zurückbringen oder wie man sagt „leicht an- und ausschalten". Insgesamt zeigen sie eine hohe Arbeitsbereitschaft bei gleichzeitiger guter

Kontrollierbarkeit. Es sollte deshalb das angestrebte Ziel sein, seinen Hund in einen mittleren Aktionsradius zu bringen, weil hiermit die besten Ergebnisse erzielt werden können.

Hunde mit einem sehr großen Aktionsradius zeigen ein sehr expansiv ausgerichtetes Gebaren. Diese Hunde lassen sich zumeist auch sehr rasch in der gewünschten Triebform (z. B. Spielen, Fressen oder Suchen) ansprechen, das heißt, der (zumeist extrinsisch – von außen) gesetzte Reiz löst sofort eine intensive Handlung aus. Beispielsweise dreht solch ein Hund im Mantrailing bereits vor dem Start total auf und es ist bereits schwierig, ihm nur das Suchgeschirr anzulegen. Auf dem Trail ist er sehr stürmisch, macht aber mit seiner ungestümen, aufgeregten Art auch einige Fehler. Da viele dieser Hunde vom Persönlichkeitstyp her Choleriker sind oder zumindest cholerische Züge haben (Mischtypen des Cholerikers), sind sie – einmal „trieblich“ aktiviert, schwer unter Kontrolle zu bekommen und es dauert verhältnismäßig lange, sie wieder in die Ruhe zu bringen.

Dem gegenüber ist ein Hund mit sehr geringem Aktionsradius ziemlich schwer zu motivieren. Er ist eher träge und man könnte sagen „leidenschaftslos“ bei der Sache. Er benötigt für zufriedenstellende Aktion massive Anreize.

Der persönlichkeitsbedingte Aktionsradius

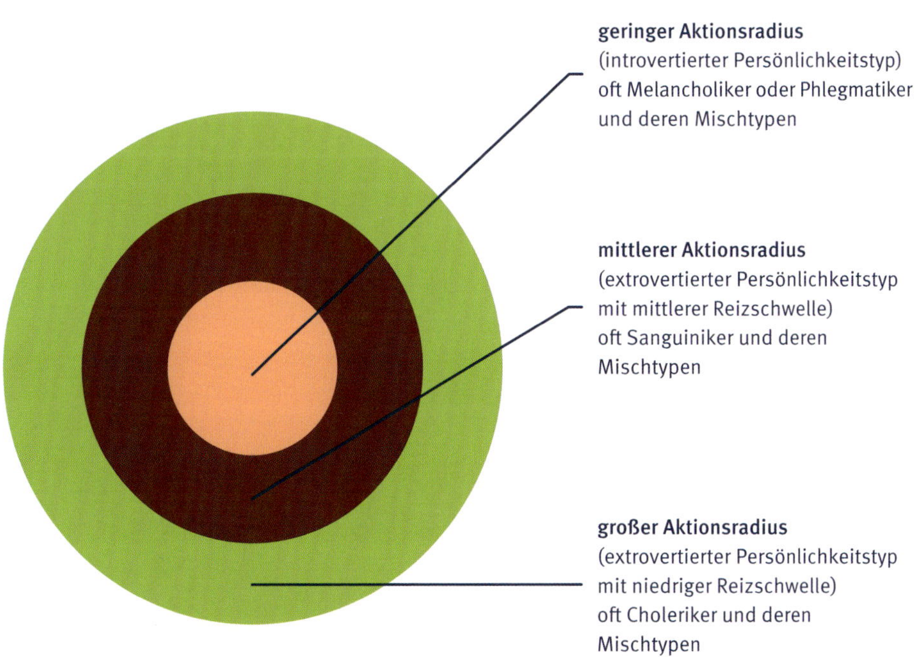

Die Möglichkeiten der Beeinflussung des Aktionsradius

Der für die Arbeit optimale Funktionsbereich des Hundes ist der mittlere Aktionsradius. Wie kann man nun darauf Einfluss nehmen, um seinen Hund bei der Arbeit in einen idealen, mittleren Aktionsradius zu bringen?

Das Bild auf der vorigen Seite erleichtert die Vorstellung von dem, was zu tun ist, denn es drückt bereits optisch aus, dass der Hund mit einem geringen Aktionsradius „erweiternd", also expandierend gearbeitet werden muss, während der Hund mit dem zu großen Aktionsradius eher eingedämmt werden muss, um eine bessere Kontrollierbarkeit zu erreichen.

Hierbei kommt uns das Wissen um die triebliche Ermüdung zugute, das nun gezielt eingesetzt wird. Ich möchte an dieser Stelle hinsichtlich der Machbarkeit erwähnen, dass es durchaus um einiges leichter ist, einen übereifrigen Hund auf ein „Normalmaß zu stutzen" als einen trägen Hund auf dieses Maß anzuheben.

Der Hund mit übermäßigem Aktionsradius – oft, lange, reizarm, viel Bestätigung

Wie schon gesagt wirkt sich ein zu großer Aktionsradius, der sich in übermäßigem Gebaren ausdrückt, ungünstig auf die Kontrollierbarkeit des Hundes aus. Deshalb muss dieser Hund von seinem High Level ein wenig „heruntergeholt" werden. Er sollte, um dies zu erreichen, triebermüdend gearbeitet werden. Die Stichworte hierfür lauten: lange, oft und reizarm. Seien Sie langweilig! Der Hundeführer selbst übernimmt die Funktion der Valium-Tablette, die sein Hund benötigt, um herunterzufahren. Das Geschirr wird betont langsam angelegt, aufmunternde Worte werden weggelassen, da sie der Hund eh nicht braucht. Alles geschieht sehr ruhig und reizarm. Ebenso beim Runner! Auch beziehungsweise besonders hier findet die Bestätigung betont ruhig und reizarm statt! Trainieren Sie zudem häufiger als mit einem „normalen Hund" (reizspezifische Ermüdung) und die Trails können auch durchaus etwas länger sein (natürlich angepasst an den Leistungsstand des Hundes). Dadurch macht man ihn müde und bremst seinen Eifer für den nächsten Trail. Bei konsequenter Anwendung wird sich bald eine Verbesserung in Richtung „mittlerer Aktionsradius" ergeben.

Der Hund mit zu geringem Aktionsradius – kurz, reizintensiv, frustrierend

Dieser Hund benötigt etwas Anschub. Das „zu wenig" dieses Hundes wirkt sich ebenso ungünstig auf die Kontrollierbarkeit aus wie das „zu viel" des Cholerikers. Das Mittel der Wahl bei einem solchen Hund sind kurze und intensive „Trieblagen". Auf das Mantrailing bezogen bedeutet dies, kurze Trails mit viel Theater bei der Bestätigung. Hier müssen der Hundeführer und der Runner das „Aufputschmittel" für den Hund sein! Alle ihre Aktionen müssen stimulierend auf den Hund wirken. Aber Vorsicht ist geboten! Träge Hunde sind oft sehr leicht anfällig für reizspezifische Ermüdung! Schon bald reicht die höhere Reizlage auch nicht mehr aus, um ihn zu aktivieren! Man darf also keineswegs für den Hund zum „Oberkellner" werden und ihn ständig mit „immer mehr" bedienen! Deshalb nutzt man hier ein weiteres trieb- oder motivationssteigerndes Mittel, die Frustration. Ich betrachte die Frustration als „zweite Zündstufe" nach dem Triebreiz, um den Hund aus der Reserve zu locken. Sie funktioniert natürlich nur, wenn / solange der Hund das Triebziel auch wirklich erreichen will.

Frustration – der Turboschalter für den Trieb

Um Frustration zu begreifen, muss man sich den Handlungsablauf eines instinktiven Verhaltens wie eine Abfolge vorstellen, die einem Muster folgt (in Hundeführerkreisen sogenannte) Triebkette. Es gibt einen Reiz, dieser löst eine instinktive Handlung aus, um das am Ende stehende Ziel zu erreichen.

Triebreiz oder Motiv	→	**Triebhandlung**	→→	**Triebziel**
(Anlegen des Suchgeschirrs)		(Suchen der Person)		(Erreichen der Person und Bestätigung)

Das ist der normale Ablauf. Er ist immer gleich, so wie ein Bächlein, das durch die Landschaft fließt. Nun unterbricht man den „normalen Ablauf" an einer Stelle dieser Triebkette und setzt dort eine „Blockade". Meist geschieht dies zweckmäßigerweise an der Stelle zwischen Triebhandlung und Triebziel. Im Mantrailing also unmittelbar vorm „Erreichen des Runners".

Dies sähe dann so aus:

Triebreiz oder Motiv ➜ Triebhandlung ➜➜ Blockade ➜➜➜ Triebziel

Der Hund will zum Runner um sich dort die verdiente Bestätigung „abzuholen“ und wird nun durch den Hundeführer daran gehindert. Dieser hält die Leine fest, muntert den Hund auf, zum gefundenen Runner zu gehen, blockiert ihn aber gleichzeitig. Gleichzeitig kann dieser etwas „Trieb machen“, indem er ihn ebenfalls ermuntert, zu ihm zu kommen oder (je nach Hund) betont ängstlich wegrennt. Was passiert? Hierzu wieder zurück zum Bächlein. Der normale Ablauf wird gestört, es staut sich Wasser an, der Wasserdruck (Verärgerung) auf die Blockade steigt immer mehr an. Diese „Wut, Verärgerung, Frustration“ führt dazu, dass versucht wird, die Blockierung irgendwie zu überwinden. Der Druck und somit die Kraft und Energie des Wassers steigt immer weiter an, bis es schließlich gelingt die Blockierung zu brechen. Der Hund wird also versuchen, seine Anstrengungen zu intensivieren und „mehr zu tun“, um sein Ziel auf jeden Fall doch noch zu erreichen.

Aggression durch Frustration

Hierfür bedient sich der Hund etwas, über das jedes Lebewesen verfügt, Aggressionen. Aggression wird fälschlicherweise oft mit Boshaftigkeit, Bissigkeit oder ähnlichem assoziiert. In Wahrheit ist es jedoch nur eine Art „Turbo“, der zugeschaltet wird, um seine Interessen oder sein Ziel durchzusetzen. Die Begriffe „Beharrlichkeit“, „Wut“ und „Aggression“ könnten gut und gerne in eine Reihe gestellt werden, da sie ähnliches ausdrücken. Dieser „Turbo“ schaltet sich also zu, wenn ein Ziel mit normalen Mitteln nicht erreicht werden kann. Aggression kann somit durch Frustration gezielt ausgelöst werden.

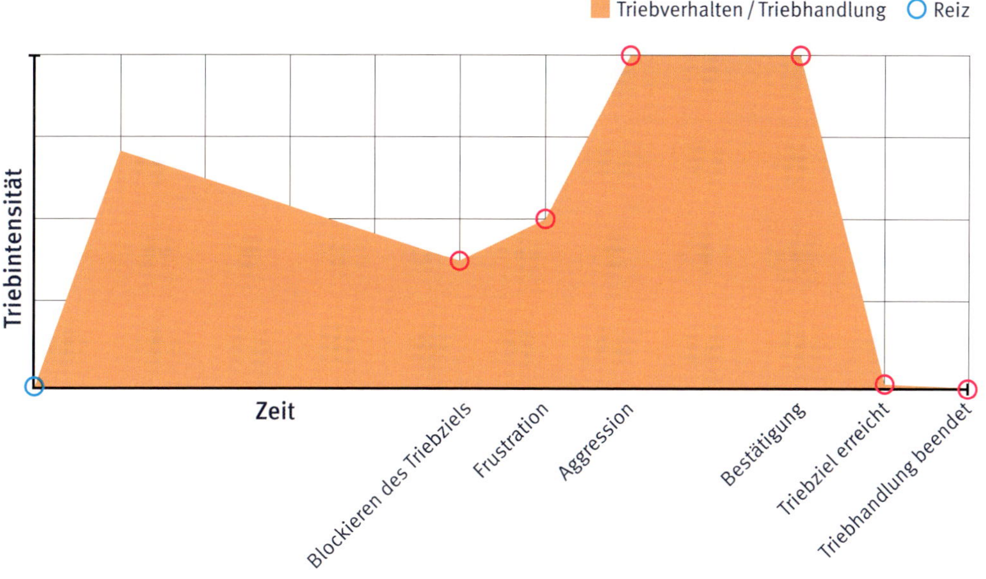

Wie in der Grafik dargestellt, wird ein solcher Hund ausbilderisch am sinnvollsten, weil nachhaltigsten, nach erfolgter und überwundener Frustration auf dem Level höchster Triebintensität und in dem Moment höchster Triebaktivität bestätigt und somit für seinen erhöhten Einsatz (Aggression) belohnt. Die Folge ist ein Lerneffekt, nämlich, dass sich Anstrengung lohnt! Diese Aggression wird sich im Mantrailing normalerweise in Form von verstärktem Ziehen, Bellen oder ähnlichem zeigen, also in irgendeiner körperlichen Form der Intensivierung der Triebhandlung!

Rationierung

Ein weiteres, recht einfaches Mittel zur Trieb- und Motivationssteigerung ist die Rationierung. Etwas, das der Hund richtig toll findet und ihm einen Riesenspaß macht, gibt es eben nicht ständig. Wohldosiertes Training kann vieles vereinfachen und die „Kooperationsbereitschaft" des Hundes zur Erfüllung ihm gestellter Aufgaben deutlich verbessern. Es ist immer besser, wenn sich der Hund aufs Training freut!

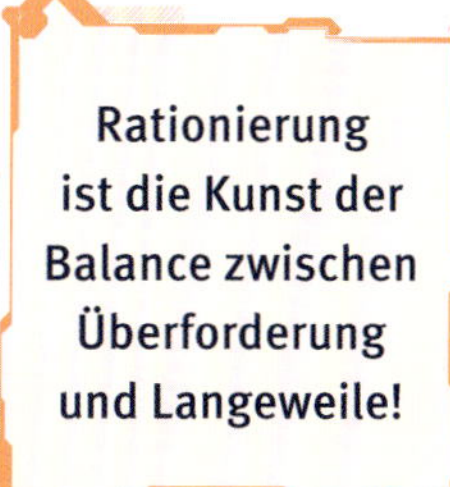

6.

Die Suchstrategien unserer Hunde – „Stöberer“ vs. „spurnah“ vs. „Grenzgänger“

Beim Training kann es sein, dass verschiedene Hunde durch eine unterschiedliche „Suchart“ auffallen. Während der eine Hund fast immer genau dort läuft, wo der Runner entlanggegangen ist, gibt es andere, die den Trail großzügig interpretieren oder ganze Abschnitte abkürzen. Die Art, wie ein Hund sucht, lässt sich nicht ausbilden. Der Hund entscheidet selbst, auf welche Art er am bestem zum Ziel kommt. Je nach Neigung und Veranlagung des Hundes wird dieser eher nah an der Spur arbeiten oder ein „Grenzgänger“ sein. Der Begriff „spurnah“ ist eigentlich falsch, denn die Spur ist ja geruchlich auch dort, wo der Grenzgänger sie findet. Der Begriff meint vielmehr die tatsächliche Laufstrecke des Runners. Der Einfachheit halber und mangels eines treffenderen Ausdrucks hierfür bleibe ich deshalb bei dem Begriff „spurnah“. Jeder weiß, was damit gemeint ist.

Adaptation

Jeder kennt aus der Schule das Phänomen der Adaptation, bei der sich je nach Lichteinfall die Pupille des Auges anpasst, indem sie sich erweitert oder verengt.

Adaptation finden wir jedoch nicht nur bei der Anpassung der Pupille an die Lichtverhältnisse, sondern ebenso bei anderen Sinnesorganen. Wir gewöhnen uns beispielsweise in der Disco schnell an das erhöhte Geräuschniveau. So verhält es sich natürlich auch mit unserem Riechorgan. Betreten wir zum Beispiel einen Raum voller Zigarettenqualm, so bemerkt die menschliche Nase den starken Geruch sofort und empfindet ihn die ersten paar Minuten als störend, doch nach kurzer Zeit wird der Geruch nicht mehr wahrgenommen. Die Nase passt sich schnell an das Geruchsniveau der Umgebung an. Um den Zigarettenqualm wieder bewusst wahrzunehmen, müsste man sich zwischendurch nach draußen an die frische Luft begeben. Betritt man den Raum dann erneut, wird man den Geruch wieder genau so deutlich wahrnehmen wie zu Beginn.

Um eine Spur zu verfolgen, taucht der Hund deshalb also abwechselnd „in den Geruch" und wieder „aus dem Geruch". Darum verfolgen Hunde einen Trail häufig in einer Schlängellinie. Dazu haben sie individuell unterschiedliche Strategien. Je nachdem, welche Art ein Hund bevorzugt, reden wir vom „spurnahen Sucher" oder vom „Grenzgänger" (siehe nächste Seite). In der ersten Grafik ist das Geruchsbild einer Spur, so wie man es sich vorstellt, abgebildet. Es gibt entlang des Laufweges des Runners dichtere und weniger dichte Geruchsbereiche. Dabei geht man in dieser Theorie zumeist davon aus, dass die dichteren Bereiche am nächsten an der tatsächlichen Laufstrecke des Runners liegen.

Geruchsbild einer Spur

Hat man es nun mit einem spurnahen Sucher zu tun, so pendelt dieser in einer Schlängellinie zwischen dem stärksten und dem schwächer werden Geruch. Er orientiert sich zum „Zentrum“ also den dichteren Bereichen hin. Diese liegen häufig nahe an der tatsächlichen Laufstrecke des Runners. Dieses Pendeln zwischen stärkerem und schwächerem Geruch ist das typische Suchbild des spurnahen Suchers. Diese Hunde laufen näher an der tatsächlichen Laufstrecke des Runners.

Ganz anders beim sogenannten „Grenzgänger“. Dieser Hund pendelt in der bereits bekannten Schlängellinie zwischen „hier ist noch Geruch“ und „hier nicht mehr“.

Ob man einen spurnahen Sucher oder einen Grenzgänger hat, kann man sich nicht aussuchen. Jeder Hund hat diesbezüglich seine persönliche Vorliebe und entwickelt im Laufe der Ausbildung seine ihm eigene Strategie. Dem Hundeführer bleibt nichts anderes übrig, als sich auf seinen Hund und seine Suchstrategie einzustellen. Ein guter

Suchbild des „spurnahen Suchers“

Orientierung hin zum „Zentrum“ (pendelt zwischen starkem und schwächer werdendem Geruch)

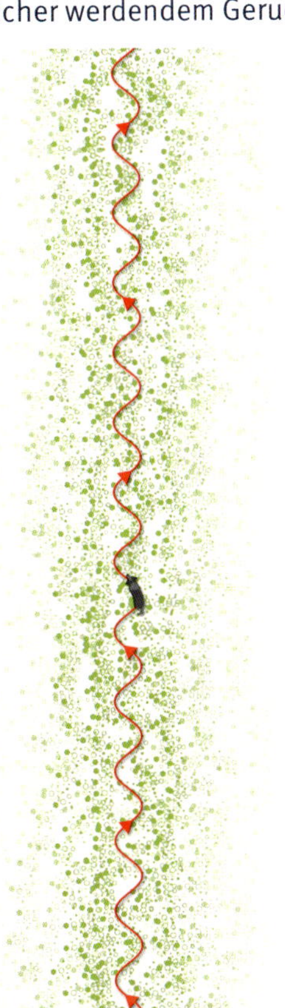

Suchbild des „Grenzgängers“

Orientierung hin zur „Außengrenze“ (dieser Hund pendelt zwischen „Geruch“ und „kein Geruch“)

Ausbilder ist in der Lage, über einen gewissen Zeitraum den „Suchtyp" des trainierten Hundes anhand verschiedener Trainingstrails zu erkennen und sich darauf einzustellen. Bei Grenzgängern müssen Trails etwas anders gelegt werden als bei spurnah arbeitenden Hunden. Es gilt unter anderem, die Windrichtung und das kluge Postieren des Runners zu beachten. Schon manches Mal hat einer unserer Grenzgänger im Training den perfiden Plan, einen besonders anspruchsvollen Trail zu kreieren, im Handstreich zunichte gemacht, indem er den Großteil der geplanten Schwierigkeiten schlicht durch Abkürzen des Trails wirkungslos gemacht hat.

Worin liegt nun der Unterschied der beiden vorgenannten Strategien zum Stöberer?

Der spurnahe Sucher und der Grenzgänger sind Trailer, während der Stöberer per Definition ein Quellensucher ist!

Die Strategie von Trailern ist es, den linienförmigen Geruch, den der Runner auf der zurückgelegten Strecke verliert, zu verfolgen. Trailen ist also das *verfolgen* von bereits gefundenem Geruch in linienförmiger Ausbreitungsform.

Im Gegensatz dazu gehen Quellensucher anders vor. Sie *suchen* nach dem Geruch. Dies klingt vielleicht etwas verwirrend, ist aber ganz einfach. Der Stöberer braucht keine Spur! Er sucht ein Gebiet so lange ab, bis er in die Nähe der Geruchsquelle kommt. Ist dies der Fall, dann arbeitet er sich immer weiter an sie heran. Man kann diese Strategie in etwa vergleichen mit der eines Rauschgifthundes oder Brandmittelspürhundes. Auch Leichenhunde arbeiten so. So mancher „nicht so ganz spurtreue Trailer", der bis dahin als Grenzgänger gehandelt worden ist, wurde im Training schon als Stöberer entlarvt, indem man ihm einen Trail mit dem Wind legte und auch den Runner so positionierte. Der Stöberer hatte dann keine Chance.

Das ist der Unterschied eines Stöberers zum Grenzgänger! Der Grenzgänger kann *auch* die Information „frischer Geruch aus anderer Richtung" verarbeiten und den Trail verlassen, um abzukürzen (auch unter dem Begriff „Hochwind" oder „Hochwitterung" bekannt). Der Stöberer dagegen, *braucht* diese Information, um zu finden! Seine Strategie ist nicht das *Verfolgen* des Geruchs, weshalb er auch nicht wirklich trailen kann. Deshalb sind Stöberer als Mantrailer ungeeignet und sollten für diese Ausbildung in der Regel ausgemustert werden.

Individuelle Suchstrategien der Hunde

Stöberer
ungeeignet

Trailer
geeignet
↙ ↘
„Spurnah" – „Grenzgänger"

7.

Tücken in der Ausbildung

Vom Kurz- und Langzeitgedächtnis

Mitte der Neunziger Jahre haben meine Kollegen und ich bei unseren damaligen Praxisfährtenhunden über einen längeren Zeitraum folgende Beobachtung gemacht: In den Trainings gingen die Hunde stets hochmotiviert an den Ansatz und arbeiteten die gelegte Spur freudig und konzentriert aus. Mit wachsender Einsatzerfahrung ergab sich aber ein völlig konträres Bild hierzu in den Einsätzen. Die erfahrenen Hunde waren in den Einsätzen längst nicht so motiviert und drangvoll und zeigten insgesamt ein deutlich weniger von spannungsvoller Erwartung geprägtes Suchbild. Dies konnte auch in den darauffolgenden Trainings nicht behoben werden, da die Hunde sich hier wieder von ihrer besten Seite zeigten und keinerlei Grund zur Beanstandung lieferten. Was konnte der Grund für einen solch eklatanten Unterschied zwischen Einsatz und Training sein?

Wir hatten im Training eine gewisse Anzahl unterschiedlicher Läufer (Runner), die wir regelmäßig und ständig abwechselnd einsetzten. Dadurch hatte jeder Hund in jedem Training immer mal einen anderen Läufer, den er suchte. Im Laufe der Zeit aber merkten die Hunde, dass die Spuren der Läufer im Training immer mit einem positiven Ende belohnt wurden – anders als im Einsatz, und so speicherten die Hunde die individuellen Gerüche der Runner allmählich ab.

Der Hund merkte also schon am Start, „Aha, heute suche ich wieder Jan, Konnie oder Max! Toll, da bekomme ich immer Futter oder mein Spielzeug!" Das Ergebnis war ein hochmotivierter Hund am Ansatz, der begierig und drangvoll die Spur aufnahm und ausarbeitete! Zugleich hatte derselbe Hund im Einsatz die Erfahrung gemacht, ist die Spur, die ich verfolgen soll, *nicht* von Jan, Konnie, Max oder einem anderen Läufer, den ich kenne, dann ist die Aussicht, etwas am Ende zu finden, eher gering!

Nach statistischen Zahlen sind nur etwa ein Drittel aller Vermisstensuchen unmittelbar erfolgreich. Der Grund dafür können die verschiedensten Einflussfaktoren sein, die sich negativ auf die Ausarbeitung der Geruchsspur auswirken können. Stellvertretend seien hier nur der Zeitfaktor (im Zusammenhang mit der inzwischen zurückgelegten Streckenlänge des Gesuchten oder der Größe des Geruchspools), Witterung, Fahrzeug- und Personenfrequentation des Suchgebietes, Tagesverfassung des Suchteams, fehlende oder falsche Informationen und vieles mehr genannt.

Das Ergebnis war also eine deutlich erkennbar gedämpfte Erwartungshaltung des Hundes bereits am Start, sobald dieser realisierte, dass diesmal keiner der bekannten Läufer gesucht werden soll. Kann es also sein, dass die Hunde auch eine größere Zahl bekannter Gerüche speichern?

Der Weg ins Langzeitgedächtnis

Die Hunde hatten die individuellen Gerüche jedes einzelnen Läufers in ihrem Langzeitgedächtnis abgespeichert. Der Weg dorthin führt über häufige Wiederholungen.

Hunde neigen zu einem solchen Verhalten und die Ausbildung von Spezialhunden wie zum Beispiel Rauschgift- oder Sprengstoffsuchhunden macht sich genau dies zunutze. Die Arbeit mit dem (Einzel-)Stoff wird mit jedem Hund so oft wiederholt und dabei für den Hund mit einem positiven Ergebnis verknüpft, bis sich der Geruch des Stoffes ins Langzeitgedächtnis des Hundes „eingebrannt" hat. Ist der Hund hinsichtlich der Substanz, zum Beispiel ein bestimmtes Rauschgift oder ein bestimmter Sprengstoff, „stoffsicher", so wird der nächste Stoff konditioniert. Mit dieser Methode lernen die Hunde etliche verschiedene Substanzen zu identifizieren und anzuzeigen. Auf diese Weise kann man Hunde auf nahezu jeden erdenklichen Geruch konditionieren oder „prägen". Im zivilen Bereich gibt es Schimmelspürhunde, die in der Bausanierung eingesetzt werden, in der Forstwirtschaft detektieren Hunde äußerlich gesund aussehende, jedoch innerlich von Forstschädlingen befallene Bäume, selbst im medizinischen Bereich erschnuppern Hunde Krebszellen aus der Atemluft des Patienten oder den kritischen Blutzuckerspiegel eines insulinpflichtigen Diabetes-Erkrankten.

Das kannst Du vergessen … oder: Warum sich Mantrailing nur im Kurzzeitgedächtnis abspielen darf!

Für das Mantrailing leuchtet sicherlich jedem ein, dass diese Version der Arbeit mit Geruch denkbar ungeeignet ist. Hier soll sich der Hund den Geruch nur so lange merken, wie er ihn arbeitet.

Dennoch besteht die Gefahr des ungewollten Abspeicherns von Gerüchen und Personen, mit denen der Hund Angenehmes verbindet. Dabei ist es egal, ob dies „in konzentrierter Form" durch viele Wiederholungen innerhalb weniger Tage oder Wochen geschehen ist oder über einen längeren Zeitraum erfolgte.

Es gilt also, den Weg ins Langzeitgedächtnis, der durch den immer wiederkehrenden Einsatz einer begrenzten Zahl verschiedener Runner verursacht wird, zu vermeiden. Dies macht die Mantrailing-Ausbildung ziemlich aufwändig, denn es muss ein großer Pool an Runnern zur Verfügung stehen. Hierbei haben die institutionellen Trailer womöglich einen Vorteil, da beispielsweise die Polizei auf eine große Anzahl von Beamten in verschiedensten Dienststellen des Landes Zugriff hat, die sich auf freiwilliger Basis als Runner zur Verfügung stellen. Auf diese Weise haben uns dankenswerterweise schon etliche interessierte Beamte unterschiedlicher Dienststellen unterstützt. Es hat sich für uns auch als sehr positiv bewährt, gemeinsam mit Hundeführern der Hilfsorganisationen zu trainieren.

Auch bei diesem Problem zeigt sich meiner Meinung nach einmal mehr ein Vorteil, den die Rasse Bloodhound mitbringt. Diese Hunde sind ausgesprochene „Arbeitstiere" und – man möge es mir verzeihen – intellektuell vielleicht nicht gerade die Nobelpreisträger unter den Hunden. Dies ist keineswegs despektierlich gemeint! Ich glaube aber, dass andere Hunderassen sehr viel schneller die Problematik der „Trainingsrunner" erfassen.

Vielleicht liegt es aber auch daran, dass Bloodhounds einfach jede Suche mit Herrchen oder Frauchen toll finden und deshalb weniger Unterschiede machen! Doch auch das wäre dann ja ein Vorteil der Rasse.

Mantrailing als Kurs oder Lehrgang?

Diese Erkenntnis spricht im Prinzip klar dagegen, Mantrailing den Hunden im Rahmen eines Kurses oder zeitlich limitierten Lehrganges vermitteln zu wollen beziehungsweise zu können. Bezugnehmend auf die eben beschriebene Problematik muss man konstatieren, dass in einem solchen Kurs zum einen schon aufgrund der zeitlichen Limitierung relativ intensiv, das heißt in kurzer Zeit mit vielen Wiederholungen und zum anderen mit einer zumeist sehr beschränkten Zahl an Läufern gearbeitet wird.

Wir lassen uns aus diesem Grund in der Polizei Sachsen für die fundierte Ausbildung vom Welpenalter bis zur Einsatzreife drei Jahre Zeit. Nach zwei Jahren absolvieren die Hunde eine Zwischenprüfung, nach deren Bestehen sie in ausgewählte Einsätze gehen und Erfahrungen sammeln können. Dabei kommt ein Mentoring-System zum Einsatz, bei dem die zwischengeprüften Teams mit erfahrenen Einsatzteams gemeinsam fungieren. Nach insgesamt drei Jahren Ausbildung und dem erfolgreichen Bestehen einer Abschlussprüfung können die Teams dann auch bei Einsätzen zur Strafverfolgung herangezogen werden und allein in Einsätze gehen.

Auch eine Stradivari spielt nicht von allein! Fehlerquelle Hundeführer und falsche Ansichten zur Rasse

Die Geigen des italienischen Geigenbauers Antonio Stradivari (1644–1737) gelten als die besten und teuersten der Welt. Doch auch die beste Violine der Welt muss vernünftig gespielt werden, damit schöne Töne herauskommen! Nur wenn man das kann, dann werden sich die Brillanz und Reinheit die ein solches außergewöhnliches Instrument bietet, in seinen ganzen Dimensionen zeigen und sich von anderen Instrumenten abheben. Und selbst mit dem neuesten, leichtesten Carbon-Rennrad der Welt wäre es für einen japanischen Sumo-Ringer wohl aussichtslos, die Tour de France zu gewinnen.

Was will ich, bezogen auf das Mantrailing, damit sagen? Die Wahl der Rasse kann nicht das Ausbilden ersetzen! So wie unter anderem die Stradivari-, Guarneri-, Amati- oder Montagnana-Geigen als herausragende Instrumente ihrer Zunft gelten, werden bestimmte Hunderassen als führend im Mantrailing angesehen. Allen voran der Bloodhound. Ohne mich zu weit aus dem Fenster lehnen zu wollen, würde ich an der Stelle behaupten wollen, dass es wohl für die meisten von uns keinen Unterschied machen würde, ob man uns mit der Aufforderung, doch mal etwas zu spielen, eine Stradivari-Geige oder eine Violine „aus dem Baumarkt" in die Hand drücken würde. Bei den meisten von uns würde, sofern überhaupt ein Ton zustande käme, das Resultat über ein kratziges, klägliches „ Alle meine Entchen" nicht hinausreichen. Das Problem ist in diesem Falle also nicht das Instrument. Man muss schon damit umgehen können, damit das Ergebnis vorzeigbar wird.

Deshalb sollte man sich möglichst rasch von dem Gedanken befreien, durch die Anschaffung eines Bloodhounds würde das „Projekt Mantrailing" zum Selbstläufer! Auch ein Bloodhound muss ausgebildet werden. Ungeachtet dessen bringen die meisten (durchaus nicht alle!) Vertreter dieser Rasse von sich aus schon eine Menge Potenzial mit, welches jedoch zur rechten Zeit in die richtigen Bahnen gelenkt werden will!

Auf einer Hundewiese treffen sich drei erfolgreiche Einsatztrailer, ein Beagle, ein Weimaraner und ein Bloodhound. Nach einer Weile geraten sie darüber in Streit, wer wohl der beste Mantrailer der drei sei. Der Beagle sagt, nicht ohne eine Portion Hochmut: „Ich habe schon ein Dutzend vermisste Menschen gefunden und mir bescheinigt die Presse schon seit Jahren, dass ich der beste und erfolgreichste Mantrailer bin!" Darauf antwortet der Weimaraner: „Haha, die Presse! Dass ich nicht lache! Ich habe schon über zwanzig Vermisste gefunden und ihnen damit das Leben gerettet, dazu noch einige Verbrecher überführt! Mir ist erst neulich im Traum Gott erschienen und hat mir persönlich gesagt, dass *ich* der beste Mantrailer bin"!

Darauf schaut der Bloodhound die beiden völlig ruhig und gelassen einen Augenblick lang schweigend an, runzelt dann seine Stirn (was ihm ja nicht schwerfällt) und sagt zu dem Weimaraner: „Hä? Was soll ich gesagt haben"?

Immer wieder mal wurde mir in der Vergangenheit die Frage gestellt, warum wir denn für das Mantrailing in der Polizei Sachsen ausschließlich Bloodhounds verwenden.

Dies ist interessant, denn ich müsste wahrscheinlich mit den gleichen Leuten nicht ernsthaft darüber diskutieren, warum ich für die Teilnahme an einem Windhunderennen keinen Bernhardiner oder Mops wähle. Beim Mantrailing aber wird die Frage immer wieder gestellt, oft verbunden mit dem Hinweis, ein Malinois oder ein Deutscher Schäferhund hätten auch gute Nasen und könnten dies ebenfalls leisten. Um beim Windhunderennen zu bleiben, der Mops und der Bernhardiner haben wie alle anderen Teilnehmer des Rennens auch vier Beine und kommen wahrscheinlich auch irgendwann im Ziel an! Rein objektiv sind die Mindestvoraussetzungen also erfüllt. Trotzdem ist wohl jedem klar, dass keiner der beiden sich ernsthaft mit einem Greyhound messen und um den Sieg mitlaufen kann. Die Unterschiede sind dabei auf den ersten drei bis vier Metern der Strecke noch nicht so groß, werden dann aber sehr rasch riesig. Ich sehe dies beim Mantrailing ähnlich. Im Training, auf kurzen, einfachen Trails werden die Unterschiede kaum erkennbar sein, sie zeigen sich erst bei echter Einsatzbelastung, alten Trails, in der Suchdauer, die am Stück möglich ist, in der Anzahl der Starts, die an einem „Arbeitstag" möglich sind und so weiter.

Die Frage ist für mich deshalb nicht, mit welchen Hunden ist es *auch* möglich, sondern mit welchen Hunden ist es *am besten* möglich!

Bei den meisten Hundeführern (wie bereits erwähnt nicht bei allen) hat sich die Ansicht (oder sollte ich sagen „die Erkenntnis") durchgesetzt, dass man für die Mantrailing-Arbeit am besten Hunderassen einsetzt, welche speziell für die Nasenarbeit gezüchtet wurden. Diese findet man beinahe ausschließlich unter den Jagdhunderassen. Es handelt sich hierbei in der Regel um Hunde, deren primäre Aufgabe darin bestand beziehungsweise noch heute besteht, das Wild – häufig sogar ganz bestimmtes Wild – entweder „vor dem Schuss" aufzuspüren und so für den Jäger jagdbar zu machen oder nach erfolgtem Schuss das erlegte Wild zu finden, wenn es verletzt noch einige hundert Meter geflohen ist. Es gibt bestimmte Rassen für bestimmtes Wild. Manche sind spezialisiert auf Geflügel wie Rebhuhn und Fasan, andere auf Hochwild,

Auch Jagdhunde wie Weimaraner können gute Mantrailer sein.

wieder andere auf Raubwild. Einige spüren, ähnlich wie Flächenhunde, die antrainierte Wildart vor der Schussabgabe auf (siehe Findestrategien „Quellensucher"), andere sollen Spuren verfolgen (Findestrategie „Trailer") Im angelsächsischen Raum haben sich für die Jagdhunde (= Hounds) zwei Begriffe etabliert, die ihre Arbeitsweise recht anschaulich reflektieren: die „Sighthounds" und die „Scenthounds".

Augenpräferierte Hunde – Sighthounds

Bei ihnen handelt es sich, wie der Name bereits verrät, um „Sichthetzer". Die typischen Vertreter dieser Gruppe sind die Windhunde. Ihr Hauptaugenmerk bei der Jagd liegt auf der optischen Wahrnehmung ihrer Beute. Sie bevorzugen die Jagd auf Sicht und verfolgen das Hetzobjekt so lange, wie sie Sichtkontakt haben. Bricht dieser ab, wird die Verfolgung häufig ziemlich rasch eingestellt. Natürlich haben auch diese Hunde „eine Nase“, jedoch wurde bei der selektiven Zucht auf hohe Laufgeschwindigkeit, Sprintfähigkeit und gutes Auge kein gesteigerter Wert auf den exzessiven Gebrauch derselben gelegt. Man wird beim Kauf eines Vertreters dieser Gruppe in der Regel keinen wahren „Sniffer“, wohl aber einen schnellen Hund bekommen, der sehr aufmerksam seine (optische) Umwelt wahrnimmt und dem auch kleine Bewegungen in größerer Entfernung nicht entgehen und der zudem instinktiv leidenschaftlich gern kleineren „Hetzobjekten“ nachrennt. Wer schon einmal einen freilaufenden Windhund auf einem freien Feld urplötzlich die „Jagd“ auf ein am Horizont vorbeifahrendes „kleines“ Auto hat eröffnen sehen, weiß, was ich meine. Hunde, die augenpräferiert arbeiten, sind offensichtlich oftmals leichter ablenkbar. Sie nehmen die Umwelt optisch viel bewusster wahr und sind daher empfänglicher für optische und akustische Ablenkungen. Auch halte ich deshalb ihre Konzentrationsfähigkeit im direkten Vergleich mit den Scenthounds hinsichtlich der Suchdauer für eingeschränkt. Dabei will ich aber keineswegs in Abrede stellen, dass es – wie immer – auch hier ein paar Ausnahmetalente geben wird, die Mantrailing erfolgreich betreiben können.

Im Übrigen zähle ich auch die „Nicht-Jagdhunde“ (im angelsächsischen Raum „Dogs“), die als Arbeitshunde für bestimmte Aufgaben gezüchtet wurden, zu den augenpräferierten Hunden. Hierzu zählen insbesondere alle Hüte-, Treib- und Wachhunderassen. Solche Hunde, deren ursprüngliche Hauptaufgabe es ist oder war, Herden zu bewachen oder zu hüten und zu treiben (zum Beispiel Schäferhunde, Collies usw.) müssen natürlich stets ihre Arbeit

Der Bloodhound ist so in seine Arbeit vertieft, dass ihn die Katze auf dem Trail nicht interessiert.

aufmerksam „im Blick behalten“ sowie ein „offenes Ohr“ für die Kommandos oder die Signalpfeife ihrer Herrchen haben. Ähnliches trifft auch für ursprüngliche Treibhunde wie Rottweiler und Australien Cattle Dog oder Wachhunde wie z. B. die Pinscher- und Schnauzerrassen, Hovawart und weitere zu.

Wie bereits geschrieben, haben jene sicher Recht, die sagen, man könne mit jedem Hund trailen und es wird immer wieder einzelne Beispiele geben, die dies bestätigen. In der großen Masse aber wird man wohl mit augenpräferierten Hunden nicht die Leistungen erzielen können, die man mit echten „Scenthounds“ erreichen kann. Gar nicht überspitzt, sondern aus tatsächlichem, eigenem Erleben kann ich berichten, dass ich gesehen habe, wie ein in seine Arbeit vertiefter Bloodhound gegen ein geparktes Auto gelaufen ist und im Kontrast dazu bei einem Schäferhund ab dem Moment, wo eine Katze für ihn sichtbar quer durchs Bild lief, die Sucharbeit (zumindest die nach menschlichem Geruch) schlagartig beendet war.

Nasenpräferierte Hunde – Scenthounds

Unter ihnen findet man die typischen Meutehunde, häufig sehr verträglich und mit geringer Sozialaggressivität. Sie lieben die Gesellschaft und sind geradezu verrückt danach. Ihre ausgesprochene Freundlichkeit und Menschenliebe sind gute Voraussetzung für das Mantrailing. Diese Art Hunde wurde ursprünglich selektiv gezüchtet, um die Geruchsspuren des Jagdwildes wenn nötig stundenlang zu verfolgen. Anders als die „Sighthounds“, die Sichtjäger, die oftmals (zum Beispiel die Azawakh der Beduinen) vom berittenen Jäger zu Pferd mitgeführt wurden und erst bei Sichtkontakt zum Jagdwild und über wenige hundert Meter Distanzen zum Einsatz kamen.

Solche Scenthounds sind oft wahre „Sniffer“. Sie nehmen ihre Umwelt – noch mehr und oft noch bewusster als andere Hunde – sehr stark vor allem geruchlich wahr. Bei der Suche sind sie imstande, in ihre „Geruchswelt“ einzutauchen und darüber andere Sinnesleistungen zu vernachlässigen. Und hierbei ist der Bloodhound als Rasse häufig nochmal ein besonderes Exemplar. Während ein „normaler Hund“ seinen Kauknochen verteidigt, verteidigt ein Bloodhound unter Umständen nach dessen Verzehr noch „dessen Geruch“, nämlich die Stelle, wo der Kauknochen gelegen hat. Ich habe schon oft erlebt, dass meine Hündin während einer Suche die Katze unmittelbar neben dem Weg oder den heruntergefallenen halben Döner auf dem Fußweg gar nicht bemerkt hat. So vertieft war sie in ihre Arbeit und fokussiert auf den Geruch, den sie gerade verfolgte. Solches wäre mir mit meinen Schäferhunden früher kaum passiert, obwohl auch die recht ordentliche Praxisfährtenhunde (Mantrailing light) waren.

Nochmals zur berühmten Opferbindung

Wir haben ja bereits weiter vorn in Kapitel 2 bereits von der Opferbindung gesprochen. Um diese zu erreichen, ist der übliche Weg, dass der Junghund, wenn er sich dem Opfer zuwendet, Bestätigung erfährt. Dieses freut sich überschwänglich, beschäftigt sich mit dem Hund und liebkost ihn. Das wiederum veranlasst den Hund dazu, beim Opfer zu bleiben. Die Opferbindung ist perfekt!

Wenn die Sache nicht mehrere Haken hätte! Diese Haken heißen intrinsische Motivation sowie reizspezifische und aktionsspezifische Ermüdung (s. S. 102). Die beiden letzteren kann man gut durch altersentsprechend kurze Übungen umgehen. Bei der intrinsischen Motivation wird es schon schwieriger. Wie baut man diese auf bzw. hält sie dauerhaft hoch? Wie kann es sich für den Hund unter allen Umständen lohnen, das Opfer zu finden?

Die naheliegende Antwort ist natürlich wie gesagt, dass das Opfer den Hund bestätigt, sobald dieser sich ihm zuwendet. Tut er das nicht, d. h. ignoriert das Opfer, sprich den Runner, bleibt dieser konsequent passiv. Opfer wird ignoriert – keine Bestätigung, Hund interessiert sich für Opfer, erfolgt Bestätigung durch Spiel, Zuwendung, Beißwurst oder was auch immer für den jeweiligen Hund am zielführendsten ist.

Nun ist das gewünschte Bild beim Training in der Regel ja jenes, bei dem der Hund dicht am Opfer ist und von diesem die Bestätigung aktiv einfordert, ja es regelrecht bedrängt. Der Vater dieses Gedankens ist die Wunschvorstellung, dass der Hund jederzeit ein gesteigertes Interesse an dem ihm häufig unbekannten Opfer hat. Dies ist jedoch nicht immer der Fall. Vielmehr sieht man oft ziemlich desinteressierte Hunde, die sich vom Opfer abgewendet, für alles Mögliche interessieren außer für das Opfer. Dazu ein, wie oben beschrieben, völlig passives Opfer. Hier liegt es auf der Hand, dass keine Motivationssteigerung erreicht werden kann. Was also tun, wenn der Hund sich nicht für das Opfer interessiert?

Theoretisch könnte das Opfer nun den Hund auf sich aufmerksam machen, um sein Interesse zu wecken. Dies wäre in dieser Situation aber wenig förderlich, denn nun „erzieht der Hund das Opfer“: „Wenn ich ihn nur lange genug ignoriere, macht er irgendetwas Interessantes“! Der Hund wird so zum Trainer, der den Runner mit Beachtung belohnt, wenn dieser die richtigen Faxen macht. Der Lerneffekt wäre aber eher destruktiv für das erstrebte Ziel. Wir möchten ja später keinen Hund, der im Einsatz nur Opfer sucht, die quietschen und zappeln. Dennoch ist diese Idee nicht grundsätzlich falsch, die Frage ist, *wann* man sie anwendet, mehr dazu siehe weiter unten.

Manche Ausbilder befürworten in dieser Situation die so genannte „Absicherung mittels Zwang“ mit dem Gedanken, der Hund solle lernen, sich auch dann dem Opfer zuzuwenden, wenn seine Motivation gerade einmal nicht so hoch ist, sprich er gerade nicht will. Die Möglichkeiten dazu beschränken sich zum einen auf das Blockieren des Hundes mit der Leine, die verhindert, dass er völlig ungehindert seiner Wege geht, um sich den im Moment interessanteren Dingen zuzuwenden. Diese Beeinflussung durch passiven Zwang hat in der Regel zur Folge, dass der Hund sich früher oder später mangels Alternativen dem Opfer wieder zuwendet.

Eine weitere Alternative habe ich ebenfalls schon gesehen. Sie beruht auf „Respekt“ gegenüber dem Opfer. Hierbei wird der Hund vom Opfer, sobald er sich von diesem abwendet, gemaßregelt. Dies kann (meistens) „mittels Stimme“ oder „aktiver Korrektur“ zum Beispiel über die Leine oder durch Festhalten passieren. Diese Methodik zielt darauf ab, dass der Hund sich nicht getraut, das Opfer zu verlassen. Beide Methoden kommen natürlich nicht ohne die Bestätigung bei richtigem Verhalten aus!

Die Schwachpunkte der beiden beschriebenen „Zwangsmethoden“ liegen dennoch auf der Hand. Damit möchte ich aber nicht sagen, dass ich sie grundsätzlich ablehne, da man alle verfügbaren „Ausbildungsregister“ auf den jeweiligen Hund individuell abgestimmt „ziehen muss“.

In der ersten, der „passiven Variante“, liegt die Priorität des Hundes ganz offensichtlich **nicht** beim Opfer. Es gibt viele andere Dinge wie zum Beispiel Passanten, eine Katze, spielende Kinder oder anderer Hund und so weiter, die im Moment interessanter erscheinen oder mehr Spaß versprechen. Das passive Blockieren des Hundes, um ein Weglaufen oder Verlassen des Opfers zu verhindern führt dazu, dass der Hund zwar beim Opfer bleibt, aber nicht aus eigenem Interesse. Er steht also zwar nahe beim Opfer, jedoch seitlich oder mit dem Gesäß in dessen Richtung, jedenfalls von ihm abgewendet, während er weiterhin die Umgebung beobachtet. Dieses Bild hat sicher jeder schon einmal gesehen.

Bei der zweiten beschriebenen Variante, dem „respektfordernden" Einschreiten mit der Stimme oder Leine, sieht es ähnlich aus. Ich glaube, bei beiden Varianten büßt der „Aufenthalt beim Opfer" aus der Sicht des Hundes an Attraktivität ein. Bei der zweiten Variante leidet sogar im ungünstigsten Falle die Suche selbst, mangels Drang zum Opfer hin und dieses überhaupt finden zu wollen. Dieser Verlust an Appetenz wirkt sich aus meiner Sicht nicht förderlich auf das Arbeitsverhalten des Hundes aus. Ich persönlich glaube, der richtige Weg liegt bei jeder Ausbildung in einer klugen Kombination der Mittel. So schöpft man alle Möglichkeiten aus und kann sich individuell auf den jeweiligen Hund einstellen und ihn optimal fördern.

Gerade in der ersten Zeit lassen sich die natürliche Neugier und Aufgeschlossenheit des Welpen und sein Drang zum Menschen hin hervorragend nutzen, um die erste positive Verknüpfung mit dem Trainingspartner „Opfer" zu festigen. Dabei würde ich auf kurze, dafür intensive Opferbindungsspiele achten. Welpen können sich, wie Kleinkinder, noch nicht lange auf eine Sache fokussieren und so lässt die Aufmerksamkeit rasch nach. Zudem wirken kurze, intensive Übungen triebfördernd.

Zu einem späteren Zeitpunkt wird der anfangs für den Hund wertneutrale optische Reiz des wartenden Opfers, zu dem er hingebracht wird (ich spreche noch nicht vom Trailen, sondern reiner Opferbindung) so nach und nach in Verbindung mit einem spezifischen Reiz (das Opfer macht sich durch Zuwendung, Futter oder Beutespielchen interessant) ein neuer Schlüsselreiz: Der Welpe wird später bereits das teilnahmslose Opfer „interessant" finden.

Dieses „Interessantmachen" kann zum Beispiel dadurch geschehen, dass ein positiver Verstärker zum Einsatz kommt. Dies kann ein Spielzeug des Hundes (spricht den Spiel- und Beutetrieb an) oder Futter sein. Dieses „Motivationsobjekt" wird vom Opfer betont langsam und umständlich aus der Tasche geholt, sodass die Aufmerksamkeit des Hundes geweckt wird. Es hat sich dabei bewährt, wenn das Objekt nach kurzem Zeigen oder gegebenenfalls einer kurzen Kostprobe (zum Beispiel aus der Futtertube) wieder vom Opfer kassiert wird und für den Hund deutlich sichtbar und ebenso aufwändig wie zum Beginn wieder am Körper verstaut wird. Der Hund soll sich das „Motivationsobjekt" nämlich vom Opfer holen. Er darf daher nur am Opfer, das heißt im direkten Körperkontakt mit diesem zum Erfolg kommen. Dabei schadet es durchaus nicht, wenn das Opfer beispielsweise die Futtertube oder das Beißspielzeug nicht sofort hergibt, sondern den Hund durch Wegdrehen usw. gekonnt mit dem Körper blockiert. Auch das trägt zu einer Steigerung des Triebverhaltens bei. Es muss natürlich auf den Hund abgestimmt und wohldosiert erfolgen!

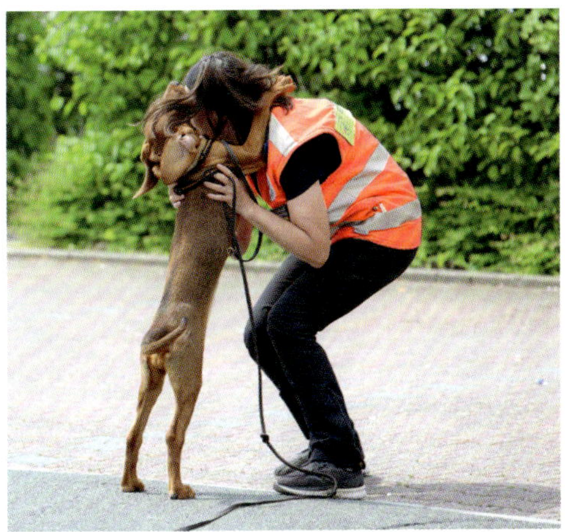

In der Opferbindung lernt der Welpe spielerisch, dass es nicht nur stehende Opfer gibt.

Was hat er da wohl in der Weste?

Das aufwändige Herausholen der Bestätigung verstärkt das Interesse des Welpen.

Eine ängstliche Körpersprache macht den Hund stark und fördert das Fordern.

Im Übrigen reagieren viele Hunde recht positiv bei der Opferbindung darauf, wenn das Opfer bei diesen Spielen sich bewusst schwach und ängstlich darstellt. Hierzu bedarf es eines guten Helfers, der diese Opferrolle gut spielt. Dies geschieht durch bewusst eingesetzte, körpersprachliche Signale, etwa ein ängstliches Zurückweichen, zaghaftes Gebaren und seitliche oder vom Hund wegführende Bewegung. Ein schwaches Opfer macht den Hund stark. Sein Selbstbewusstsein wird gefördert und das Spiel gewinnt für ihn an Reiz. Ein solcher Hund, steuert, bedrängt und fordert das Opfer viel länger und intensiver.

Das Vorgehen birgt einen weiteren Vorteil. Das Arbeitsverhalten wird, wenn der Aufbau so oder ähnlich erfolgt ist, einerseits durch intrinsische Motivation ausgelöst. Es muss aber nicht durch Zwang „abgesichert werden“, da mithilfe des positiv verstärkenden „Motivationsobjektes“ zusätzlich eine extrinsische Motivationsquelle zur Verfügung steht, die jederzeit aktiviert werden kann. Dadurch stehen in der Triebarbeit die Mittel der Rationierung und Frustration zu Verfügung, beides hervorragende Triebsteigerer.

Wenn das gewünschte Ergebnis nach ein paar Trainingseinheiten erzielt werden konnte, nämlich ein Hund, der von sich aus beim Opfer bleibt, es bedrängt und durch aktives Verhalten seine Bestätigung einfordert und somit aktiv an der Opferbindungsübung teilnimmt, dann ist es an der Zeit, die Rollen bezüglich der Aktivität umzukehren.

Im nächsten Schritt nimmt sich das Opfer nun immer mehr zurück und verhält sich zunehmend passiv. Das Spiel kippt nun. War es anfangs das Opfer, welches den Hund animierte und das Spiel initiierte, so soll diese Rolle nun der Hund übernehmen. Er soll nun das Opfer „steuern“, das heißt er beeinflusst und fordert aktiv durch sein Gebaren die Bestätigung ein. Wenn diese Umkehr sich beim Hund erkennbar im Arbeitsverhalten festgesetzt hat, dann ist das Ziel erreicht. Ich vergleiche das Ganze mit dem Aufbau der Verbell-Übung im Schutzdienst oder bei der Flächensuche, weil sie nach dem gleichen zugrundliegenden Prinzip erfolgt. Viele Laien glauben, dass der ausgebildete Polizei- oder Rettungshund, nachdem er den Täter eingeholt oder den Vermissten gefunden hat, bellt, um seine „zweibeinigen Kollegen“ herbeizurufen „kommt bitte alle hierher, ich hab ihn gefunden“! In Wahrheit hat er aber lediglich gelernt, dass er für das Bellen vom „Opfer“ bzw. Scheintäter bestätigt wird! Er initiiert

– löst also gezielt die Bestätigungshandlung seines Gegenübers aus. Das heißt, der Hund ruft eben nicht an seine Begleiter gerichtet „kommt her, ich hab ihn gefunden", sondern sein Bellen richtet sich vielmehr an den Gefundenen und muss übersetzt werden „los, beweg dich, damit ich zubeißen darf!" oder „gib mir jetzt das Bringsel, das Futter oder den Ball!" (je nachdem, womit der Hund trainiert wurde). Wenn man das verstanden hat, dann versteht man auch das Prinzip der Opferbindung. Im Schutzdienst lernt der Hund eben auch zuerst das Beißen des sich bewegenden Helfers und danach das Verbellen des stillstehenden! Bei der Opferbindung lernt er zuerst Gefallen an der Interaktion mit dem Helfer, später lernt er dann, dass er diese Interaktion (sagen wir z. B. das Spiel oder die Herausgabe der Belohnung) selber beim passiven Helfer einfordern / auslösen kann.

Die Opferbindung darf ohne weiteres bis zu drei Monate oder länger in Anspruch nehmen. Sie ist elementar für das spätere Trailen und bildet dessen Grundlage. Erst wenn sie erfolgt und beim Hund fest etabliert ist, kommt das Trailen. Und man kann sie jederzeit, auch bei langjährig trailerfahrenen Hunden, immer wieder mal mit ins Training einstreuen, wo sie zur Motivationssteigerung genutzt werden kann, weil selbst „alte Hasen" unter den Hunden enormen Spaß daran haben und sie dadurch eine sichere „Rückfallebene" ist.

Triebanlagenförderung: Was motiviert den Hund?

Auch wenn ich ausdrücklich die „Opferbindung" als zielführendstes Mittel der Ausbildung zum Mantrailer ansehe, will ich auch auf die Möglichkeiten der Einflussnahme in anderen Triebformen eingehen, die häufig, manchmal auch unterstützend bzw. ergänzend zur Opferbindung eingesetzt werden.
Hierbei kommen Futter und Spielzeug häufig als Verstärker" zum Einsatz. Der Runner „zieht" nach der anfänglichen, überschwänglichen Freude, durch den Hund gefunden worden zu sein, den „Zusatzjoker" Futter oder Spielzeug! Dies löst bei den allermeisten Hunden einen Zustand allerhöchster Verzückung aus, der das „Finde-Erlebnis" für den Hund verlängert und in seiner Wirkung noch potenziert!

Wie wir wissen, ist für ein verlässliches Anzeigeverhalten bei der späteren Sucharbeit ein triebvolles, vom „unbedingten Wollen" geprägtes Arbeiten des Hundes notwendig. Das heißt, egal für welche Triebform Sie sich auch entscheiden (ob Sie im Sozial- und Rudeltrieb über die Opferbindung, mit Futter oder mit Beute bzw. Spielzeug arbeiten wollen), der Hund sollte möglichst viel davon besitzen! Es hat sich meiner Ansicht nach am besten bewährt, den Hund in der Triebform zu arbeiten, die bei ihm optimal ausgeprägt ist, um somit der reizspezifischen Ermüdung bestmöglich entgegenzuwirken.

Einfach ausgedrückt kann man einen „ballverrückten Hund“ am Tag drei lange Trails ausarbeiten lassen, an deren Ende jeweils der Runner einen Ball als Zusatzjoker zieht, während der gleiche Hund gerade mal für eine einzigen Trail zu begeistern ist, wenn an seinem Ende der Runner „nur“ den Futter-Jackpot hat.

Manche Hunde arbeiten auch völlig ohne weitere Verstärker allein über die Opferbindung. Daraus geht deutlich hervor, dass eigentlich der Hund bestimmt, in welcher Triebform er gearbeitet werden muss. Um die stärkste Triebausprägung erkennen zu können und sich somit alle Möglichkeiten offen zu halten, sollten Sie daher Ihren Hund in beiden Triebbereichen (Beute- und Fresstrieb) fördern. Beim Fresstrieb geschieht dies einfacherweise durch die Erziehung zum zügigen Fressen, so wie dies bereits zuvor beschrieben wurde.

Beim Spiel-/Beutetrieb kann man von Anfang an, das heißt schon beim Welpen, das Mittel des Rationierens und der Frustration einsetzen. Sie sollten als Hundeführer stets die Kontrolle über die „drei großen W´s“ nämlich das „**W**ann“, das „Mit **w**em“ und das „**W**ie lang“ haben. Der Hund soll vor allem mit Ihnen zusammen oder später eventuell auch mit einem Helfer Ihre Beute- und Zerrspiele spielen und sich nicht selbst eine Beschäftigung suchen. Herumliegendes, jederzeit frei verfügbares Spielzeug steht einer gezielten Triebförderung entgegen und muss für Hunde mit normalen Triebanlagen tabu sein. Das Rationieren der Beutespiele geschieht in der Form, dass Sie als Hundeführer deren Anfang und Dauer bestimmen. Diese werden ausschließlich dann von Ihnen initiiert, wenn der Hund gerade besonders „gut drauf“ ist, sich also in einer Aktivphase befindet. Im Moment der intensivsten Spielphase (dies kann unter Umständen auch schon kurz nach Eröffnung des Spieles sein!) wird dann das Spiel

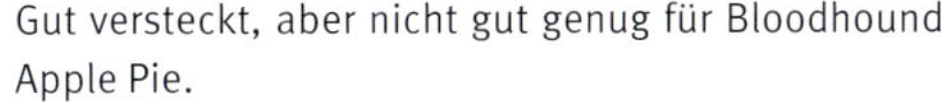

Gut versteckt, aber nicht gut genug für Bloodhound Apple Pie.

beendet, indem Sie das Spielzeug – durchaus mit motivierenden schnellen Beutebewegungen – an sich nehmen und es einstecken. Dabei ist es durchaus erwünscht, dass der Hund sein Spielzeug mitunter auch nachdrücklich wieder einfordert und Sie bedrängt, eventuell an Ihrer Jacke hochspringt und so weiter (alte Sachen anziehen!).

Hiermit haben Sie sogleich die Frustration als triebsteigerndes Mittel eingesetzt. Die Beute ist weg und der Hund steht in der Phase der höchsten Spiellaune plötzlich ohne Spielzeug da. Dies führt bei konsequenter Durchführung rasch zu einer Steigerung der Triebintensität und der Triebkondition. Die richtige Dauer der Beutespiele hängt dabei immer von dem vorhandenen Triebpotenzial des Hundes ab und ist somit von Hund zu Hund unterschiedlich. Sie darf für den Hund nie durchschaubar sein und sollte daher ständig variiert werden.

Beachten Sie jedoch, dass Sie es mit der „Triebsteigerung" nicht übertreiben! An einem trieblich „überdrehten" Nervenbündel werden Sie keine Freude haben. So schwer, wie nämlich ein Hund mit zu wenig Trieb zu arbeiten ist, so schlecht funktioniert es bei einem Hund mit zu viel davon!

Während der eine für die Sucharbeit kaum zu motivieren ist, fällt es dem anderen aufgrund des übersteigerten Triebes schwer, sich auf den Geruch zu konzentrieren, sofern dies überhaupt möglich ist. Solche Hunde suchen gern „mit den Augen" und sind häufig sehr leicht ablenkbar durch alles, was sich bewegt und/oder irgendwie nach Beute aussieht. Das Ziel der Triebanlagenförderung im Beutetrieb muss es daher sein, den Hund in den optimalen Funktionsbereich zu bringen. Wie dieses Wort es im Kern schon aussagt, ist dies der triebliche Bereich, in dem der Hund am besten funktioniert. Dies bedeutet den höchstmöglichen Trieb bei gleichzeitiger Kontrollierbarkeit. Dies kann im Einzelfall bedeuten, dass bei einem Hund anstelle der Triebsteigerung auch einmal ein Triebabbau notwendig sein kann. Dies erreicht man dann am besten, indem man sich die reizspezifische Ermüdung zunutze macht. Hierzu arbeitet man betont „reizarm", das heißt ohne wiederholtes oder reizintensives „Anspielen", dazu mit langsamen Bewegungen und in einer monotonen Art und Weise. Anders gesagt: seien Sie langweilig! Dies wird den Enthusiasmus des Hundes bei der Arbeit ein wenig bremsen und ihn ruhiger und konzentrierter machen. Den gleichen Effekt kann man zusätzlich mit häufigen Wiederholungen erreichen. Allerdings möchte ich an dieser Stelle darauf hinweisen, dass wahrscheinlich die allermeisten Hunde eher im Trieb gefördert als gebremst werden müssen. Dies darf nur bei Hunden geschehen, die über ein so ungewöhnlich hohes Triebpotenzial verfügen, dass es sie tatsächlich in ihrer Arbeit funktionell einschränkt! Auch wird dies zumeist eher auf erwachsene oder halbwüchsige Hunde zutreffen und kaum auf Welpen.

Lassen Sie den Pinguin ins Wasser! Von der Zweifelhaftigkeit der dualen Ausbildung

Ein chinesisches Sprichwort sagt: „Es ist leichter, tausend Dinge halb zu tun, als in einem Meister zu sein!"

Bei den meisten Behörden werden die dort vorhandenen Diensthunde vor allem aus wirtschaftlichen Gesichtspunkten für den Einsatz in mindestens zwei Aufgabenbereichen ausgebildet.

Die klassische Kombination ist hierbei zumeist die vorausgehende Ausbildung als Schutzhund und die anschließende Ausbildung in einer Spezialrichtung. Dies kann beispielweise die Suche nach Sprengstoff, Rauschgift oder die Suche nach Personen als Fährtenhund oder Personenspürhund sein. Das so ausgebildete Team ist somit vielseitig einsetzbar. Heute die Absicherung einer Großdemonstration mit gewaltbereiten Teilnehmern, morgen das Stellen eines Einbrechers auf frischer Tat und übermorgen als Sprengstoffspürhund die präventive Absuche im festlich geschmückten, eingedeckten Festsaal eines Staatsbanketts. Soweit zur Theorie.

In der kynologischen Praxis wird die Sache dann etwas schwieriger. Immerhin möchten die Tiere für ihre Aufgabe auch ausgebildet sein. Diese Ausbildung erfolgt je nach Art der Aufgabe in unterschiedlichen Motivations- und Erregungsbereichen. Gerade beim Zusammenfügen solch unterschiedlicher Aufgaben wie dem robusten Schutzdienst und der hoch sensitiven Nasenarbeit ist dies ein sehr großer Spagat, der da abverlangt wird. Es gibt auch kaum dual ausgebildete (Dienst-)Hunde, die in beiden Bereichen Spitzenleistungen erbringen, oder anders ausgedrückt, bei denen nicht eine besonders gute Leistung in dem einen Aufgabenbereich zu Lasten des anderen Arbeitsbereiches geht. Es werden also fast immer irgendwo Kompromisse gemacht.

Lernen durch Bilder

Unsere Hunde lernen sehr schnell, Situationen bildhaft zu erfassen und über einfache Verknüpfungen mit erlernten oder antrainierten Handlungen zu verbinden. So lernt zum Beispiel der Schutzhund bereits als Welpe recht schnell, den bloßen Anblick des Bringsels mit dem darauffolgenden Beiß- und Zerrspiel zu verknüpfen. Findet dieses Spiel zum Beispiel häufig an derselben Örtlichkeit statt, so wird über diese einfachen Verknüpfungen bereits beim Betreten der Örtlichkeit die Erwartungshaltung auf das Beiß- und Zerrspiel geweckt, auch ohne dass das Bringsel zwingend zu sehen sein muss. Dieses auch als Kontextlernen bekannte bildhafte Verständnis hilft dem Hund, die aktuelle Situation einzuschätzen und als Reaktion darauf die erlernten Verhaltensmuster abzurufen.

Zum besseren Verständnis bringe ich hier nochmals ein Beispiel aus dem Schutzhundebereich. Bei einem im herkömmlichen Sinne ausgebildeten Sporthund besteht dieses Bild aus drei wesentlichen Komponenten: Dem typischen Hundesportplatz (mit dem Rasen und den dortigen Utensilien Hürde, Schrägwand, Revierverstecke), dem Schutzärmel des Figuranten und dem Figuranten selbst mit seiner speziellen Kleidung und seinem typischen Figurantenverhalten. Der Hund betritt den Platz, sieht die Situation und weiß sofort, welches antrainierte Verhalten von ihm erwartet wird. Nehmen wir nun die Mehrzahl, in diesem Fall also zwei der drei wesentlichen Komponenten weg, wird sich das Verhalten deutlich verändern und das Gelernte funktioniert erst einmal nicht mehr. Gehen wir beispielsweise statt des Hundeplatzes in ein Gebäude und lassen zudem den Figuranten einfach unbeteiligt herumstehen oder gar sitzen, schon haben viele Hunde Probleme, dieses untypische Bild einzuordnen und das erwartete Verhalten abzurufen.

Die meisten Sporthunde tun (glücklicherweise) auch nichts, wenn eine Person unbeteiligt auf dem Hundeplatz herumspaziert, keine Schutzdienstkleidung trägt und keinen Beißärmel hat. Ich habe erlebt, dass im Hundesport geführte Schutzhunde mit der höchsten Prüfungsstufe VPG 3 während einer Eignungsüberprüfung für den Polizeidienst nicht mehr „funktioniert" haben, nur weil man die Überprüfung nicht auf dem gewohnten Übungsplatz, sondern in einer daneben befindlichen Obstplantage und mit einem zivil gekleideten Figuranten (ohne sichtbaren Beißärmel) durchgeführt hat.

Wie sehr Hunde auf „Bilder" reagieren, lässt sich an Beispielen anschaulich erklären. So haben wir in meiner vorherigen Dienststelle unsere einsatzfähigen Diensthunde im Schutzdienst aus nachvollziehbaren Gründen mit zivilen, sogenannten Vollschutzanzügen gearbeitet, da ja der Straftäter im Ernstfall auch keinen Beißärmel an sich trägt. Diese aus Jacke und Hose bestehende Kombination, die gut gepolstert ist, damit der Hund für den Figuranten gefahrlos hineinbeißen kann, entfaltete irgendwann auf die Hunde jedoch ebenfalls eine Signalwirkung. Nun hatten wir in dieser Dienststelle aber auch einen Hausmeister, welcher bei kalter Witterung auch ganz gerne schon mal seine gefütterte, dick gepolsterte Wattejacke trug. Weiteres brauche ich wohl dazu nicht zu schreiben und überlasse es der Phantasie des Lesers. Er war bei den Diensthunden jedenfalls an solchen Tagen auf eine „sehr spezielle Art" beliebt.

Der Sprengstoffspürhund Ingo – von der Gefahr des Switchens

Schutzhunde werden im praktischen Einsatz unter anderem zur Durchsuchung von Gebäuden nach gefährlichen und / oder versteckten Straftätern, wie etwa nachts bei einem Einbruch eingesetzt. Bei einer solchen Durchsuchung geht der Diensthund mit einer bestimmten Erwartungshaltung in dieses Objekt hinein: Der Erwartungshaltung Schutzdienst. Der Hund wird von seinem Hundeführer vor dem Beginn der Arbeit auf die Aufgabe durch ritualisierte Handlungen eingestimmt. Dies geschieht ebenso bei der Arbeit im Spezialbereich. Das kann ein bestimmtes Kommando, ein Sicht- oder akustischer Reiz und / oder ein bestimmtes Arbeitsgeschirr oder Halsband sein. Trotz dieser eindeutigen Signalgeber kann es bei dual ausgebildeten Hunden manchmal zu ungeplanten Zwischenfällen kommen.

Der Sprengstoffspürhund Ingo war ein ziemlich großer, dual ausgebildeter Malinois. Während eines Einsatzes als Sprengstoffspürhund ist Folgendes passiert: Der Hund hatte bereits eine Weile in dem Objekt gesucht, konnte jedoch nichts finden, was auf Sprengstoff hindeutete. Mit fortschreitender Dauer der erfolglosen Suche setzte irgendwann eine Phase der

Frustration ein. Das ist völlig normal. Der Hund will schließlich zu einem Ergebnis kommen. Kann er dieses nicht erreichen, so kann es, wenn die „Bilder" stimmen, durchaus zu einer Verlagerung seines Ziels kommen. Der Hund wechselt in einen anderen Modus, in dem besagten Fall von Sprengstoffsuche zu Schutzdienst.

Und dann passierte das, was so nicht geplant war. Der dual ausgebildete Hund suchte im Training in Gebäuden mal Sprengstoff und mal versteckte Figuranten. „Das Bild" stimmte also. Zudem war er gefrustet, weil er bei der Sprengstoffsuche nicht zum Erfolg kam. Nun brauchte er ein Ventil für seinen angestauten Frust. In dieser Situation reichten ein kurzer Blickkontakt und eine unbedachte Handbewegung und schon hatte sich Ingo flugs und ohne jede Vorwarnung mit einem der anwesenden, bedauernswerten Durchsuchungsbeamten „konnektiert".

Warum hatte Ingo den Beamten gebissen? Nun, die Frage lässt sich wohl am einfachsten so beantworten: Weil er es gelernt hatte! Der Grund hierfür ist fast immer erlebter Frust in einem aktivierten, abgerufenen Handlungsablauf. Das als „Übersprungshandlung" oder „Ersatzhandlung" bekannte Verhalten dient dem Stressabbau, dem sprichwörtlichen Abreagieren in derselben, manchmal aber eben auch in einer anderen als der ursprünglich angesprochenen Handlung und mit ganz anderem, in dem Moment aber verfügbarem (Motivations-)Ziel. Es war, kann man sagen, schlichtweg Pech für den Durchsuchungsbeamten, dass er in dieser Situation nicht nur einem Sprengstoffspürhund, sondern eben zugleich auch einem mies gelaunten Schutzhund gegenüberstand. Wäre Ingo ein reiner Spezialhund gewesen, hätte er also in seinem Arbeitsleben nie eine andere Aufgabe gehabt, als Sprengstoff zu suchen, wäre so etwas wohl nicht passiert.

Dass dies ebenso umgedreht funktioniert, zeigte uns Rauschgiftspürhund Rocky. Bei einem Schutzhundetraining sollte der Hund nach dem versteckten Figuranten in einem Gebäude suchen. Er tat dies auch einige Minuten lang, jedoch war der Helfer offensichtlich recht gut versteckt und es waren eine Vielzahl von verwinkelten Räumen auf zwei Etagen zu durchsuchen. Nach einigen Minuten stellten wir eine seltsame Wandlung im Suchbild des Hundes fest. Rocky ging nämlich unaufgefordert dazu über, die Spalten und Ritzen von Schränken und Schubladen gewissenhaft abzuspüren, obwohl völlig ausgeschlossen war, dass sich darin eine Person hätte aufhalten können. Er tat dies aber genauso, wie er es bei der Rauschgiftsuche gelernt hatte. Rockys Hundeführer konnte sich ab diesem Zeitpunkt der Übung nicht mehr sicher sein, ob der Hund gedanklich tatsächlich noch bei der Tätersuche war oder in seinen Rauschgiftsuch-Modus abgedriftet war.

Ein großer Vorteil, eingleisig und eben nicht dual auszubilden, besteht darin, dass die Hunde stets eine eindeutige Vorstellung von ihrer Aufgabe haben. Ein Switchen (Wechseln) in einen anderen Modus und das Abrufen automatisierter Handlungen aufgrund abgespeicherter „Bilder" kann dann nicht stattfinden.

Obwohl die einzigen Spezialhunde, bei denen ich auch in ihrer Einsatzspezifik einen Sinn darin sehe, sowohl als Schutzhund und auch als Spezialhund ausgebildet zu sein, die praxisbezogen eingesetzten Fährtenhunde sind, kann es auch hier zu solchen Unklarheiten im Auftrag kommen.

Während eines Lehrgangs zur Ausbildung von Fährtenhunden, welchen ich mit meinem damaligen Diensthund als Teilnehmer besuchte, stellten wir Folgendes fest: Alle teilnehmenden

Hunde der Gruppe waren bereits ausgebildete Schutzhunde. Alle hatten auch im Schutzdienst Praxiserfahrung und / oder hatten bereits einsatzspezifische Trainings absolviert. Dazu gehörte unter anderem auch das besagte Durchsuchen von Gebäuden nach Tätern.

Zu erwähnen ist hierzu noch: Damals wurden die Hunde bei der praxisbezogenen Fährtenhundeausbildung am Ende der Spur entweder mit ihrem Bringsel, häufig aber auch mit Hilfe eines versteckten Figuranten bestätigt. Ein Teil der Praxisausbildung von Schutzhunden besteht aus dem Durchsuchen von Gebäuden nach einem versteckten Täter. Keiner unserer Hunde brachte es fertig, an einer geöffneten Gebäudetür einfach vorbeizulaufen, wenn die Spur dort entlangführte. Im Gegenteil, das Ziel (Person stellen) war dasselbe und so verließen die Hunde absichtlich die Spur, weil „das Bild" stimmte und ihnen ihre Lernerfahrung sagte, dass man in offenstehenden Gebäuden Figuranten findet. Die „Signalwirkung" der offenstehenden Tür war einfach zu verlockend, zumal wenn es bei ihrer Fährtensuche um dasselbe Ziel, nämlich den Figuranten, ging.

Wir hatten einiges zu tun, um ihnen diesen Unfug wieder auszutreiben.

Beim Mantrailing verbietet sich die duale Ausbildung von selbst! Nicht jeder Vermisste, der sich in einer hilflosen Lage befindet, ist automatisch ein begeisterter Hundefreund! Viele Menschen haben Angst vor Hunden und würden gegebenenfalls zu Flucht oder panikartigen Abwehrreaktionen neigen, wenn sich ihnen ein Hund nähert.

Mal ganz davon abgesehen, dass ich mit keinem optisch präferiertem Hund Mantrailing machen möchte (und Schutzdienst spielt sich eindeutig hochgradig optisch ab), möchte ich in dem Fall, dass man die vermisste Oma oder das Kind findet, diese nur ungern in einem schlechteren als den Auffindezustand an die Rettungskräfte übergeben. Man stelle sich nur vor, Ingo wäre Mantrailer gewesen!

Absolut nobelpreisverdächtig sind dagegen natürlich die Ideen mancher besonders ökonomisch denkender „Verwaltungsbeamten des Diensthundewesens", Hunde in gleich mehreren Spezialrichtungen auszubilden!

Dann weiß der Hundeführer im Einsatz gar nicht mehr, was sein Hund gerade anzeigt. Nehmen wir als zugegeben übertrieben plakatives Beispiel einen dual auf Sprengstoff und Rauschgift trainierten Hund. Dies ist zwar ein besonders unsinniges Beispiel und ist mir in der Kombination auch nicht bekannt, es illustriert aber gerade deshalb den Unfug der Überlegung besonders drastisch! Wenn es nämlich ganz ungünstig läuft, meint man, ein Rauschgiftversteck gefunden zu haben, dabei zeigt der Hund gerade eine Sprengfalle an! Wenn man dann einfach die Tür des Verstecks öffnet oder die Schublade aufzieht, um nachzuschauen, dann trifft ohne jeden Zweifel der Spruch „Neugier macht hässlich" zu.

Um wieder zum Mantrailing zurückzukommen, auch hier wäre die duale Ausbildung in zwei Spezialrichtungen, die die Arbeit mit Geruch zum Inhalt haben, aus meiner Sicht unvereinbar. Würde wohl zum Beispiel mein dual auf Rauschgift und Mantrailing ausgebildeter Hund seinen Trail verlassen, um den Junkie an der Ecke anzulaufen, der „etwas einstecken hat"? Oder würde er einen den eigentlichen Trail kreuzenden Rauschgiftkonsumenten vielleicht lieber suchen und auf dessen Spur switchen? Ich weiß es nicht und ich habe auch kein gesteigertes Interesse, es herauszufinden. Zudem käme es aus meiner Sicht ohnehin zu einem

Konflikt der Suchstrategien „Trailer" und „Quellensucher", ein Unterschied, auf den ich noch zu sprechen kommen werde.

Oft gehört habe ich auch von der „Zweitverwendung" eines Mantrailers zur Jagd oder als Pettrailer zur Suche nach entlaufenen Haustieren mit dem Argument, der Hund verfolge jeden Geruch, den man ihm eingebe. Ich möchte nicht behaupten, dass dies der Hund nicht könnte, jedoch argumentiere ich aus polizeilicher Sicht und glaube deshalb, dass hier ein hohes Fehlerpotenzial im Einsatz entsteht, das insbesondere einem gerichtlichen Einsatz zur Strafverfolgung konträr gegenüber steht.

Gerade bei der Jagd denke ich, dass es eher selten vorkommt, dass ein angeschossenes Wildschwein freundlicherweise ein benutztes Taschentuch oder ähnliches zurücklässt, damit es rasch gefunden wird, womit ich sagen will, es hapert tendenziell an einem eindeutigen Geruchsträger. Möglicherweise findet man etwas Körpergewebe durch die Schussverletzung, womit man dann ja zumindest noch von der Suche nach einem bestimmten Tier ausgehen kann, grundsätzlich würde ich aber davon ausgehen, dass bei einer solchen Suche vor allem der typische Tierartgeruch (z. B. Wildschwein) und gegebenenfalls noch das ausgestoßene Adrenalin des verletzten Tieres eine Rolle spielen. Bei dem Hundeeinsatz vor dem Schuss jedoch, also zum Zwecke des Aufstöberns des zu bejagenden Wildes, kann der Hund dagegen nur mit dem Artgeruch der ihm aufkonditionierten Wildart, z. B. Hase, Rebhuhn usw. arbeiten. Bei einem Sucheinsatz nach einem Menschen in einem Gebiet, in dem diese Tierart heimisch ist, hätte ich persönlich dann meine Zweifel an der Zuverlässigkeit des Hundes. Ich würde jedenfalls *nicht* davon ausgehen, dass er nach entsprechend langer Suche und mit einsetzender Frustration *keinesfalls* auf eine möglicherweise dort vorhandene Spur der Wildart wechselt, auf die er trainiert wurde.

Ein Pinguin ist auf den ersten Blick schon ein bedauernswerter Vogel! Er hat einen plumpen Körper, viel zu kurze Beine, mit denen er nur ein wenig watscheln kann und sehr langsam vorankommt und seine Flügel sind vollkommen ungeeignet, um damit zu fliegen. Erleben wir ihn aber im Wasser, so stellen wir fest, dass er dort vollkommen in seinem Element ist! Kaum ein anderer Vogel kann so schnell und behände im Wasser schwimmen wie er! Kaum einer kann so lange und so tief tauchen und so geschickt unter Wasser Fische jagen! Ich denke, ein Spezialist wird sein ganzes Potenzial nur dann entfalten können, wenn man ihm die Möglichkeit dazu gibt und er das tun kann, wofür er geschaffen ist!

Darum, lassen Sie ihren Pinguin ins Wasser! Lassen Sie Ihren Mantrailer einen reinen Spezialisten sein![4]

Keine Ahnung, wo Ihr Mann ist, nehmen Sie auch Rebhühner?

4 Quelle: aus dem Programm Dr. Eckard v. Hirschhausen

„Opferbilder“ und die Fehlverknüpfung „frischer menschlicher Geruch“

Eine gar nicht mal so selten auftretende Fehlverknüpfung ist die des frischen menschlichen Geruchs. Im Training wird in der Regel am Ende der Suchstrecke der Runner postiert und vom Hund dort gefunden. Der Hund arbeitet also für gewöhnlich einen Trail von „alt“ nach „frisch“ aus und findet am Ende die Zielperson dort, wo ihr Geruch am frischsten und intensivsten ist. Wie kann es jetzt zu dieser Fehlverknüpfung kommen? Natürlich suchen die Hunde individuell. Jedoch ist ein typischer Bestandteil des Individualgeruchs eines jeden Runners auch der menschliche Artgeruch.

Nun bin ich an anderer Stelle bereits darauf eingegangen, warum es essenziell wichtig für erfolgreiches Mantrailing ist, sehr häufig die Runner zu wechseln, nämlich damit die einzelnen Runner nicht geruchlich im Langzeitgedächtnis des Hundes mit dem Vermerk „Positiv“ abgespeichert werden – im Gegensatz zu den oft nicht von Erfolg gekrönten Einsatztrails mit „anderen Runnern“, sprich den gesuchten Vermissten.

Leider hat aber jede Medaille zwei Seiten. Deshalb kann sich beim Opportunisten „Hund“, der es sich wenn möglich immer einfach macht, durchaus ein unerwünschter „Neben-Lerneffekt“ einstellen. Dieser entsteht aus der Kombination „Opferbild“ und „frischer menschlicher Geruch“.

Manche Hunde „schalten“ in einem solchen Geruchspool „auf Optik“ um. Stehen nun in so einem (Ziel-)Gebiet Personen in „typischer Opfer-/Runnerposition“ herum, werden diese angelaufen und im günstigsten Falle „nur geprüft“. Manchmal jedoch reicht bereits die dem Hund geläufige typische Opferhaltung, etwa ein an einer Wand angelehnter Mensch oder ein anderes dem Hund geläufiges Opferbild, um bei ihm ein Anzeigeverhalten zu provozieren.

Insbesondere, wenn der Runner für den Hund nicht sofort offensichtlich aufgestellt ist, zum Beispiel in einem Versteck, hinter einer Hecke, Mauer oder ähnlichem, kann der individuelle Geruch der Zielperson, aber eben auch einfach die frische menschliche Geruchsquelle den Hund zum Erfolg führen. Die Möglichkeit dieser Fehlverknüpfung sollte man deshalb in jedem Falle im Auge behalten.

Wie äußert sich dies nun im Training und im Einsatz?

Hunde, die bei flächig verteiltem Geruch (Geruchspool, s. a. S. 157 f.) schnell auf Optik umschalten, neigen dazu, sich in einem Geruchspool nach Personen umzuschauen, die das typische Opferbild verkörpern. Solche Personen werden dann gern angenommen und gegebenenfalls sogar fehlverwiesen.

Interessanterweise tritt dieses Phänomen seltener auf dem Trail auf, das heißt, solange eine progressive Spur vorhanden ist, sondern meist erst im Zielgebiet. Hier ist der gesuchte Geruch

Frischer menschlicher Geruch als Ablenkung.

sehr intensiv, zudem flächig verteilt und es führt keine progressive, mit dem Suchauftrag übereinstimmende Geruchsspur von dort weg. Der Hund kann in dem flächig verteilten Geruch nicht mehr „trailen", also „Geruch verfolgen" und schaltet als Ausweg auf Optik um. Man könnte auch einfach sagen, er ändert seine Findestrategie.

Im Unterschied dazu kann frischer menschlicher Geruch den Hund auch auf dem progressiv verlaufenden Trail verleiten. Dieses beobachtet man paradoxerweise jedoch viel häufiger auf Trails in wenig frequentiertem Gebiet als beispielsweise in der Stadt. Eine „Weisheit" aus unzähligen Trainings und etlichen Einsätzen lautet: Ein einzelner Mensch lenkt mehr ab als hundert Menschen!

In einem Gebiet, in dem nichts los ist, ist ein einzelner Passant auf einer Parkbank oder hinter einem Gebüsch viel interessanter als die 150 Leute beim Trail durch eine belebte Fußgängerzone. Trailer, die sehr oft im urbanen und belebten Gebiet (z. B. Innenstadtbereich) trainieren, zeigen dort weniger der oben genannten Phänomene. Aber warum? Ich meine, weil sie dort ständig gezwungen sind, zu selektieren und „ihren" verfolgten Geruch gegen alle anderen dort vorhandenen Menschen abzugleichen.

Häufige Arbeit in wenig frequentiertem Gebiet führt möglicherweise dazu, dass der Hund am Ende (im Zielgebiet) nicht selektieren muss, weil nur *diese eine* Person – eben der Runner – im Zielgebiet herumsteht. Hier bringt ihn bereits der bloße frische, menschliche Artgeruch zum Erfolg. Ein Umstand, der unserem „Opportunisten Hund" sehr entgegenkommt. Diese Vereinfachung im Zielgebiet greift er sehr gern auf, leider meist ohne, dass wir es sofort merken.

Häufiges Training in wenig kontaminiertem Gelände kann somit gegebenenfalls die „Fehlverknüpfung frischer menschlicher Geruch" noch fördern. Das Problem wird uns oft erst zu einem späteren Zeitpunkt bewusst, nämlich dann, wenn es scheinbar urplötzlich auftritt.

Vom „Klugen-Hans-Effekt“

Machen Sie sich den Spaß! Wenn Sie in einer gemischten Gruppe von verschiedenen Mantrailern erwähnen, dass Sie vor Kurzem mit Ihrem Hund einen sagen wir mal drei Tage alten Trail im Training erfolgreich abgesucht und die Zielperson gefunden haben, werden Sie wahrscheinlich erleben, dass sich sofort mindestens zwei bis drei Leute melden, die nach der „X, Y oder Z-Methode“ trainieren und bei denen das nicht klappt, weshalb ein solcher Trail demgemäß dann folglich auch generell unmöglich sei! Auf der Suche nach dem Grund, warum es bei Ihnen funktionierte, wird dann irgendwann festgestellt, dass Ihr Hund Hans heißt, außergewöhnlich klug ist und beim Trailen rückwärts läuft, um Sie oder Ihre Backups zu beobachten und dadurch herauszufinden wann, wie oft und in welche Richtung er abbiegen muss, um anzukommen!

Die Rede ist vom vielzitierten „Klugen-Hans-Effekt“.

Der „Kluge Hans“ war ein Pferd der Rasse Orlow-Traber, das angeblich zählen und rechnen konnte. In den Jahren vor dem Ersten Weltkrieg erregte der Schulmeister und Mathematiklehrer Wilhelm von Osten mit Hans' einzigartigem Können erhebliches Aufsehen. Hans beantwortete die Aufgaben seines „Lehrers“ mit dem Klopfen eines Hufes oder durch Nicken / Schütteln des Kopfes. So konnte Hans arithmetische Aufgaben lösen, ferner auch buchstabieren und Gegenstände oder Personen abzählen.

Schließlich wurde im September 1904 eine dreizehnköpfige wissenschaftliche Kommission unter der Leitung von Carl Stumpf, einem Philosophie-Professor und Mitglied der Preußischen Akademie der Wissenschaften, eingesetzt, um dem Phänomen auf den Grund zu gehen.

Die Kommission vermutete zunächst einen Trick oder Betrug seitens des Mathematiklehrers, doch das Pferd beantwortete Aufgaben auch dann richtig, wenn ein Fremder die Fragen stellte und von Osten anwesend war. Schließlich löste Oskar Pfungst, der zu dieser Zeit noch Student von Stumpf war, das Rätsel.

Hans beherrschte zwar nicht die Mathematik, konnte dafür aber feinste Nuancen im Gesichtsausdruck und der Körpersprache seines Gegenübers deuten. Unwillkürlich nahmen die Fragesteller vor dem „korrekten“ Hufklopfen des Pferdes eine gespannte Haltung ein. Nach der „richtigen Antwort“ drückten sie mit ihrer Körpersprache unbewusst Signale der Erleichterung aus, die der „Kluge Hans in etwa 90 % aller Fälle wahrnahm“.[5]

Der „Kluge Hans“ hatte also lediglich sein Gegenüber genau beobachtet und entsprechend reagiert.

Dies wurde von einigen Publizisten ziemlich ungefiltert eins zu eins auf das Mantrailing übertragen. Die einzige Möglichkeit, dieses zu umgehen, besteht deshalb nach der Meinung der Verfechter dieser „Kluger-Mantrailer-Theorie“ darin, die Trails doubleblind auszuarbeiten. Gemeint ist damit, dass keiner der Anwesenden den Trailverlauf kennt, also weder der Hundeführer (der sowieso nicht!) noch einer seiner Backups und Begleiter. Auch der Ausbilder darf keinerlei Kenntnis über den Trailverlauf haben.

Ich möchte an der Stelle aber betonen, dass wir es hierbei jedoch mit keiner Ausbildungs- oder Trainingsmethode zu tun haben. Sie ist allenfalls als Test geeignet, um den Leistungsstand und gegebenenfalls den Grad der Stressresistenz des Teams zu überprüfen. Sehr wohl zwar eine Testmethode, die durchaus, wenn sie richtig durchgeführt wird, wissenschaftlichen Standards entsprechen kann. Aber eben lediglich eine Testmethode! Der Begriff Training oder Ausbildung beinhaltet dagegen das Erlernen, Festigen und Verbessern von Ausbildungsinhalten. Dies kann effektiv nur unter kontrollierten Bedingungen stattfinden.

Mehr zum „Klugen-Hans-Effekt“ lesen Sie übrigens auf S. 153 im Interview mit Biologin Dr. Alexandra Stupperich zu diesem Thema!

Der richtige Schluss, aber die falschen Argumente

Beim Vergleich Pferd – Hund wird von den Verfechtern der Theorie allzu gern geflissentlich übersehen, dass es sich beim Pferd (im Gegensatz zum Hund) um ein typisches Fluchttier mit ausgeprägten Fluchtreflexen handelt, welches sicherlich völlig andere Beweggründe in Bezug auf die Wahrnehmung der Mimik und Körperspannung potenzieller Fressfeinde hat, weil sie nämlich für sein Überleben essenziell wichtig sind, als ein in der Meute jagender Hund. Ein großer Teil seiner Aufmerksamkeit gilt im peripheren Blickfeld den Bewegungsrichtungen der anderen Rudelmitglieder, da die Jagd auf die meist viel größeren Beutetiere nur in der Gruppe erfolgreich sein kann und es daher wichtig ist, dass alle Jäger das gleiche Beutetier im Visier

5 Quelle: Wikipedia

haben. Zudem geht der hochsoziale Hund bei der Jagd oft sogar arbeitsteilig vor, so gibt es beispielsweise „Treiber“ und „Greifer“ und die Rudelmitglieder sind daher teilweise weit im Areal verteilt. Es muss also aufeinander geachtet werden!

Die aufmerksame Beobachtung typischer Fluchttiere dagegen erfolgt neben der körpersprachlichen Kommunikation untereinander noch viel mehr als beim Hund unter dem Gesichtspunkt der Gefahrenanalyse und dem ständigen Abgleich, ob tendenziell eine Gefahr und damit Anlass für Fluchtverhalten gegeben ist.

Das Pferd Hans stand seinem Aufgabensteller direkt gegenüber. Es war darüber hinaus in keiner großen Bewegungsaktion (wie etwa ein arbeitender Hund), sondern stand ruhig da und hatte als Reaktion auf die gestellte Aufgabe lediglich mit den Hufen zu klopfen oder mit dem Kopf zu wackeln. Hans hatte also alle Zeit der Welt, sein Gegenüber intensiv zu studieren und zu beobachten. So war es ihm mit der Beobachtungsgabe eines Pferdes leicht möglich, auch auf feinste Nuancen unbewusster Signale seines Gegenübers zu reagieren.

Dies könnte ein Hund unter den gleichen Voraussetzungen auch, das ist völlig korrekt! Jedoch befindet sich im Unterschied zum „Klugen Hans“ ein trailender Hund in der Regel nicht nur einige Meter von seinem Hundeführer entfernt, sondern ist ihm darüber hinaus auch noch mit dem Rücken zugewandt. Dazu kommt, dass der Hund im Normalfall tatsächlich beschäftigt ist, nämlich mit der Nasenarbeit. Hingegen war Hans auch bei sehr optimistischer Betrachtung wohl kaum tatsächlich mit Rechnen beschäftigt! Während der eine also nur einen geringen Teil seiner Aufmerksamkeit und auch das nur unter erschwerten Bedingungen auf das detaillierte Beobachten feinster Körperspannungen seines Hundeführers verwenden kann, hat der andere alle Muße der Welt, völlig fokussiert und unabgelenkt sein Gegenüber zu studieren, denn er muss ja nichts anderes zusätzlich tun.

Der arbeitende, in Bewegung befindliche Hund kann beim Trailen gar nicht die Backups oder seinen Hundeführer so detailliert beobachten wie der Kluge Hans. Er kann nicht wie er auf feinste Veränderungen im Verhalten wie Kopfbewegungen, Veränderungen in der Spannung der Gesichtsmuskulatur, Augenzwinkern oder ähnliches reagieren. Wohl aber auf gröbere Veränderungen, wie zum Beispiel Gruppenverhalten. Die Gruppe bleibt stehen, biegt woandershin ab oder „schiebt“ den Hund in eine Richtung. Dies hat aber nichts mit dem klassischen „Klugen-Hans-Effekt“, sondern mit dem natürlichen Jagdverhalten eines Meutejägers zu tun.

Ich habe beispielsweise als Extremfall schon einige Male erlebt, dass ein Hund noch nicht mal gemerkt hat, wenn der Hundeführer die Leine während der Suche dem Ausbilder übergeben hat, also quasi der Hundeführer an der Leine im fliegenden Wechsel ausgetauscht wurde. Das kann mir nun beim besten Willen niemand mehr mit dem „Klugen Hans“ in Einklang bringen. Was die Befürworter der „Kluger-Hans-Theorie“ meinen, jedoch nach meiner Meinung durch die Nichtbeachtung der biologischen, eklatanten Unterschiede zwischen Fluchttier und Jäger verwechseln, ist das folgende Phänomen.

Meutejäger Hund: Warum die Gruppe den Hund steuern kann

Das Beispiel Barsoi

Vor vielen Jahren war ich als Kind einmal auf einem Windhundrennen. Die Hunde wurden vor dem Start in ihren Startboxen verstaut. Dann wurde ein „künstlicher Hase", eigentlich nichts weiter als ein großer Lederlappen, mit einer schnellen Seilwinde über einen Zugmechanismus auf einem ovalen Kurs mit hoher Geschwindigkeit über die Bahn gezogen. Die Boxen gingen auf und die Hunde nahmen mit Hochgeschwindigkeit die Verfolgung auf. Jeder wollte der Erste an der Beute sein. Es wurden alle möglichen Windhunderassen nach Gruppen getrennt gestartet.

Irgendwann kamen die Barsois dran. Barsoi sind große russische Windhunde, die seinerzeit vom russischen Adel zur Jagd auf Hirsche und Wildschweine, aber auch zur Wolfsjagd eingesetzt wurden. Und nun erklärte der Stadionsprecher eine Besonderheit der Barsois gegenüber den anderen Windhunden. Die meisten Windhunde wurden ursprünglich als Sichthetzer für die Jagd eingesetzt. Sie kamen selten als Meute, sondern zumeist einzeln zum Einsatz. Die Aufgabe bestand darin, den Hasen oder was auch immer möglichst schnell zu erreichen und zu fassen. Anders beim Barsoi. Der hatte es mit einem weitaus gefährlicheren Gegner zu tun. Deshalb wurden Barsois niemals allein, sondern immer in Gruppen von zumeist drei Hunden, sogenannten Koppeln oder Swora eingesetzt. Bei der Wolfsjagd bestand ihre Aufgabe und Taktik zumeist darin, den Wolf, der durch die Jagdmeute aus dem Wald getrieben wurde und ins freie Gelände flüchtete, zu überholen und ihn an der Kehle zu packen und niederzuhalten, bis der berittene Jäger kam. Jeder dieser Hunde wollte zwar als erstes bei der Beute sein, aber er wollte nicht gern allzu lange allein mit dem Hirsch, dem Wildschwein oder gar dem Wolf zu tun haben. Deshalb konnte man im Unterschied zu den anderen Windhunden beim Barsoi ein spezielles Phänomen beobachten. Der schnellste Hund, der die Gruppe anführte, drehte während des Laufes mehrmals seinen Kopf zur Seite, um sich zu vergewissern, ob seine Jagdgenossen noch da waren. Er ließ zwar keinen vorbei, drosselte aber sein eigenes Tempo, wenn der Abstand zu groß wurde. Deshalb, so der Stadionsprecher, sei es für eine schnelle Rundenzeit notwendig, dass bei den Barsoi etwa gleich leistungsstarke Hunde beim Rennen gegeneinander antreten.

Dieses Verhalten ist bei nahezu allen Meutejägern zu beobachten. Auch Wölfe holen wehrhafte, gefährliche Beute lieber in der Gruppe ein und greifen sie gemeinsam an. Ich glaube es handelt sich um einen Urinstinkt, der das Leben und die Gesundheit der Jäger schützen soll. Es ist dem Hund als Rudeltier quasi in die Wiege gelegt, sich nicht von der Meute zu entfernen und deren Verhalten stets im Auge zu behalten.

Das Verhalten der Jagdmeute

Bei einer Windhundekoppel, die eine Beute hetzt, hat jeder Hund Sichtkontakt zum Hetzobjekt. Bei der Jagdmeute verhält es sich ganz ähnlich, nur dass diese Hunde nicht auf Sicht hetzen, sondern dem für uns unsichtbarem Geruch der Beute folgen. Auch bei der Jagdhundemeute jagt die ganze Meute und nicht nur der erste Hund, der vornweg läuft. Alle folgen dem Scent und jeder will der Erste sein. Diese Konkurrenz erzeugt Dinge, die wir beim Mantrailing nicht gut gebrauchen können, nämlich Geschwindigkeit und Rückorientierung zu den anderen „Mitjägern". Sind die ersten drei Hunde so schnell, dass sie einen Richtungswechsel überlaufen, so bekommen ihn spätestens die Hunde der zweiten oder dritten Reihe dann doch mit und folgen der Abbiegung. Kein Hund, der vorneweg läuft, würde dann auf die Idee kommen, seine Richtung weiter zu verfolgen, wenn die gesamte Meute woanders hin geht. Selbst wenn sie falsch liegen, würde ein einzelner Hund als Rudeltier lieber mit der Meute gehen, als allein auf sich gestellt zu sein.

Beim Mantrailing ist die kleinste mögliche Gruppe ein Couple, also der Hund und sein Hundeführer. Die „Meute" ist demgemäß die mitgehende Gruppe oder die Backups.

Ein olfaktorischer Legastheniker als Lehrer?

Der Hund hat keine Ahnung, dass wir keine Ahnung haben! Für einen Hund, der unter Menschen aufgewachsen ist, sind diese seine Sozialpartner und sein Rudelersatz.

Er bewundert uns für unsere intellektuellen Fähigkeiten, wir besorgen das wohlschmeckendste Futter, indem wir einfach einen Schrank öffnen, wir können Stöcke und Bälle fliegen lassen, aber er hat keine Ahnung davon, dass er uns, was die Nasenleistung betrifft, haushoch überlegen ist. Er weiß nicht, wie schlecht eigentlich unsere Riechleistung ist und glaubt, dass wir den Durchblick haben. Wir bilden das Trailen, also das Verfolgen einer Geruchsspur, nicht aus! Das können wir auch gar nicht. Wir machen es einfach! Zusammen mit dem Hund! Der Hund kann es von Natur aus schon. Wir können ihm höchstens zeigen, was er mit seinen naturgegebenen Fähigkeiten alles anstellen kann!

Mir hat einmal ein erfahrener Diensthundeausbilder gesagt: „Der beste Hundeführer ist der, der seinen Hund am besten verarschen kann!“ In diesem banalen Satz steckt sehr viel Wahrheit drin! Vom Beginn der Ausbildung an soll die „Jagd“ nach dem Runner für den Hund ein gemeinsames tolles Erlebnis zusammen mit dem Hundeführer sein. Mit dem Erwachsenwerden beginnt er sich jedoch allmählich auch für andere Dinge zu interessieren. Er nimmt schließlich auch während des Trailens weitere Informationen aus der Umgebung bewusst auf. Spätestens dann beginnt die Zeit, wo der Hund auch während der Arbeit einmal ermahnt werden muss, „bei der Sache zu bleiben“. Entscheidend für eine glaubhafte Korrektur ist, dass der Hund sein ganzes Leben lang davon überzeugt ist, dass wir genau wissen, was er tut – also auch merken, wenn er Unsinn macht. Wir beurteilen daher als Hundeführer nicht, ob der Hund richtig oder falsch ist, das können wir auch gar nicht. Sondern wir kennen sein individuelles, typisches Suchverhalten und beobachten ihn bei der Arbeit. Weicht sein Verhalten nun plötzlich von dem, was wir kennen ab, so hat dies meist einen Grund. Das plötzliche Stehenbleiben und interessierte Schnüffeln an einer Stelle zum Beispiel hat in der Mehrzahl der Fälle nichts mit dem Trail zu tun. Wir beurteilen also vielmehr „arbeitet mein Hund oder arbeitet er grade nicht?“ Eine Veränderung seines normalen Suchverhaltens auf dem Trail ist fast immer ein sicherer Indikator für eine Ablenkung oder momentane Verschiebung der Prioritäten.

Das Problem dabei ist, das wir zwar einerseits erreichen müssen, dass der Hund in dem Glauben ist, dass wir das gleiche können wie er und wissen, was er tut, denn nur so können wir ihn überhaupt ausbilden. Andererseits fördert dies auch sein angeborenes, natürliches Verhalten, sich an uns und der Meute – sprich der mitlaufenden Personengruppe – zu orientieren. Deshalb kommt der Gruppe bei der Ausarbeitung eines Trails eine besondere Bedeutung zu.

Der Hund hat sein Suchverhalten verändert und der Mensch hat's gemerkt – zurück an die Arbeit.

Raus aus der Ablenkung, zurück auf den Trail. Wenn der Hund erkennbar einen Privatausflug unternimmt, wird er gestört und wieder zurück auf den Trail gebracht.

Bewusstes und unbewusstes Steuern … von der Bedeutung der Gruppe

Strategien zur Vermeidung

Um ein solches Fehlverhalten zu vermeiden, muss man sich einfach nur mal das Verhalten von Backups bzw. einer Gruppe in einem Realeinsatz anschauen. Die „wissende Gruppe" gibt es da nicht. Hier haben die Begleiter keine Ahnung, wohin der Vermisste oder Tatverdächtige denn nun tatsächlich gelaufen ist und verlassen sich daher ganz auf den Hund und seine olfaktorischen Fähigkeiten.

Dies führt dazu, dass die Gruppe dem Hund überallhin folgt. Der kann seinerseits die Spur in Ruhe ausarbeiten und sich korrigieren. Die „Meute" ist bei ihm und der motivierte Hund kann sich auf die Spur konzentrieren, ohne den Stress zu haben, dass vielleicht ein anderer vor ihm den vielleicht überlaufenen Richtungswechsel findet.

Für ein einsatznahes Training müssen die äußeren Bedingungen für den Hund an reelle Bedingungen angeglichen werden. Das heißt, die Gruppe kennt den Trailverlauf nicht und folgt dem Team IMMER (außer bei baulichen Einschränkungen oder überschaubaren Gegebenheiten z. B. enge Örtlichkeiten wie Garageneinfahrten o. ä.)

Dazu hat es sich bewährt, dass der Ausbilder unmittelbar am Team ist, also vor der Gruppe. Ist eine Korrektur notwendig, so erfolgt diese nicht stimmlich, sondern durch Berührung des Hundeführers, beispielsweise an der Schulter. Der Hund bekommt davon nichts mit und die Korrektur selbst kommt dadurch immer vom Hundeführer. Dies ist deshalb zielführender, weil einige Hunde das Erklingen der Stimme des Ausbilders als Signal für „jetzt hat er mich erwischt" verinnerlichen. Wenn zum Beispiel der Ausbilder ruft „Da ist vorhin eine Katze entlanggelaufen, der Trail ist dort nicht!" wird es oft so sein, dass der Hund im nächsten Moment selbständig umdreht und man das Gefühl hat, er wäre sowieso gleich umgekehrt. Fehlt die Stimme des Ausbilders, treten „Privatausflüge" häufiger auf.

Der Einfluss der Gruppe kann sich im Einsatz verschiedenartig auswirken. Der Hund arbeitet den Trail richtig aus, die Gruppe geht mit. Eine Verunsicherung des Mantrailing-Teams durch eine zurückbleibende Gruppe bleibt aus. So kann der Hund den Trail gut ausarbeiten und kommt zum Auffinden der Person.

Bei einem Hund, der die Gruppe liest, kann das aber auch so aussehen: Der Hund ist zwar irgendwann einmal falsch abgebogen, aber er korrigiert sich nicht, weil im Einsatz die Gruppe, – anders als im Training – mitgeht. Nun lässt er sich quasi vor der Gruppe herschieben. Dieser Hund hat schlicht gelernt, dass er sich nur dann ernsthaft „korrigieren“ muss, wenn die Gruppe stehenbleibt und ihm nicht folgt. Er verlässt sich darauf, dass der Rest der Jagdgemeinschaft schon wissen wird, was richtig ist. Er ist in dem Moment ein „Mitläufer“ und Teil der Meute.

Deshalb ist es wichtig, dass das Gruppenverhalten im Einsatz und Training gleich sein muss! Nach meiner Überzeugung kann dies nur bedeuten, dass die Gruppe dem Hund immer im lockeren Verband folgt, gegebenenfalls auch entgegen besseren Wissens zum Trailverlauf. So kann man das Selbstkorrigieren des Hundes fördern. Im Training ist zudem der Ausbilder dabei und kann bei Bedarf das Eingreifen des Hundeführers auslösen.

So ist es richtig! Die Gruppe als lockere Struktur hinter dem Hund. So ist ein Umdrehen und Hindurcharbeiten möglich.

Unbewusstes Steuern durch ...

Eine Gruppe kann den Hund jedoch auch unbewusst steuern. Gerade wenn die Gruppe die Trailstrecke nicht kennt, kann es passieren, dass ein Hund auch unbeabsichtigt in eine Richtung gedrückt wird.

Verstellen des Weges

Geradezu ein Paradebeispiel hierfür ist das Verstellen des richtigen Weges. Die Personen in der Gruppe stehen dabei so ungünstig, dass der Hund den verstellten Weg gar nicht erkennen kann. Er umläuft die Gruppe und gerät dabei auf einen anderen Abzweig. Wenn dort nun (wovon man ausgehen muss) auch Geruch für den Hund wahrnehmbar ist, wird der Hund diesen wahrscheinlich ausarbeiten. Häufig ist es nun so, dass durch bauliche Gegebenheiten wie etwa Zäune, Häuserfronten und ähnliches der Hund letztlich immer weiter von dem ursprünglichen Trail weggeleitet wird, bis er irgendwo mangels noch vorhandenen Geruchs zum Stillstand kommt. Um ein optisches und ein tatsächliches Verstellen einer, nennen wir es „Entscheidungsoption" zu vermeiden, sollten die Backups gerade bei der Ausarbeitung einer Entscheidungssituation locker verteilt, gewissermaßen als „durchlässige Struktur" hinter dem Hund stehenbleiben. Dabei ist zu vermeiden, dass sich einzelne Backups erkennbar abseits der Gruppe positionieren oder in typischer, trainingsmäßiger Auffindesituation aufstellen, wie etwa in einem Hauseingang oder angelehnt an Hauswänden oder sonstigen Geländestrukturen.

Lenken durch Ausrichtung des Körpers

Ein weiterer häufig zu beobachtender Fehler ist das unbewusste Lenken durch die Gruppe oder einzelne Backups, indem der Körper so weggedreht wird, dass dem Hund der Weg optisch in eine Richtung „geöffnet" wird. Dreht zum Beispiel der Hund bei schwächer werdendem Geruch an einer Kreuzung um und läuft dabei auf einen Backup zu, so sieht man häufig, dass dieser dem Hund „Platz macht", indem er sich zur Seite dreht. Dieses Körpersignal veranlasst den Hund oft, zunächst in der nun freigegebenen Richtung weiterzugehen. Er kommt in einen Konflikt zwischen dem optischen Signal und der Geruchsinformation. Da die Geruchsinformation aber in einem Entscheidungsfall, zum Beispiel einem überlaufenen Richtungswechsel, für den Hund gerade sowieso etwas unklar ist, wird das körpersprachliche Signal des Backups gern angenommen und erschwert ihm dadurch die Entscheidung für den Geruch. Optisch präferierte Hunde, wie zum Beispiel typische Hütehunderassen, sind häufig anfälliger für solche Dinge als stark nasenorientierte Tiere.

Ich bitte deshalb meine Begleiter im Einsatz immer, sollte der Hund umdrehen und auf sie zulaufen, einfach genau so stehenzubleiben. Der Hund läuft dann unbeeinflusst an ihnen vorbei und arbeitet den Geruch weiter aus, ohne optisch abgelenkt zu werden. Das gleiche

Der Hundeführer gehört stets **hinter** den Hund!

gilt für den Hundeführer. Oft zu hören ist die Aussage: „Du verstellst deinem Hund den Weg“! Diese Aussage ist aber falsch! Dreht mein Hund um und kommt auf mich zu, so wird er einen Weg an mir und meinen Begleitern vorbei finden. Gerade das „Aufmachen“, indem man sich gleichsam wie eine Pendeltür zur Seite dreht, hat starkes Beeinflussungspotenzial. Es wirkt auf den Hund oft wie eine Einladung, in die geöffnete Richtung zu gehen. Natürlich muss man sich aber mitdrehen, wenn der Hund einen schließlich passiert hat! Nur eben nicht schon vorher!

Als Hundeführer kann man sich beim Trailen folgende kleine Faustregel merken: Der eigene Bauchnabel zeigt immer auf den After des Hundes. Nicht primär, weil die beiden optisch so gut zusammenpassen, sondern weil dadurch gewährleistet ist, dass der Hundeführer immer hinter seinem Hund ist und nicht irgendwie seitlich versetzt zu ihm läuft. Dies birgt nämlich die Gefahr der richtungsentscheidenden Beeinflussung durch seitlichen Zug auf die Leine. Zudem erscheint der Hundeführer dann im peripheren Blickfeld des Hundes und sorgt damit gegebenenfalls ungewollt für Ablenkung oder Beeinflussung. Der Aufenthalt des Hundeführers im „toten Winkel“ seines Hundes ist hier also gut, da ja über die Leine ohnehin die „Verbindung“ besteht.

Das MT-Team überholen, um eine Kreuzung zu sperren

Vor dem oben beschriebenen Hintergrund des Verhaltens der Jagdmeute wird sicherlich der Effekt einleuchten, der entsteht, wenn der Hund auf eine Kreuzung zuläuft und plötzlich die Backups beginnen, ihn zu überholen und die Kreuzung zu sperren.

Das Team bewegt sich bei fließendem Fußgänger- und Fahrverkehr. Plötzlich und für den Hund völlig unmotiviert geraten die Backups in Hektik, überrennen den Hund und verteilen sich vor ihm auf der Kreuzung! Der Verkehr kommt zum Stillstand, Fußgänger bleiben stehen und sind interessiert, was denn da vor sich geht. Für den Hund bedeutet dies Stress. Wege werden zugestellt, die Luftverwirbelung durch die fahrenden Fahrzeuge entfällt plötzlich. Die Fußgänger, die gelaufen sind und nun stehenbleiben, „produzieren" jetzt ihren Geruch flächig und nicht mehr linear. Dazu kommen die sich schlagartig erhöhenden Abgasmengen der wartenden Fahrzeuge.

Eine ablenkende Wirkung haben auch die optischen Reize und Signale, die durch ein solches Vorgehen der Backups für den Hund entstehen. Oft werden gerade in einer solchen Situation auf der Kreuzung die Backups angelaufen, obwohl sie vorher für den Hund keine Rolle gespielt haben.

Kurzum – die Menge der wahrgenommenen, jedoch für die Suche irrelevanten Informationen vervielfacht sich für den Hund, während sich die Situation des zu verfolgenden Geruchs gleichzeitig verschlechtert. So kann sich das Geruchsbild, welches bis dahin für den Hund gut verfolgbar war, plötzlich verändern und viel schwieriger werden.

Eine Strategie, die ich bevorzuge, ist, dass im Einsatz ein bis zwei Backups das Team nach hinten schräg absichern, damit der Hund bei einem plötzlichen Schwenk auf die Fahrbahn sicher ist. Ansonsten wird der Verkehr soweit es geht laufen gelassen.

Arbeiten an der kurzen Suchleine: Für den Hund reine Gewohnheitssache ... und in der Stadt seine Lebensversicherung!

Diese relativ kurze Suchleine ist kein Fehler, wie manche vielleicht glauben mögen. Sie sorgt vielmehr für ein vernünftiges Suchtempo, für Sicherheit beim Trailen in der Stadt und der Hundeführer ist dran am Hund und kann zeitnah auf Dinge reagieren.

Wenn nicht nur die Nase führt – von Geländestrukturen und Begrenzungsgängern

Hunde sind sogenannte Begrenzungsgänger, viele orientieren sich nur allzu gern an natürlichen Begrenzungen und Geländestrukturen. Dabei kommt ihnen sicherlich entgegen, dass sich Geruchspartikel häufig an den Geländestrukturen absetzen oder dort vermehrt „angespült" werden. Insofern kann ich nicht einmal sagen, ob die Neigung, sich an Begrenzungen und Strukturen zu orientieren, ein instinktives oder ein erlerntes Verhalten darstellt. Wahrscheinlich ist es eine Mischung aus beidem. Natürlich stellen Begrenzungen auch eine optische Komponente dar, die in ihrer Wirkung nicht zu unterschätzen ist. Sehr oft bilden Geländestrukturen erkennbare Linien, wie zum Beispiel Straßenzüge, Baumreihen, Gräben, Ufer und so weiter. In der Ausbildung kann man dies gezielt nutzen, um zum Beispiel für Junghunde einfache Trails zu legen. Doch Vorsicht! Man kann durch geschicktes Nutzen von Geländestrukturen beim Ausbringen eines Trails auch einen Hund „gut aussehen lassen", der es eigentlich gar nicht ist. Da die Hunde solche „Hilfestellungen" dankbar annehmen, sollte man im Training deshalb darauf achten, die Trails nicht ständig entlang von solchen Geländestrukturen wie etwa Häuserzeilen, Hecken, Gräben, Waldrändern und so weiter, sondern vielmehr von Zeit zu Zeit gezielt die vorhandene Geländestruktur „durchbrechen". So führt etwa ein Trail eine Zeitlang am Wald-/Feldrand entlang, um sich dann plötzlich im rechten Winkel von der Strukturlinie „Waldkante" zu lösen und aufs freie Feld zu führen. Natürlich kann man auch das Gegenteil machen und der Trail durchbricht die Strukturlinie in Richtung Wald. Ein schmaler Fußweg, quer durch eine Häuserzeile oder ein Gang mitten durch eine Hecke am Parkplatz sind ebenso interessant und Aufmerksamkeit weckend wie eine vom Runner überstiegene kleine Mauer. Als Ziel dieser Maßnahmen soll erreicht werden, dass die optische Verleitungskomponente von Strukturlinien eine untergeordnete Bedeutung für den Hund hat und ihn anstelle dessen ausschließlich seine Nase zum Ziel führt.

Strukturlinien

In jedem Gelände gibt es natürliche Strukturlinien, hier verdeutlicht durch gelbe Markierungen. Diese können besonders bei nachlassender Konzentration des Hundes (zum Beispiel auf langen Trails) zu optischen Verleitern werden.

8.

Im Gespräch mit …

Expertentalks zur Ausbildung

Der neue Welpe und die Anbahnung der Ausbildung zum Mantrailer

Interview mit Brigitte Fiedler

Praktische Tierärztin, Rettungshundeführerin und Ausbilderin Mantrailing, Freistaat Bayern

Brigitte, du bist neben deiner ehrenamtlichen Tätigkeit im BRK als Ausbilderin und erfolgreiche Einsatztrailerin im Hauptberuf Tierärztin. Was muss ich als Welpenkäufer beachten, wenn ich mir einen Welpen aussuche?

Generell ist es notwendig, sich über die Eigenschaften der Rasse, die von Interesse ist, gründlich zu informieren. Man muss in der Lage sein, die Bedürfnisse der Rasse erfüllen zu können, damit die rassetypischen angestrebten Anlagen auch voll zur Geltung kommen können.

Die Gesundheit und Freiheit von vererbten Krankheiten sollte bei den Elterntieren und deren Vorfahren untersucht und nachweisbar sein. Eine gezielte Verpaarung der Elterntiere, um Gesundheit und Eigenschaften für den Gebrauch hervorzuheben, ist von unschätzbarem Wert.

Auf jeden Fall sollte man den Aufzuchtbedingungen große Aufmerksamkeit widmen. Schon das Wohlbefinden des Muttertieres hat großen Einfluss auf die vorgeburtliche Entwicklung der Welpen. Ein enger Familienanschluss und wohl dosierter Kontakt zu vielen verschiedenen Menschen, Tieren und Umweltsituationen lassen auf einen stabilen, gut sozialisierten Welpen hoffen. Eine hohe Stressresistenz bekommt er so schon in die Wiege gelegt.

Gibt es etwas, worauf du ganz besonders achten würdest, wenn du dir einen Welpen speziell für die Arbeit als Mantrailer aussuchst?

Von einem Personensuchhund (Mantrailer) erwarte ich vor allem bestimmte Charaktereigenschaften, die es möglich machen, eine Geruchsspur über einen langen Zeitraum trotz starker Ablenkung beharrlich zu verfolgen.

Jagdhunde, die seit Generationen auf das Verfolgen von Spuren gezüchtet sind, werden sehr häufig als Personensuchhunde ausgebildet. Allen voran der Bloodhound, sehr häufig sieht man auch Schweißhunde, Laufhunde anderer Rassen und Meutehunde. Leider wird hierbei einer genauso wichtigen Eigenschaft wie dem guten Geruchssinn oft viel zu wenig Beachtung geschenkt: Die Zuneigung zum Menschen und die Umweltsicherheit, die stark von den Aufzuchtbedingungen abhängen.

Selbst bei Welpen im Alter von sechs Wochen lassen sich schon Unterschiede in Neugier, Mut und Ängstlichkeit erkennen. Bei der Auswahl nimmt man sich am besten etwas Zeit, um die Geschwister in Aktion zu beobachten. Dabei sieht man schon sehr früh, wie sich Charakter und Temperament im Spiel mit den Geschwistern unterscheiden. Ein sehr zurückhaltender Welpe, der sich oft abseits aufhält oder oft gemobbt wird, könnte schnell mit neuen, ihm bedrohlich erscheinenden Situationen bei der Ausbildung überfordert sein. Man sollte sich einen Welpen einzeln rausnehmen und abseits der Geschwister beobachten. Folgt er neugierig? Will er das Gesicht lecken? Fordert er Aufmerksamkeit ein oder ist er ängstlich und zurückhaltend und weicht aus? Wie reagiert er, wenn er auf den Rücken gedreht wird? Lässt er sich das wohlwollend gefallen und ist entspannt oder wirkt er gestresst oder aggressiv? Selbst das Einsetzen der Nase ist schon früh erkennbar: Man lässt den Welpen ein paar Leckerlis fressen und streut dann ein paar in der Wiese oder auf dem Teppich aus und beobachtet, ob und wie intensiv er sie mit der Nase aufspürt.

Was passiert, wenn der Züchter auf einmal hinter der nächsten Ecke verschwindet? Sucht er bereits mit der Nase nach ihm? Dieses Experiment kann man auch mit der Mutterhündin durchführen. Sucht er bei ihrem Verbringen mit der Nase nach ihr?

Wie reagiert er auf Lärm? Wenn ein lautes Geräusch ihn erschreckt, wie reagiert er daraufhin? Regeneriert er sich schnell von dem Schreck und sucht dann in einem neugierigen Erkundungsverhalten, woher der Lärm kam, oder versteckt er sich schutzsuchend und traut sich nicht mehr hervor?

Das sind Tests, die schon viel über die Eigenschaften des Welpen aussagen, die er mitbringt. Das heißt zwar nicht, dass das lebenslang so bleibt, denn seine zukünftigen Lernerfahrungen formen ebenso seinen weiteren Werdegang. Es sind jedoch schon mal gute Voraussetzungen, die einen umweltsicheren und beharrlich suchenden Hund erwarten lassen.

Ich kenne die Aussage, man solle große Hunderassen mit weniger gehaltvollem Futter versorgen, um insbesondere ein zu schnelles Knochenwachstum zu verhindern, da dies Probleme wie zum Beispiel Panostitis oder schwerere Folgeschäden verursachen könne. Was ist an dieser Aussage dran und wie verhält man sich richtig?

Ein Welpe braucht zum Heranwachsen etwa das Doppelte an Energie wie ein gleichschwerer erwachsener Hund. Man sollte ein Futter auswählen, das den Bedürfnissen des heranwachsenden Hundes unter Berücksichtigung der Rasse angepasst ist. Man unterscheidet Alleinfuttermittel von Ergänzungsfuttermitteln. Einem Alleinfuttermittel braucht keinerlei Mineralfutter oder Vitaminpräparate zugesetzt werden. Das kann sogar schädlich sein bei einem Zuviel an Kalzium und Phosphor. Es können so leicht Entwicklungsstörungen im Knochenwachstum mit erheblichen Spätfolgen hervorgerufen werden.

Alleinfuttermittel für die Wachstumsphase sollten energiereich sein und einen angepassten Mineralstoffgehalt haben. Das Futter sollte an die Größe der Rasse angepasst sein. Eine Deutsche Dogge wiegt mit einem Jahr ungefähr das Hundertfache wie zu ihrer Geburt. Früher hat man gerne den hohen Eiweißgehalt im Welpenfutter für Wachstumsstörungen verantwortlich gemacht. Es ist aber der gesamte Energiegehalt des Futters, der eine Rolle spielt. Es sollte so zusammengesetzt sein, dass es dem Welpen alles liefert, was er zum Wachsen braucht.

Zu beachten ist jedoch, je mehr Energie der Welpe bekommt, desto schneller wächst er. Steht ihm mehr Energie zur Verfügung als er braucht, wird er sehr schnell groß, aber nicht unbedingt dick werden. Das jedoch ist das eigentliche Problem großer Hunderassen. Es ist erwiesen, dass die Häufigkeit für Arthrose bei überversorgten Welpen im Alter zunimmt. Die Futtermenge und der Energiegehalt sollten daher rassespezifisch der Wachstumskurve angeglichen werden. Hier kann man sich an dem jeweils für das Alter, die Rasse und das Geschlecht errechneten Sollgewichtsangaben orientieren und kann so bei einem Überschreiten schnell reagieren. Auf Futtermittelverpackungen sind die empfohlenen Futtermengen oft viel zu hoch gegriffen.

Wer Hundefutter selbst herstellen möchte, sollte sich über Rezepte für den jeweiligen Hund bei einem guten Ernährungsberater informieren, um Fehler zu vermeiden.

Wie beginnst du mit dem Welpen die Ausbildung? Was gilt es aus deiner Sicht zu beachten?

Der Welpe muss das Gefühl kennenlernen, sich bei fremden Menschen wohl und sicher zu fühlen. Wenn er eine intensive soziale Annäherung zeigt mit allen Formen des gegenseitigen Vertrauens wie Auffordern zum spielerischen Miteinander, hat er beste Voraussetzungen, eine gute Opferbindung zu erlernen.

Ziel dieser sogenannten Opferbindung ist es, dieses Zusammentreffen von Fremdperson und Hund zu einem sozialen Höhepunkt werden zu lassen. Der Hund wird dann eine unablenkbare Aufmerksamkeit der Zielperson gegenüber zeigen und alles versuchen, um sich in deren Nähe aufzuhalten und diese zum Spielen, Knuddeln und zum Füttern aufzufordern.

Genau dieses aktive Auffordern des Hundes ist gewollt. Die Zielperson verhält sich so lange passiv, bis erste Anzeichen dieser Annäherung erfolgen, die dann sofort Bestätigung finden. Wie diese bestätigende Antwort aussieht, die den Hund so glücklich macht, muss für jeden Hund nach dessen ganz individuellen Vorlieben herausgefunden werden. Dem einen ist Futter am wichtigsten, dem anderen ein variables Spiel mit einem Spielzeug. Der Nächste will am liebsten so richtig durchgeknuddelt und geschmust werden. Gerade Welpen schlafen dann nicht selten im Arm der am Boden sitzenden Zielperson ein, wenn sie sich so richtig sicher und geborgen fühlen. Einige Hunde wollen dagegen überhaupt nicht angefasst werden. Wichtig ist bei allen Formen des Miteinanders, dass der Mensch vom Hund zu diesem Spiel aufgefordert wird. Es gehört ein perfektes Timing und viel Fingerspitzengefühl der Zielperson dazu, um den richtigen Moment dieser ehrlich gemeinten Zuneigung zu finden und richtig zu bestärken. Hier gelten alle bekannten lerntheoretischen Prinzipien, die generell in der Ausbildung eine entscheidende Rolle spielen. Erwünschtes Verhalten (alle Kommunikationsformen der Annäherung und Zuneigung) werden sofort zeitnah und sehr individuell bestätigt, unerwünschtes Verhalten (Desinteresse) wird ignoriert und eben nicht bestätigt, manchmal auch aktiv eingegrenzt. Eine Leine als räumliche Begrenzung ist sehr hilfreich, um dem Hund die Entscheidung für das Interesse am Menschen leichter zu machen. Wichtig ist es, den Hund selbst herausfinden zu lassen, welches Verhalten sich für ihn lohnt und welches nicht. Das braucht Zeit, manchmal Monate!

Hat man nun die Opferbindung erfolgreich aufgebaut, steht der eigentlichen Arbeit am Geruch nichts mehr im Wege. Eine Geruchsspur zu verfolgen, muss keinem Hund beigebracht werden. Das ist eine angeborene Fähigkeit. Jeder Hund kann von Natur aus suchen! Wir müssen ihm nur beibringen, wen er suchen darf. Ich schreibe hier bewusst „darf". Denn nur wenn der Hund selbst unbedingt ankommen will, wird er uns alle seine mitgebrachten Fähigkeiten zur Verfügung stellen, um bei der Zielperson anzukommen.

Man trennt Hund und Zielperson in einem Opferbindungsspiel für einen kurzen Moment voneinander, wobei der Hundeführer den Hund hinter einer Häuserecke als Sichtschutz festhält. Er darf seiner Zielperson nachschauen, wie diese direkt vor ihm um die Ecke verschwindet. Wichtig ist, dass er nicht sehen kann, wohin die Zielperson nach der Ecke läuft und diese dann zum Beispiel ein paar Meter weiter in einem Hauseingang oder hinter einem Auto versteckt steht. Der Hund wird nun viel Ehrgeiz in das Auffinden der Zielperson alleine mit seinem Geruchssinn investieren. Beim Ankommen wird dann ein richtig großes „Fest" gefeiert und das kurz unterbrochene Spiel geht weiter.

Ein Anreizen mit Futter, Spielzeug, Rufen, wildem sichtbarem Wegrennen der Zielperson wäre äußerst kontraproduktiv. Es würde den Hund zum Suchen mit den Augen verleiten. Ganz entscheidend beim Verschwinden der Zielperson ist, dass es mit Ruhe geschieht. Nur dann findet der Hund sofort in eine konzentrierte Suche ausschließlich über seinen Geruchssinn hinein.

Man wird dann beobachten können, wie interessiert der Hund das Verschwinden der Zielperson um die Ecke beobachtet und er wird dann Zeichen einer echten Trennungsreaktion zeigen: Fiepen, gespannt in die Richtung Schauen und Drängeln, wann es denn endlich losgeht. Wie ein unsichtbares Gummiband, das man spannt.

Beim Suchen und Ankommen erlebt der Hund nun echte Glücksgefühle, die er unbedingt wieder haben möchte.

Die Länge der Suche wird bald gesteigert und beim Abschied legt die Zielperson eine vorher getragene Jacke sichtbar am Verschwindepunkt ab. Der Hundeführer führt nun den Hund zur Jacke und genau beim Anschnuppern der Jacke kommt das Kommando, z. B. „Such".

Später wird die Jacke durch eine Tüte ersetzt, die sichtbar vor dem Verabschieden mit dem Geruchsträger befüllt wird. Auch hier erfolgt das Kommando beim Anriechen in der Tüte, die anfangs noch weit aufgekrempelt ist. Wichtig ist, dass sich der Hund selbst für die Tüte interessiert und gerne mit der Nase in die Tüte schnüffelt. Er darf auf keinen Fall dazu gezwungen werden.

Die Trails werden nun ab und zu mal länger und schwieriger. Der Hund darf jedoch in seinen Aufgaben nicht überfordert werden. Daher muss der Trailleger eine genaue Vorstellung davon haben, wo Schwierigkeiten liegen und was leicht ist. Das ist oft sehr individuell. Was für den einen schwer ist, fällt dem anderen leicht. Ein Beginn auf asphaltiertem Untergrund ermöglicht sofort einen Fokus auf den Individualgeruch, denn Asphalt hinterlässt beim

Trailen auf befestigtem Boden

Gefunden!

Begehen nur minimale Bodenverletzungen. So bleibt dem Hund nichts anderes übrig, als die Individualgeruchsspur der Zielperson zu verfolgen und eben nicht dessen Fußabdrücke im weichen Untergrund.

Schließlich wird die Tüte, die am Verschwindepunkt liegt, vom Hundeführer aufgenommen und dem Hund vom Hundeführer präsentiert, dabei erfolgt das Kommando und dann geht es auch schon los.

Das Kommando hat im Übrigen nicht die Aufgabe, den Hund zum Losgehen zu motivieren, sondern genau den Zeitpunkt des Anriechens zu erfassen. Genau beim Einatmen des Geruchs erfolgt das Kommando. Wenn der Hundeführer also „Such“ sagt, heißt das so viel wie: „Merk dir jetzt genau den Geruch, den du genau jetzt wahrnimmst!“ Wann der Hund dann zum Suchen losgeht, bestimmt er Hund. Der eine lässt sich Zeit, der andere stürmt gleich los. Falsch wäre es, das Kommando beim Wegnehmen des Geruchsträgers zu geben, denn in dem Moment könnte der Hund alle möglichen Gerüche aus der Umgebung wahrnehmen, die mit in sein zu suchendes Geruchsbild einfließen. Das macht die Suche unnötig schwer und schwammig. Je klarer und sauberer der zu suchende Geruch präsentiert wird, desto akribischer und genauer kann sich der Hund in seiner Suche dann auch tatsächlich auf diesen konzentrieren.

Um einem Hund das Anriechen in einer Plastiktüte zu erleichtern, wird er frühzeitig aus Plastiktüten gefüttert. Er wird Tüten also als angenehm kennenlernen. Der Geruch, der dem Hund zum Beginn der Suche präsentiert wird, merkt er sich, bis er angekommen ist. Da es der einzige Moment ist, dem Hund diese Info zu übermitteln, kann gar nicht sorgfältig genug mit der Geruchsprobe umgegangen werden.

Die Frage stellt sich nicht, ob es notwendig ist, einem Hund die Tüte mit der Geruchsprobe überzustülpen, wenn man sich überlegt, dass man eigentlich keine andere Möglichkeit hat, andere Gerüche aus der Tüte fernzuhalten. Eine Plastiktüte ist bekanntlich kein hundertprozentiger Schutz vor Geruchsdiffusion, jedoch besser als gar keiner! Man wird einen Geruchsträger nie mit einer hundertprozentigen Reinheit gewinnen können, aber je sorgfältiger die Gewinnung, Aufbewahrung und Präsentation erfolgt, desto höher werden die Chancen auf eine zielgerichtete Suche. *(Anmerkung des Autors: Dies bezieht sich ausschließlich auf Vermisstenfälle, da dort nicht immer klar ist, wie „sauber", also „eindeutig" der verwendete Geruchsartikel des Vermissten tatsächlich ist).*

Also gilt es, seinem Hund dieses Ereignis des Anriechens mit der Schnauze in der Tüte als normal und auf keinen Fall unangenehm schmackhaft zu machen. Ein Hund, der dazu gezwungen werden muss, die Nase in die Tüte zu stecken, wird weniger Bereitschaft mitbringen, sich diesen Geruch zu merken, als einer der es kaum erwarten kann!

Falsch ist es, zusammen mit dem Geruchsträger Futter in die Tüte zu geben. Man kann sich ja leicht vorstellen, dass in diesem Moment der Geruchsträger zur Nebensache und die Konzentration auf das Futter vorrangig wird. Es macht es dem Hund zwar leichter, die Tüte toll zu

Dieser kleine Bloodhoundwelpe hat spielerisch bereits gelernt, zur Fütterungszeit seine Mahlzeit in einer Cliptüte „serviert" zu bekommen. Natürlich ist die Größe der Tüte so zu wählen, dass der Hund gut ans Futter kommt und gut Luft bekommt. Es muss ein angenehmes Ereignis sein!

Er steckt seinen Kopf von sich aus und ohne Vorbehalte konfliktfrei tief in die Tüte! Eine gute Vorbereitung für das spätere „Anriechen des Geruchsträgers" in einer Tüte oder Glas. Dort darf dann allerdings kein Futter mehr dabei sein!

finden, aber nicht, sich den eigentlichen Geruch zu merken. Daher ist es sinnvoll, Tüten mit Futter zum Üben von Tüten mit Geruchsträger zum Anriechen am Start getrennt zu benutzen.

Der Hundeführer hat nun vor allem erst einmal die Aufgabe, seinen Hund beim Suchen nicht zu stören. Dies gelingt durch eine weiche, fließende Leinenführung mit viel Gefühl für die richtige Spannung und Leinenlänge. Die Leine wird zum sensiblen „Fühler", die sehr viele Infos vom Hund an uns weiterleitet.

Das erfordert einige Übung und viele kleine erfolgreiche gut lösbare Trails. Man muss sich in kleinen Schritten am Erfolg entlanghangeln, Schwierigkeiten steigern und immer wieder zurück zu den Basics finden, die so wichtig sind. Das festigt die Zusammenarbeit von Hund und Hundeführer nach der gemeinsamen Jagd nach der Zielperson.

Können wir bitte noch einmal über das Thema Opferbindung sprechen? Da wird ja öfter viel Kritik am Prozedere geäußert.

Ja, man hört öfter die Meinung, Opferbindung sei doch gar nicht notwendig. Hunde suchen doch auch ohne Opferbindung die Geruchsspur und kommen an! Diese Aussage ist völlig korrekt. Ein Hund sucht die Geruchsspur auch dann, wenn er es ausschließlich für seinen Hundeführer arbeitet, um ihm zu gefallen. Oder er sucht aus reinem Spaß am Ausarbeiten der Spur (selbstbelohnendes Verhalten). Das ist völlig richtig! Wenn der Hund jedoch neben den genannten Motivationen auch noch selbst unbedingt bei der Zielperson ankommen möchte, um sein erwartetes Fest zu feiern, hat er eine zusätzliche sehr starke Motivation, auch wirklich ankommen zu wollen. Diesen Hund hält nichts mehr auf! Er will da hin! Er wird alles geben, was ihm möglich ist, mit seinem Hundeführer diese gemeinsame Jagd zu Ende zu bringen.

Öfter hört man auch die Kritik, Opferbindung würde die Hunde auf optische Signale prägen und sie würden dann jeden anzeigen, der im Weg steht.

Hier wurde das Prinzip der Opferbindung im Bereich der Personensuche nicht richtig verstanden. Der Flächensuchhund erlernt eine personenunspezifische Opferbindung. Individualgeruch spielt hier keine Rolle. Er nimmt jeden Menschen, den er findet und zeigt ihn an. Anders der Personensuchhund. Der Zusammenhang des Geruchsträgers mit dem Individualgeruch der Zielperson wird zur magischen Anziehungskraft, um punktgenau dort anzukommen und alles andere ausblenden zu können.

Manchen dauert das mit der Opferbindung auch viel zu lange, um endlich mit der Arbeit am Geruch anfangen zu können!

Das ist ein Trugschluss! Suchen kann man nicht lehren! Hunde können von Natur aus suchen! Wir müssen ihnen nur erklären, welchen Geruch sie suchen dürfen. Erst wenn sie ein eigenes Bedürfnis und ein starkes Eigeninteresse entwickelt haben, am Ziel der Spur ankommen zu wollen, kann dieses Bedürfnis auch voll für unsere Zwecke genutzt werden. Daher kann man sich gar nicht genug Zeit lassen, die Opferbindung auf einem hohen Niveau zu erarbeiten.

Fehler in der Opferbindung werden sich in der Konzentrationsfähigkeit widerspiegeln. Ein Hund, der gelernt hat, sich auf sein Ziel zu konzentrieren, wird mehr Ehrgeiz in die Tätigkeit auf den Weg dorthin investieren als einer, für den der Weg alleine das Ziel ist!

Was kannst du uns zum Thema „Trails von Anfänger bis Profi“ sagen?

Jetzt ist vor allem der Hundeführer gefragt. Er muss lernen, seinen Hund zu lesen. Er muss anhand der Körpersprache erkennen, wie sieht sein Hund aus, wenn er am Thema arbeitet und wie sieht er aus, wenn er die Geruchsspur verlassen hat und danach sucht oder wie sieht er aus, wenn er sich durch andere Dinge ablenken lässt. Der Hundeführer muss lernen, sich neutral zu verhalten und dem Hund keine unbewussten Zeichen zu geben, die ihn beeinflussen können. Das hört sich leichter an, als man denkt.

Wenn man weiß, wo es hingeht, ist die Gefahr groß, dem Hund unbewusst Hilfen zum Ankommen zu geben. Da langt schon eine Körperdrehung oder ein entschlossener Schritt nach vorne, der den Hund antreibt.

Wenn man nicht weiß, wo es hingeht, aber Zweifel am richtigen Weg des Hundes hat, gibt man oft fatale Signale an den Hund weiter, die es ihm nicht gerade leichtmachen, anzukommen.

Auch die mitlaufende Gruppe kann durch Stehenbleiben, Treiben oder Körperdrehungen unbewusst starken Einfluss auf das trailende Team haben.

Vertrauen zu seinem Hund kann nur wachsen, wenn die Ergebnisse überzeugen. Das geht aber nur, wenn die Trails so gelegt werden, dass die Anforderungen weder zu hoch noch langweilig sind. Einen guten Trainer an seiner Seite zu haben, ist unumgänglich. Er muss einschätzen können, wie der Schwierigkeitsgrad ist, wann er korrigieren muss und wie er das Team unterstützen kann. Mantrailing zu lernen bedeutet intensive enge Zusammenarbeit in der Gruppe und bedarf einer guten Planung.

Die Schwierigkeit von Geruchsspuren wird weder durch die Länge noch durch das Alter unbedingt gesteigert. Im Gegenteil, ein 30 Stunden liegender Trail fällt so manchem Hund leichter als ein frischer. Es sind die einzelnen Details, die eine Ausarbeitung leicht oder schwierig machen. Umwelteinflüsse wie Wind und Wetter, Verkehr, Bebauung, Gelände etc. haben oft entscheidenden Einfluss auf die Schwierigkeit. Es ist für Hunde nicht immer möglich, der Geruchsspur exakt auf der tatsächlich gelaufenen Strecke zu folgen. Denn was besagte Umwelteinflüsse aus der Verteilung des Geruches machen, ist schwer voraussagbar. Man muss es erlebt haben, um es zu glauben. Viele Hunde kürzen die Strecke ab und manchmal werden sie abgetrieben und laufen außen herum. Verschiedene Hunde entwickeln verschiedene Strategien, der Geruchsspur zu folgen. Je nach Veranlagung des Hundes spielt das sorgfältige Training eine entscheidende Rolle an der Art, wie ein Hund zum Ziel kommt.

Die Art und Weise, wie sich die Trails in der jeweiligen Umgebung gestalten, entscheiden also über den Schwierigkeitsgrad.

Ein Anfänger sollte leicht zu findende kurze Trails erarbeiten, um schnell zum Erfolg zu kommen. Nach einer schwierigen Aufgabe sollten erstmal wieder einfach zu lösende Suchen folgen. Das steigert die Motivation.

Geruchspools, also Ansammlungen von Geruch durch längeren Aufenthalt der Zielperson an einem Ort, gestalten sich oft als schwierig zu lösende Aufgabe. Der Hund muss sich den frischesten Geruch im Geruchspool oft durch mehrmaliges Durchkreuzen erarbeiten, um einen Abgang zu finden. Da muss man als Hundeführer geduldig sein und den Hund gewähren lassen, um ihn nicht zu stören.

Es gibt kein Strickmuster, was auf jedes Team passt! Wichtig ist wie das Team im Alltag in gewohnten oder auch mal in stressigen Situationen miteinander klarkommt. Das Training muss sich sehr individuell im Tempo und im Steigern von Schwierigkeiten anpassen. Bei Überforderung entstehen schnell erfolgshemmende Situationen.

Eine stabile Opferbindung, angepasste Trainingsschritte und eine gute Teambildung sind die besten Voraussetzungen für eine erfolgreiche Ausbildung zum Mantrailing-Team.

Vielen Dank, liebe Brigitte für das interessante Interview!

Anfangs ist der Runner und Spielpartner für den kleinen Welpen so interessant wie jeder andere Mensch auch. Mit Hilfe des „Verstärkers" hebt er sich jedoch von der Masse ab, ihm wird besonderer Fokus und Aufmerksamkeit zuteil. Dies ist durchaus gewollt. Der dem Welpen zugeteilte Runner / „Opfer" soll interessanter sein als alle anderen Menschen.

Der Einsatz des Verstärkers (hier die Leberwurst-Tube) wird später in der weiteren Ausbildung wieder rationiert, d. h. der Hund bekommt sie nicht mehr während der gesamten Übung.

Beim Welpen sind die Übungseinheiten kurz und intensiv.

Er wird vom Runner zurück ins Auto gebracht, dadurch besteht weiterhin Körperkontakt und es besteht nicht die Gefahr einer Ablenkung des Welpen auf dem Weg zurück ins Auto. Der Lernerfolg ist gesichert.

Vom Lesen des Hundes...

Interview mit Armin Schweda

Fachbuchautor aus Bayern, Ausbilder und Prüfer Mantrailing im DRK und für die Polizei Sachsen

Hallo Armin, erzähle kurz etwas über dich, welche Verbindung hast du zum Mantrailing?
Ich mache seit 1992 Rettungshundearbeit. Begonnen habe ich mit Flächen- und Trümmerhundeausbildung. Seit 1999 beschäftige ich mich intensiv mit dem Thema Mantrailing. Mein Leitsatz bei allem ist: „Erst richtig lernen und verstehen und dann lehren!“

Seinen Hund zu lesen bedeutet:

Der Hundeführer hat die Aufgabe, während der Suche dessen Anzeigeverhalten zu
Erkennen – Interpretieren – Reagieren

Instinktives Suchverhalten

führt zu

Anzeigeverhalten

ermöglicht das

Lesen des Hundes (Interpretieren des Anzeigeverhaltens)

Der Diensthundeführer fungiert beim Einsatz als „Dolmetscher für seinen Hund“.
Sowohl das Suchverhalten als auch das Anzeigeverhalten des Hundes sollten nicht „erlernt“ im Sinne von „konditioniert“ sein!
Es ist vielmehr Aufgabe des Hundeführers das natürliche, instinktive Verhalten seines jeweiligen Hundes zu erlernen und zu verstehen.
Jedes „konditionierte“, sprich dem Hund „antrainierte“, nicht instinktive Anzeigeverhalten birgt immer die Gefahr einer „missbräuchlichen Nutzung“ durch den Hund in Situationen, in denen es dem Hund Vorteile verschafft.

Es geht schließlich, besonders im Einsatz zur Vermisstensuche, häufig um Menschenleben. Da sollte man keine Kompromisse machen. Was ich über die vielen Jahre der „Hundearbeit" gelernt habe, ist, dass wir vieles gar nicht erklären können...Hundeausbildung ist ein Handwerk, eine Kunst...keine Wissenschaft. Das versuche ich in meiner Ausbildungsphilosophie zu beachten und weiterzugeben.

Vielfach wird über „das Lesen des Hundes" gesprochen. Was verstehst *du* darunter?

„Lesen des Hundes" ist für mich etwas Relatives! Wenn man die gestellte Aufgabe genau kennt, ist es scheinbar einfach, „Hunde zu lesen". Dabei sollte man aber nicht vergessen, dass Vieles immer nur eine Interpretation / Spekulation ist und wir sehr oft Ursache und Wirkung verwechseln.

Ich beschränke mich beim Lesen der Hunde darauf, ihren individuellen Typ kennenzulernen. Wie ist der jeweils einzelne Hund im täglichen Leben drauf? Will er „dienen / mitarbeiten / Folge leisten", lässt er sich bereitwillig auf Führung durch seinen Menschen ein oder sucht er aktiv nach „Möglichkeiten jeder Art", um am Ende immer nur seine Interessen durchzusetzen? Diese Typisierung zeigt sich sowohl im privaten als auch im dienstlichen Umfeld.

Ein Hund, der „wie ein guter Soldat" dient, also alles nach bestem Wissen und Gewissen umsetzen will, wird bei der Ausarbeitung maximal an seine Können-Grenze stoßen oder mit der geruchlichen Schwierigkeit kämpfen.

Ein Hund, der eher als „Eros-Typ" seiner Aufgabe nachgeht, wird regelmäßig entscheiden, ob er gerade Lust hat zum Arbeiten oder eben doch nicht, weil es für ihn wichtigere Dinge gibt, als einer menschlichen Geruchspur zu folgen. Seine Leistung wird immer durch die Wollen-Grenze gesteuert werden.

Über all die Jahre habe ich in meiner Welt herausgefunden, dass die Bereitschaft und Fähigkeit zur Unterscheidung der beiden oben beschriebenen Hundetypen absolut entscheidend ist, ob wir als Ausbilder Teams zur Einsatzfähigkeit bringen oder nicht.

Wenn ein Hund nicht kann, dann können wir ihn fördern.

Wenn er nicht will, haben wir schlechte Karten. Dann hilft auch „Motivation" nur bedingt.

Zusammenfassend müssen wir lernen, den Hund zu lesen bezüglich seiner Arbeitseinstellung! Kann er nicht oder will er nicht?

Gelegentlich werden von manchen Trainern die vorgeblichen Möglichkeiten, was man alles am Hund ablesen könne, wie ich finde, auf die Spitze getrieben. Die Rede ist von der Interpretation jeder Kopfbewegung, jeder Rutenhaltung, quasi einfach allem, was der Hund unterwegs auf dem Trail tut. Kann man aus deiner Sicht tatsächlich „alles" am Hund ablesen?

Wie schon gerade gesagt, bin ich sehr vorsichtig, alles am Hund lesen zu wollen. Viele „Körpersignale" passieren ohne einen Bezug zur Trailarbeit, beim „Soldaten-Typ" genauso wie beim „Eros-Typ".

Ich habe in meinem bisherigen Leben gelernt, dass wir Menschen immer möglichst alles verstehen wollen. Das ist auch in Ordnung, solange wir immer daran denken, welche

Instrumente zum Verständnis einer Gegebenheit uns zur Verfügung stehen. Unsere eigene Vorstellungskraft ist da oft unsere Limitation. Auch unsere Fähigkeit, an etwas zu glauben. Natürlich immer in Grenzen: Die einen glauben an alles, die anderen an gar nichts. Beides ist falsch.

Über die vielen Jahre habe ich immer versucht, unter den Trailhunden eine Systematik zu erkennen, um bei der Ausbildung der Teams besser zu werden. Jedoch gelangte ich in meiner Welt immer wieder an den zentralen Punkt, der über Erfolg oder Misserfolg mitentschied… nämlich die Arbeitseinstellung der Hunde!

Ein Beispiel: Ein Hund „verlässt" den Trail, welcher auf der Straße gelegt wurde und holt auf eine angrenzende Wiese aus…immer noch die Trail-Richtung beibehaltend. Wir sind als Beobachter ruhig, denn die Richtung stimmt ja und es geht Wind, also verfolgt der Hund die Geruchsverlagerung. Auch zeigt der Hund „Head-signals" Richtung einer an die Wiese angrenzende Hecke – klarer Fall von Stauung von Geruch an der Hecke – alles weiter entspannt. Wir kommen am Läufer an und bewerten den Trail positiv.

Nun stellen wir uns einmal vor, dass es einen anderen Grund für das Verhalten des Hundes gab…nämlich eine Katze! Diese lief über die Wiese und dann in die Hecke, glücklicherweise parallel zur Richtung unseres Läufers… wie würden wir nun die Leistung des Hundes bewerten? Also Vorsicht mit der Beurteilung und beim Versuch des Lesens des Verhaltens von Hunden bei der Arbeit!

In meiner Welt braucht es zwar eine Menge Erfahrung in den unterschiedlichsten Situationen und mit den verschiedensten Hundetypen, viel wichtiger ist aber die Offenheit und Fähigkeit des Beobachters, die Arbeitseinstellung des Hundes permanent zu beurteilen.

Auffallend dabei ist immer wieder, dass Hunde, die gerade einer anderen Priorität nachgehen, sich sofort selbst korrigieren, wenn nur der Ausbilder anfängt zu reden…frei nach dem Motto: Mist! Ertappt! Hunde, die nach bestem Wissen und Gewissen ihren Trail verfolgen, arbeiten in derselben Situation einfach weiter. Diese Beobachtung spricht Bände!

Ich würde mir wünschen, dass Hundeführer/-innen und Ausbilder/-innen lieber lernen, die Hunde nach der Arbeitseinstellung zu „lesen", als verkrampft zu versuchen, jegliche körpersprachliche Regung des Tieres zu interpretieren.

Und dabei geht es nicht um das „Ankommen". Dies *(Anmerkung: gemeint ist das unmittelbare Auffinden von vermissten Personen durch das MT Team)* geschieht nach meiner Erfahrung in der Regel bei einem Drittel aller Trails. Bei einem weiteren Drittel stimmt zwar die Arbeit der Hunde, aber wir können mangels direkten Findeerfolges die Ergebnisse erst bei nachträglicher Bestätigung der tatsächlichen Lage deuten und verstehen. *(Anmerkung: dies betrifft beispielsweise Vermisste, die sich mit irgendwelchen Verkehrsmitteln wegbewegt haben und irgendwann ganz woanders wieder auftauchen, Tote, die erst nach längeren Zeiträumen im vom MT-Team markierten Zielgebiet gefunden werden oder im kriminalistischen Einsatz Tatverdächtige, die das Mantrailingergebnis in der Vernehmung bestätigen)*

Das letzte Drittel werden wir nie verstehen. *(Anmerkung: Fälle die nicht aufgeklärt werden aber auch vermisste Demente, die im Nachgang keinerlei aufschlussreiche Auskunft über ihre zurückgelegte Laufstrecke geben können.)*

Ich denke, dabei können wir lernen, die Ergebnisse des zweiten Drittels immer besser zu deuten, indem wir viele Ergebnisse vergleichen und dabei „Gleichheiten“ feststellen. Trotzdem wäre ich immer vorsichtig damit, mich definitiv festzulegen, denn zum Beispiel die Frage, ob der Hund in Richtung der zu suchenden Geruchsspur oder von dieser weg abschwemmte, hängt von so vielen Faktoren ab und nicht nur vom vermeintlich zu spürenden Wind. *(Anmerkung: wie beispielsweise Geländestrukturen wie Senken oder Hanglagen mit spezifischem Luftströmungsverhalten, zerklüfteten Geländeabschnitten mit dem resultierenden Canyon Effekt, im Windschatten liegenden Bereichen, temperaturunterschiedlichen Geländeabschnitten mit resultierenden Thermiken, nicht zuletzt auch von der Fortbewegungsart des Gesuchten – langsam oder schnell – zielgerichtet oder nicht orientiert kreuz und quer, usw.)*

Ist es bei einem Realeinsatz nicht vielleicht zielführender, den gelaufenen und per GPS aufgezeichneten Trail richtig zu bewerten und zu interpretieren, etwa unter dem Gesichtspunkt der vom Hund abgebildeten Geruchsverteilung und der Besonderheiten des Geländes, um dadurch der Einsatzleitung wertvolle Hinweise zur weiteren Suche zum Beispiel eines Vermissten zu liefern? Realeinsätze haben ja oft gezeigt, dass die Hunde gar nicht so falsch lagen und die weiteren Such- und Bergungskräfte bei richtiger Einschätzung des Mantrailingergebnisses und zielgenauer Anschlusssuche schnell an die gesuchte Person herangeführt werden können.

Insbesondere für die Vermisstensuche, über die ich hier spreche, möchte ich diesbezüglich auf meine vorherige Antwort verweisen. Speziell bei der Suche nach vermissten Personen (egal aus welchem Grund sie abgängig sind!) haben sich einige Dinge als statistisch relevante Erkenntnisse herauskristallisiert, welche als grobe Anhaltspunkte für eine Suche herangezogen werden können.

So befinden sich etwa 80 % aller Gesuchten im Radius von einem Kilometer um den Abgangsort.

Im Umkreis von drei Kilometern um den Abgangsort befinden sich sogar etwa 90 % aller Gesuchten.

Der Trailer ist eine „Masche im Suchnetz“ der einsatztaktischen Möglichkeiten. Je engmaschiger dieses Netz durch die Verknüpfung mehrerer Suchoptionen wie zum Beispiel Trailer, Flächenhunde, Streife oder Hubschrauber gestrickt ist, desto höher steigen die Chancen, den Vermissten rasch zu finden. Werfen wir dieses Netz über dem richtigen Gebiet aus, zum Beispiel im Radius von drei Kilometern um den Abgangsort, erhöhen sich die Chancen nochmals signifikant. Der Mantrailer kann helfen, ein solches Zielgebiet zu definieren.

Eine Suche jedoch einzig und allein auf das Laufbild des Mantrailers abzustimmen, wäre zu leichtfertig! Hund und Mensch sind keine Maschinen und können sich irren. Bei Vermissten besteht außerdem immer die Möglichkeit, dass sie sich weiterhin in Bewegung befinden, während die Suche bereits läuft oder dass der Mantrailer an einem Geruchspool angekommen ist, den der Vermisste verursacht, aber bereits wieder verlassen hat. Läuft ein orientierungsloser Vermisster im Kreis, was sogar recht häufig vorkommt, so kann er gegebenenfalls sogar aus der Gegenrichtung wieder auftauchen und gefunden werden, ohne dass der Mantrailer, der die Spur vom Abgangsort aus verfolgt hat, falsch war.

Jeder MT-Hundeführer sollte im Nachgang seine GPS-Aufzeichnungen bewerten und als Dokumentation hinterlassen…aber mit dem nötigen Augenmaß bitte schön.

Und ich würde bei Vermissten immer, wenn möglich lieber ein zweites unbeeinflusstes Team mit vergleichbarem Ausbildungsstand starten lassen, als nur auf Grund eines Suchlaufes stundenlange Interpretationen und Deutungen vorzunehmen. Ist kein zweites Team vorhanden, dann einfach das erste Team nach einer Pause nochmals starten lassen. Auch das ist besser als Deutung!

Gerade in dem Fall, dass der Vermisste wie eben zuvor beschrieben noch in Bewegung ist, kann ein zweiter Start gegebenenfalls schon wieder auf völlig neuen Umständen basieren.

Vielen Dank, Armin!

Kommentar:

Ich durfte in meiner dienstlichen Tätigkeit auch mitunter haarsträubende Interpretationen des Trailverhaltens von Hunden kennenlernen. Vielfach ließen sich besonders „private Anbieter“, welche von manchen Polizeien oder Staatsanwaltschaften unter bestimmten Umständen für kriminalpolizeiliche Ermittlungsunterstützung eingesetzt wurden, gegenüber den Ermittlern in ihrer Euphorie, vermeintlich an der Fallaufklärung beteiligt zu sein, zu unglaublichen Aussagen hinreißen, die eher dem Munde eines Profilers aus einem schlechten Kriminalroman entstammen könnten als dem eines seriösen Mantrailers. Deshalb ist es für ein unvoreingenommenes Herangehen des Mantrailing-Hundeführers essenziell, dass er nur die für seine Arbeit notwendigen Dinge und Sachstände und nicht den kompletten Ermittlungsstand mitgeteilt bekommt. Dies sind sicher alle Informationen zum Geruchsträger (Herkunft, wer hat ihn gesichert, wie wurde er gesichert, wurde er bereits benutzt und von wem – dies alles, um dessen generelle Eignung zu beurteilen). Auch sind manche Informationen zum Fall wichtig, um die Ermittler aus kynologisch-fachlicher Sicht vernünftig beraten oder das Verhalten des Hundes richtig beurteilen zu können. Dies muss aber von Fall zu Fall betrachtet werden und es gibt da keine feste Vorgabe. Grundsätzlich sollte der Hundeführer nicht durch Vorabinformationen in seiner Arbeit beeinflusst sein. Sie muss unvoreingenommen und rein objektiv erfolgen. So darf er zum Beispiel vor seinem Start nicht die Lauftrecke eines vor ihm bereits eingesetzten Teams kennen.
Kommen wir nochmals zum Geruchsträger: Mit ihm steht oder fällt die gesamte Veranstaltung! Ein unsauberer Geruchsträger oder ungenügendes Ausschließen führt bei Vermisstenfällen gegebenenfalls zu falschen Suchergebnissen und, weil der Hund womöglich sogar jemanden ganz anderen sucht, der auch am Geruchsartikel „dran ist“, zu falschen Folgemaßnahmen in irrelevanten Zielgebieten. Das kostet Zeit und kann den eigentlichen Vermissten im schlimmsten Fall das Leben kosten.
In Strafverfahren böten derartige Geruchartikel Anlass zu vielerlei Spekulationen und ließen im Nachgang die gesamte Trailarbeit fragwürdig erscheinen. Leider wissen noch viele Sach-

bearbeiter und zum Teil auch Kriminaltechniker nicht genau, wie man odorologische Spuren richtig sichert, verwahrt und mit ihnen umgeht. Unsere Teams gehen daher in die Dienststellen und geben diese Informationen gern an die Sachbearbeiter weiter – häufig auf Anforderung durch die Dienststellen, welche ihre eingeplanten Schulungstage dafür nutzen. Zugleich werden gerade in Strafverfahren durch unsere Teams aber auch ungeeignete Geruchsartikel konsequent verworfen, da sie vor Gericht keinen Bestand hätten. Dieses konsequente Vorgehen sollte jedoch auch bei Vermisstenfällen Anwendung finden. Der Mantrailinghund ist niemals das einzige anwendbare Einsatzmittel bei einer Vermisstensuche. Es ist im Zweifel aber immer noch besser, lieber einmal keine Spur zu haben, als mit einem faktisch ungeeigneten Geruchsartikel womöglich aus Profilierungssucht falsche, mitunter aufwändige Ermittlungsansätze zu generieren und dadurch zeitliche und personelle Ressourcen zu binden!
Für polizeiliche Teams, die sowohl bei Vermisstensuchen als auch in Strafverfahren zum Einsatz kommen, sollte dieses Vorgehen ohnehin Usus sein! Genaues Arbeiten kann nämlich niemals fallabhängig gemacht werden.
Das Prinzip „beim Vermissten müssen wir alles versuchen und gegebenenfalls auch mit unsauberen Geruchsartikeln *(mehrfach kontaminiert= unklarer Suchauftrag)* und auch ohne ausreichende Ausschlussmöglichkeiten starten *(ist gleichbedeutend mit: der Hund entscheidet selbst, welchen der am Geruchsartikel vorhandenen Individualgerüche er ausarbeiten will)*, funktioniert so nicht, wenn man dann in Strafverfahren den Anspruch hat, wiederum sehr exakt zu arbeiten, was ja gefordert ist! Das wäre in etwa so, als würde man mit einem Messschieber mal eben einen Nagel in die Wand schlagen und hinterher damit irgendwas auf Zehntelmillimeter genau ausmessen wollen. Auf den Gedanken würde wohl kaum jemand kommen!

Auch ohne Trailen möglich... die Geruchsdifferenzierungsarbeit

Interview mit Dr. med. Christine Schüler (†)

1. Vorsitzende DRK Kreisverband Hamburg Altona und Mitte e. V., Kreisverbandsärztin, Prüferin Rettungshundestaffel, 1. Vorsitzende der ARGE Odorologie

Liebe Christine, du gehörst zu den wenigen zertifizierten Ausbildern der von Tom Middlemas praktizierten Geruchsdifferenzierungsarbeit. Kannst du das Prinzip der Methode erklären?

Bei der geruchsspezifischen Geruchsdifferenzierung bilden wir den Hund aus, dass er uns immer nur den Geruch findet und anzeigt, der ihm vorgegeben wird. Unsere Art der Ausbildung, über 40 Jahre von einem sehr erfahrenen Ausbilder in Schottland, Tom Middlemas, entwickelt, verbindet mehrere Ausbildungsschritte miteinander. Der Hund lernt auf natürliche Weise zu suchen, zu finden, im Team mit seinem Hundeführer zu arbeiten und sie fördert den gegenseitigen Respekt und das Vertrauen.

Durch die Ausbildung zum geruchsspezifischen Geruchsdifferenzierer lernt der Hund:

1. Ohne Stress auf natürliche Weise die Zusammenarbeit mit dem Hundeführer und diesen als verlässlichen und berechenbaren Führer zu akzeptieren und respektieren (Leadership),
2. Ein effizientes, vom Hundeführer vorgegebenes Suchschema zu arbeiten und einzuhalten
3. Ohne Druck und ohne Vermeidungsverhalten einen aus der Hand des Hundeführers präsentierten Geruch anzunehmen, da dies eine angenehme Erfahrung für ihn ist
4. Die positive Kommunikation mit dem Hundeführer,
5. Die Nasenleistung und Geruchsidentifizierung bis zur für diesen Hund höchstmöglichen Leistungsschwelle
6. Nahrungsmittel bei der Arbeit zu ignorieren
7. Alle Gerüche bis auf den vorgegebenen zu untersuchen und auszuschließen
8. Den frischesten Geruch der gleichen Quelle zu identifizieren und zu suchen
9. Für Rettungshundeeinsätze lernt der Hund an einem Ort anzuzeigen, ob eine Person tatsächlich an diesem war oder nicht, ohne einen Trail aufnehmen zu müssen
10. Im Spürhundbereich: geringere Mengen des Zielgeruches zu identifizieren und den Ursprung zielgerichtet zu finden

11. Für Trailing-Einsätze: der Hund kann geringere Mengen vom Zielgeruch finden und trotz starker Kontamination durch die verbesserte Geruchsbilderkennung auch alte Trails effektiver aufnehmen und verfolgen.

Die Methode ist zweifellos eine wirkungsvolle Ergänzung im Rettungseinsatz bei der Vermisstensuche. Nun haben die Mantrailing-Teams der Polizei auch noch andere Aufgaben, ich rede hier insbesondere von der Mitwirkung bei der Aufklärung von Straftaten von herausragender Bedeutung. Du hast unsere Arbeitsweise kennengelernt und du kennst meine Meinung hinsichtlich der Klarheit der Aufgabe für den Hund und der daraus resultierenden Beurteilungsfähigkeit durch den Hundeführer.
Wie kann das Mantrailing aus deiner Sicht durch die Geruchsdifferenzierungsarbeit in der Vermisstensuche aber gerade auch im Ermittlungseinsatz sinnvoll ergänzt werden und gehst du konform damit, dass gerade bei der Strafverfolgung eine strikte Trennung der Aufgabenbereiche „Trail" und „(lokale) Geruchsdifferenzierung" sinnvoll ist und Klarheit bei der Beurteilung schafft?

Das Scentbox-Training, so nennen wir unser Training, wurde für die Ausbildung von Rettungshunden und Spürhunden entwickelt. Die ersten Ausbildungsschritte sind für alle Hunde, die geruchsspezifisch arbeiten sollen, die gleichen. Nachdem Hund und Hundeführer zu einem Team geworden sind und beide gelernt haben sich zu verstehen (die Körpersprache zu lesen), kann der Hund in jede weitere spezialisierte Ausbildung gebracht werden.

Nicht nur in Deutschland möchten Hundeführer und Administratoren (also die Budgetverantwortlichen) gerne den Allrounder als Hund haben. Also Hunde, die mehrere Aufgaben gleich gut erledigen können. Überall da, wo es um Menschenleben oder Verbrechensbekämpfung geht, sollten in meinen Augen jedoch reine Spezialisten eingesetzt werden. Ich kenne nur wenige Hunde, die auf einem solchen Spezialgebiet in mehreren Disziplinen wirkliche Spezialisten sind. Wenn ich in meinem Beruf als Allgemeinmedizinerin einen Patienten mit einem Gehirntumor habe, dann schicke ich ihn nicht zur weiteren Abklärung zu einem Urologen, sondern zu einem Neurochirurgen.

Ich arbeite seit einigen Jahren mit Diensthundeführern aus dem polizeilichen Bereich zusammen. Diese Hundeführerkollegen nutzen das Scentbox-Training in ihrer Ausbildung für ihre Diensthunde. Hierdurch haben sich vielfältige Einsatzmöglichkeiten für den geruchspezifisch arbeitenden Hund ergeben. Alleine die Möglichkeit zu haben, mit dem Hund festzustellen, ob eine Person an einem Ort anwesend war, kann eine ungemein hilfreiche Information in der Ermittlungsarbeit sein.

Ich nutze diese Art der Arbeit auch beim Mantrailing. Dies allerdings aus der Not heraus, da es mir nicht möglich ist, noch mehr Hunde als jene die ich sowieso schon habe, zu halten und vor allem zu beschäftigen. Es hat sich jedoch gezeigt, dass der reine Spezialist wesentlich treffsicherer in seiner Aussage ist und es ihm leichter fällt, auch geringste Geruchsspuren zu finden und anzuzeigen.

Die geruchsspezifische Nasenarbeit, also das Verfolgen einer menschlichen Geruchsspur durch bewohntes oder ungewohntes Gebiet mit unzähligen Verleitgerüchen oder mit einem spezifischen vorgegebenen Geruch in einer stark kontaminierten Umgebung (ich sage immer, der Hund ist bereit für den Einsatz, wenn er schwarze Schuhcreme von brauner am Geruch unterscheiden kann) ist eine hoch komplexe Aufgabe. Insbesondere bei der Verbrechensbekämpfung oder wenn es um Menschenleben geht, sollte wenn immer möglich ein hochspezialisierter Hund zum Einsatz kommen.

In den letzten Monaten kamen immer wieder Anfragen nach Hunden, die in der Lage sind, Gegenstände einem bestimmten Menschen zuzuordnen, zu überprüfen, ob ein Verdächtiger an einem bestimmten Ort anwesend gewesen ist. Auch kann es sein, dass ein Mantrailer am Ort der letzten Sichtung einen Trail nicht aufnehmen kann, dann wäre es schön, die Unterstützung eines Hundes zu haben, der mir sagt: „Ja die Person war hier", auch ohne dass ein Trail aufgenommen werden muss. Der Kreuzungen und Ausgänge von Gebäuden nach dem spezifischen Geruch überprüfen kann. Die Einsatzmöglichkeiten werden einzig durch die Begrenzung des eigenen Ideenreichtums beschränkt.

Würdest du im Falle eines rein auf Geruchdifferenzierung auszubildenden Hundes auch wie beim Trailen eine bestimmte „Art Hund" wegen ihrer Veranlagung wie zum Beispiel die Scenthounds im Allgemeinen präferieren?

Du fragst, ob ich einen bestimmten Hundetyp oder eine Rasse für die geruchsspezifische Geruchsdifferenzierung bevorzugen würde. Das ist keine einfache Frage. Im privaten Bereich muss jeder Hundeführer mit dem Hund arbeiten, der ihm liegt. Du selbst bist ein Bloodhoundführer und weißt, wie stark das Familienleben durch einen solchen Hund beeinträchtigt werden kann. Ich habe erst kürzlich die letzten Spuren meines Bloodhounds Max von der Decke meines Wohnzimmers entfernt. Nicht jeder Hundeführer würde das auf sich nehmen. Auch arbeitet man, und das ist menschlich, besser mit einem Hund zusammen, den man mag. Trotzdem würde ich immer einen Hund bevorzugen, der von Statur und Charakter zu der Arbeit, für die er eingesetzt werden soll, passt, also optimal ausgestattet ist für den zu erledigenden Job.

Im Bereich professioneller, also hauptamtlicher Hundearbeit, würde ich immer darauf schauen, zu welcher Arbeit der Hund herangezogen werden soll, wie schnell er lernt, wie belastbar er ist und wie lange er im Schnitt einsetzbar ist. Für enge Räume oder zum Beispiel das Absuchen von Hochregalen würde ich keinen großen, schweren Hund, sondern einen leichten, wendigen Hund einsetzen bzw. ausbilden. Ich persönlich bevorzuge Jagdhunderassen, die ursprünglich für die Arbeit mit der Nase gezüchtet wurden, gepaart mit einer tüchtigen Prise Unabhängigkeit und trotzdem dem Willen zur Zusammenarbeit.

Vielen Dank Christine, für das interessante Gespräch!

Nachtrag: *Dr. Christine Schüler gab mir dieses Interview vor einiger Zeit und unterstützte und bestärkte mich zum Schreiben dieses Buches. Sie wurde am 09.10.2021 plötzlich und für uns alle unerwartet aus dem Leben gerissen. Wir hatten ein sehr freundschaftliches Verhältnis und sie war eine ausgewiesene, kompetente Expertin auf dem Gebiet der Odorologie. Ich werde ihr Andenken stets in Ehren halten und bedanke mich, Christine als Freundin, Unterstützerin und Wegbegleiterin gekannt zu haben.*

Nochmals zum „Kluger-Hans-Effekt"

Interview mit Dr. biol. Alexandra Stupperich

Dr. Alexandra Stupperich ist promovierte Diplom-Biologin mit Schwerpunkt Verhaltenswissenschaften. Sie beschäftigt sich wissenschaftlich mit Mensch-Tier-Interaktionen und leitete als Professorin für Kriminaltechnik an der Polizeiakademie Niedersachsen ein Forschungsprojekt zum Mantrailing. Aktuell ist sie als Dozentin an der internationalen Hochschule IU tätig.

Liebe Alexandra,
Ein sehr beliebtes Thema bei Trailern und vor allem bei Kritikern ist der Kluge-Hans-Effekt! Was ist deine Auffassung dazu?

Das Phänomen des Klugen Hans zeigte anschaulich einen methodischen Fehler im experimentellen Design, den man in der Sozialpsychologie als Rosenthal-Effekt bezeichnet und der mit einem ‚logischen Fehler' angereichert wurde. Aus Beobachtungen wurden vom Versuchsleiter erwartete Erkenntnisse abgeleitet, die zwar logisch erschienen, aber trotzdem falsch waren. In diesem Fall leitete sich die falsche Beurteilung aus den Erwartungen des Versuchsleiters ab, dass sein Pferd in der Lage sei, tatsächlich rechnen zu können. Tatsächlich zeigte sich, dass das Pferd sein Verhalten an den beobachteten Verhaltensänderungen beim Menschen ausrichtete. Die Kontrolle des Klugen-Hans-Effektes ist heute eine zentrale Herausforderung bei der empirischen ethologischen Forschung (jedoch nicht die einzige!), da ja ausgeschlossen werden soll, dass eine Verhaltensänderung auf andere als der vom Experimentator variierten Stimuli zurückzuführen ist. Dass auch Hunde sich am Verhalten ihres Besitzers / Hundeführers orientieren, ist in zahlreichen Experimenten belegt (z. B. Becker et al 1962). Dass sich Hunde vor allem in Situationen, in denen sie sich unsicher fühlen, am Verhalten des Hundeführers orientieren, zeigten z. B. Scott und Fuller (1965), aber auch aktuelle Ergebnisse einer Studie bei Mantrailern an der Polizeiakademie Niedersachsen (Kupka 2016). Solches Verhalten gehört bei Haushunden, die in menschlichen Haushalten sozialisiert wurden, zur normalen Interaktion. Sie kann generell als eine Art ‚Rückversicherung' betrachtet werden (Miklosi, 2015). Hegedüs und Kollegen verweisen auf zahlreiche verschiedene Hinweisstimuli des Menschen, die Hunde kognitiv verarbeiten können. Einige davon werden von Hundetrainern gezielt eingesetzt (z. B. Handsignale oder akustische Kommandos), andere erfolgen unbewusst (Körperhaltung, Körpergeruch, Stimmmodulation).

Auf welche Art könnte der Kluge-Hans-Effekt bei Mantrailern zum Tragen kommen? Zahlreiche Studien belegen, dass die Anwesenheit des Hundeführers das Verhalten des Hundes beeinflusst (und gelegentlich zu dessen Sicherheit auch beeinflussen muss). Aber da der Hundeführer den Verlauf der Geruchsspur nicht kennt, ist er auf seinen Hund angewiesen. Der Hundeführer muss quasi die Kontrolle über die Situation abgeben. Bei freilebenden Wölfen wurde eine vergleichbare Art von Aufgabenübertragung (vermenschlicht könnte man es als ‚Arbeitsteilung' bezeichnen) beobachtet, die sich z. B.. bei der Aufteilung des Rudels während der Verfolgung von Beutetieren niederschlug. Auch hier läuft nicht das dominante Weibchen (oder Männchen) an der Spitze des Rudels, sondern ein Tier, das verlässlich das Beutetier aufspüren kann. Orientiert sich dieses an den anderen Rudelmitgliedern oder lässt es sich durch deren Verhalten beeinflussen? Selbstverständlich, denn würde der Suchhund in einer Art autistischem Verhalten selbstvergessen dem Geruch folgen, würde er am Ende dem Beutetier alleine gegenüberstehen. Beim Stellen der Beute ist aber ein strategisches Vorgehen des ganzen Rudels entscheidend für den Jagderfolg. Meiner Meinung nach schließen sich eine Beeinflussung des Hundes durch den Hundeführer und eine autarke Suchleistung nicht aus, sondern stärken das Team sogar.

Vielen Dank, liebe Alexandra, für das informative Gespräch!

Orientiert sich der Hund am Hundeführer? Um das herauszufinden, ist eine Videodokumentation durch einen Flanker hilfreich.

9.

Der Geruchspool, erklärt am Beispiel des Popcornautomaten

Der Geruchspool ist der natürliche Feind des Trailers! Als einen Geruchspool bezeichnet man eine größere Ansammlung des Geruchs der gesuchten Person, der flächig verteilt ist. Da jeder Mensch ständig Geruch produziert, entsteht ein Geruchspool zum Beispiel, wenn sich die Person an einem Ort aufhält, ohne sich fortzubewegen oder sich nur in einem räumlich klar definierten Gebiet bewegt.

Ich benutze bei Schulungen gern den Vergleich mit einem Popcorn-Automaten, der ständig und ohne Unterbrechung Popcorn ausspuckt.

Stelle ich diesen Automaten auf einen Anhänger und fahre damit von Stadt A nach Stadt B, dann habe ich dabei eine Popcornspur erzeugt, die entlang meiner Fahrstrecke von A nach B führt. Diese Spur ist recht einfach zu verfolgen, da ihre Ausbreitung relativ schmal und linienförmig ist. Ich spreche daher von einer progressiven Ausbreitung der Spur. Wir brauchen nur nach Popcorn Ausschau zu halten und der Spur zu folgen, um zu dem Automaten zu kommen.

So wie im Beispiel der Popcornautomat Popcorn, erzeugt jeder Mensch zeitlebens ständig Geruch. In Bewegung entsteht dadurch eine Linie.

Stelle ich nun aber diesen Popcornautomaten mitten auf dem Marktplatz in Stadt B ab, dann wird sich das stets weiterhin ununterbrochen produzierte Popcorn in jede Richtung um den Automaten herum ausbreiten und dort bald der gesamte Platz mit Popcorn „geflutet" sein! Irgendwo unter dem großen Haufen befindet sich jetzt der Automat. Mit der Strategie, dort wo das Popcorn ist, finde ich den Automaten, komme ich jetzt nicht mehr weiter. Das, was bildlich ausgedrückt mit dem Popcorn geschieht, passiert auch mit dem Geruch. Er breitet sich bei Stillstand flächig aus. Das Problem: Trailen bedeutet „Geruch verfolgen"! Ein Trailer kann wunderbar eine sich linienförmig (progressiv) ausbreitende Geruchsspur verfolgen. In einem Geruchspool ist ihm dagegen die Möglichkeit des Trailens, also Geruchverfolgens, genommen! Der beauftragte Geruch befindet sich hier nämlich plötzlich überall! Vor ihm, hinter ihm und beidseitig neben ihm.

Im Stillstand dagegen breitet sich der immer weiter produzierte Geruch flächig aus, es bildet sich ein Geruchspool.

Arten von Geruchspools

Geruchspool im Zielgebiet, weil sich die Person dort aufhält

Dieses Szenario kommt wohl am häufigsten vor. Der Hund verfolgt souverän eine Geruchsspur, die schließlich in einen Geruchspool mündet. Was bis dahin ziemlich leicht war, nämlich die linienförmige Geruchsspur zu verfolgen, geht plötzlich nicht mehr. Kommt der Hund in einen solchen Geruchspool hinein, dann ist der gesuchte Geruch plötzlich überall. Er breitet sich vor ihm, neben ihm und hinter ihm aus. Ein Verfolgen solchen flächig verteilten Geruchs ist nicht möglich. Daher brauchen Mantrailer im Zielgebiet oft eine Weile, um den Runner zu lokalisieren.

Geruchspool im Zielgebiet, weil sich die Person dort aufhält

Natürlicher Geruchspool

Ein natürlicher Geruchspool entsteht ohne Zutun des Runners durch bestimmte Geländestrukturen, beispielsweise in Senken oder im Windschatten von Gebäuden. Hierbei werden aufgrund von Luftverwirbelungen, zum Beispiel durch vorbeifahrende Fahrzeuge, Geruchspartikel von der eigentlichen Wegstrecke des Runners verlagert und sammeln sich an anderer Stelle. Dort treten sie dann gehäuft auf und der Hund erkennt viel mit dem Suchauftrag übereinstimmenden Geruch. Dies tritt oft in verkehrstechnisch ruhigeren Bereichen derselben Straße auf. Ein solcher Ort kann ein im windgeschützten Bereich neben der Straße liegender Innenhof oder auch ein in einer Häuserzeile nach innen versetzt stehendes Reihenhaus sein. Ein typisches Verhalten des Hundes hierfür ist das „Mitnehmen" von Grundstückseinfahrten während der Ausarbeitung des Trails, indem er die Straße oder den Fußweg verlässt und diese Einfahrt betritt und in die Ausarbeitung mit einbezieht, um anschließend den Trail auf dem Weg vor der Einfahrt wieder fortzusetzen. Dies obwohl, wie im Training nachvollziehbar, der Runner nie in dieser Grundstückseinfahrt war! Im Einsatz sehe ich ein solches Verhalten für mich als recht zuverlässigen Indikator dafür, dass mein Hund eine Spur ausarbeitet.

Im Tötungsfall „Michelle" in Leipzig ist u. a. auch eine private Person mit Mantrailern zum Einsatz gekommen. Als Ergebnis wurde der ermittelnden Mordkommission u. a. auch explizit an einigen Objekten entlang des ausgearbeiteten Trails mitgeteilt „hier ist viel Tätergeruch". Dies hatte zur Folge, dass dort umfangreiche Spurensuchmaßnahmen ausgelöst wurden, welche zwar offenbar zu keinem Ergebnis führten, jedoch hohen Zeit- und Personalaufwand erforderten und große Unruhe in der Bevölkerung auslösten.

Geländestrukturen erzeugen aufgrund ihrer spezifischen Beschaffenheit durch Luftverwirbelungen und Windschatten natürliche Geruchspools (siehe blaue Markierung). Dort ist dann mehr Geruch der gesuchten Person als auf der eigentlichen Wegstrecke!

Je höher die Person positioniert ist, desto schneller kann ein großflächiges Gebiet kontaminiert sein.

In Tal-Lagen kann sich ebenfalls Geruch sammeln.

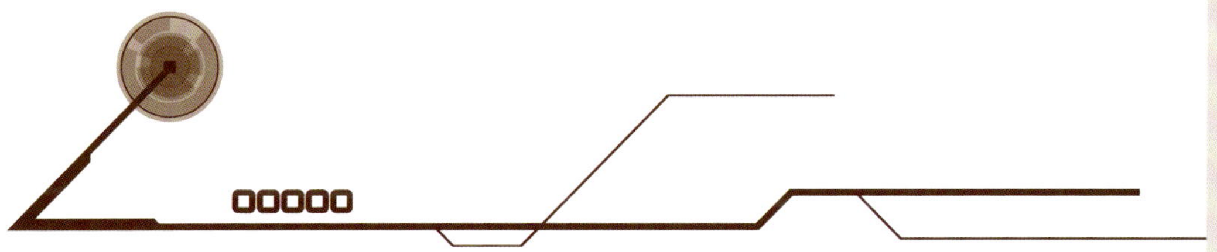

Geruchspool auf dem Trail

Ein Geruchspool auf dem Trail entsteht durch Verweilen und anschließendes Weiterlaufen der gesuchten Person. Der verirrte Wanderer ruht sich beispielsweise irgendwo aus und läuft dann weiter. Geruchspools auf dem Trail stellen sich häufig schwieriger dar als Geruchspools am Start. Oft gelingt die Ausarbeitung des Trails bis zu dieser Stelle ganz gut, gerät aber dann ins Stocken, weil der Hund unter Umständen den Ausgang aus einem solchen Geruchspool nicht findet. Richtig schwierig wird es dann, wenn der Geruchspool sehr groß ist, etwa weil sich die Person in dem Gebiet weiterhin bewegt hat.

In einem Einsatz im Sommer 2016 hatte ich die Aufgabe, ein vermisstes Kind zu suchen, das nach der Schule nicht heimgekommen war. Es deutete aber vieles darauf hin, dass sich das Mädchen aus eigenem Entschluss der elterlichen Fürsorge vorübergehend entzogen hatte. Ich war also gegen 03:00 Uhr nachts am Einsatzort angekommen und konnte mit einem von mir gesicherten Geruchsträger aus dem Zimmer des Kindes meine Hündin am „Point last seen“, nämlich der Schule, die gut 20 Autominuten vom Wohnort entfernt lag, starten. Mein Hund konnte zügig eine Spur aufnehmen, die sehr klar aus dem Stadtrand in die Altstadt hineinführte. Hier angekommen, änderte sich jedoch das Suchbild. Mein Hund hörte nun auf, zielstrebig in eine Richtung zu suchen und lief stattdessen kreuz und quer durch die Geschäftsstraßen der Altstadt. Auch nach der zweiten Runde gelang es ihm nicht, eine von dort weiterführende Geruchsspur ausfindig zu machen, sodass die Suche dort zunächst einmal ergebnislos abgebrochen werden musste. Ich vermutete einen Geruchspool, jedoch waren aufgrund der vielen kleinen Gässchen der zerklüfteten Altstadt auch Schwierigkeiten wegen des Canyon-Effektes (siehe S. 172) erklärbar. Am nächsten Tag erschien das Kind wieder in der Schule. Das Mädchen hatte bei einer Schulfreundin übernachtet. Deren Wohnung befand sich noch circa einen Kilometer aus der Altstadt heraus in Sichtweite innerhalb einer Wohnblocksiedlung. Zuvor hatten die Mädchen den halben Tag in der Altstadt beim Schaufensterbummel zugebracht. Meine Hündin hatte zwei Drittel der Strecke geschafft und war dann in dem Geruchspool hängengeblieben.

So etwas werden übrigens viele Einsatztrailer aus ihrer Erfolgsbilanz kennen: In wenigen Fällen hat man es geschafft, viel öfter jedoch hat man es „fast geschafft!“

Geruchspool am Start

a) mit herausführender linienförmiger Abgangsspur

Mit Geruchspools am Start hat man es in der Regel zu tun, wenn man im Lebensumfeld des Gesuchten startet. Dies ist die Standardkonstellation bei der Vermisstensuche. Häufig sind Vermisste aus ihrem unmittelbaren Lebensumfeld abgängig und wurden dort vor ihrem Verschwinden zuletzt gesehen. Je nach der Aktivität des Vermissten hat man es mit einem mehr oder weniger großen Geruchspool zu tun. Interessanterweise haben die meisten Trailer kaum Probleme, in dem Geruchspool die frischeste wegführende Spur zu erkennen und aufzunehmen – wenn sie am letzten bekannten Sichtungsort des Vermissten gestartet werden können und der Einsatz zeitnah erfolgt.

b) ohne herausführende linienförmige Abgangsspur

Auch diese „Sonderkonstellation" kann vorkommen und das in der Einsatzpraxis gar nicht mal so selten! Schon oft hatte ich (und ich bin überzeugt, auch unzählige andere Einsatztrailer) den Fall, dass ich zur Suche nach einem vermissten Pflegeheimbewohner gerufen wurde, der tatsächlich jedoch gar nicht weg war und das Pflegeheim oder Krankenhaus verlassen hatte, sondern sich lediglich im falschen Zimmer aufgehalten hatte oder versehentlich irgendwo eingeschlossen wurde. Eine Suche nach einem vermissten Pflegeheimbewohner beginnt daher für mich immer zuerst mit der gründlichen „Durchsuchung" des Pflegeheims. Wir haben dabei schon „Vermisste" zusammengerollt unter der Zudecke eines anderen Bewohners oder schlafend auf dem Fußboden in der Lücke zwischen Bett und Heizung des Mitbewohners gefunden! Auch eigentlich immer verschlossene Funktionsräume des Personals waren schon Auffindeorte. Man sollte also grundsätzlich nichts für unmöglich halten!

Auch bei kriminalistischen Einsätzen kann diese Situation eines Geruchspools ohne wegführende Spur auftreten, sogar bei Ad Hoc-Einsätzen. Beispielsweise ist es ein nicht seltenes Phänomen, dass pyromanisch veranlagte Brandstifter sich in unmittelbarer Nähe des selbst gelegten Brandes aufhalten, um den Brand selbst und die Löscharbeiten zu beobachten. Wer also, und dies trifft wahrscheinlich besonders auf polizeiliche Einsatzteams zu, rechtzeitig zu einem Brandort kommt, kann dort unter Umständen den Täter in unmittelbarer Nähe haben. Besonders bei Serienbrandstiftungen haben wir daher die Feuerwehren schon im Vorfeld sensibilisiert, eventuell aufgefundene Tatmittel bei den Löscharbeiten möglichst spurschonend zu behandeln.

Aber manchmal „interessieren" sich auch noch nicht gefasste Täter nach einem Verbrechen für den Stand der kriminalpolizeilichen Ermittlungen und stehen wie zufällig bei einem Hundeeinsatz als interessierte Schaulustige dort in der Gegend herum.

Eines haben diese Fallbeispiele aus odorologisch-kynologischer Sicht gemeinsam: Bei einem Geruchspool am Start, bei dem die zu suchende Person noch da ist (also ohne wegführende Spur), darf sich der gut trainierte Mantrailer nicht vom Start – also vom frischesten mit seinem Suchauftrag übereinstimmenden Geruch entfernen!

Strategien wildlebender Tiere rund um den Geruchspool

Wölfe in freier Wildbahn besetzen ein riesiges Territorium, welches sie nomadisierend auf der Suche nach Beute durchstreifen. Sie haben einen sehr intensiven arteigenen Geruch, der für ihre Beutetiere bei seiner Wahrnehmung ein akutes Alarmsignal darstellt. Wölfe haben daher die Strategie entwickelt, sich gegen den Wind an ihre Beute heranzupirschen. So haben sie die Beute sprichwörtlich „immer in der Nase" und werden zugleich selbst von dieser erst sehr spät wahrgenommen.

Die Löwen der afrikanischen Savanne dagegen verbringen die Hitze des Tages meist ruhend im Schatten einiger Bäume. Sie brechen häufig erst mit dem Einbruch der Dämmerung zur Jagd auf. Sie gehen bei der Jagd gezielt und organisiert unter Ausnutzung der natürlichen Deckung vor. Allerdings nehmen sie dabei wenig Rücksicht auf die Windrichtung. Trotzdem werden sie geruchlich ebenfalls kaum einmal von ihrer Beute deutlich vor einem Angriff wahrgenommen. Dies, obwohl sie einen sehr intensiven Geruch verströmen, der den empfindlichen Nasen ihrer Beutetiere (Gnus, Zebras, Antilopen und Gazellen usw.) kaum verborgen bleiben kann. Wie kann das funktionieren? Nun, Löwen nutzen die Strategie des Geruchspools. In dem von ihnen besetzten Gebiet verteilen Löwen großzügig ihre intensiven Duftmarken. Dies dient einerseits als Warnung an rudelfremde Artgenossen, kreiert aber zugleich für ihre Beutetiere ein enormes Problem! Denn wenn es in dem ganzen Gebiet überall intensiv nach Löwen riecht, dann sind sie nicht mehr in der Lage, die abstrakte allgegenwärtige Gefahr von der tatsächlichen, körperlichen Gegenwart ihres Fressfeindes geruchlich zu unterscheiden! Somit schaltet der Löwe die effektivste Gefahrenabwehr – die Distanzwaffe seiner Beute – de facto schlicht aus. Diese müssen sich somit vorwiegend auf ihre Augen verlassen, ein Sinnesorgan in welchem die Großkatze gegenüber ihrer Beute, besonders nach Einbruch der Dunkelheit, ihre Vorteile durch die Fähigkeiten sich unter Ausnutzung der Deckung anzuschleichen, gezielt ausspielen kann.

Der in den weiten Wäldern der Nordhalbkugel lebende Elch hat sich ebenfalls die Strategie des Legens eines Geruchspools als effektives Werkzeug zunutze gemacht, allerdings zum Abschütteln von Verfolgern. Er legt beim Durchstreifen der Wälder durch Verweilen sowie durch seine Laufwege (ob nun bewusst oder unbewusst) immer wieder große Geruchspools an, indem er dadurch ein großes Gebiet flächig mit seinem Geruch kontaminiert. Sofern es seine potenziellen Fressfeinde, Wölfe und Bären schaffen, verlieren sie beim „Knacken" solcher Geruchspools wertvolle Zeit, die der Elch nutzen kann, um seine Verfolger abzuschütteln. Eine ähnliche Technik wurde oder wird manchmal von Schmugglern benutzt, um Diensthunde von Zoll oder Grenzpolizei bei ihrer Verfolgung zu „beschäftigen" und Zeit zu gewinnen. Die Hunde blieben häufig in angelegten „Lagern" im Wald „hängen" weil dort viel flächiger Geruch vorhanden war. Gleiches trat ein bei gezielt angelegten Geruchspools, wobei

Auf großen windanfälligen Freiflächen ist Trailen oft besonders schwer da die Geruchspartikel sehr weiträumig verteilt sein können.

die Täter absichtlich großangelegte Kreise legten, welchen sie dann in irgendeine Richtung verließen. Diese Methodik kursierte unter dem Begriff „rumänische Schleife" – weil es in den Neunziger Jahren in den rumänischen Banden viele arbeitslose, ehemalige Mitglieder des rumänischen Geheimdienstes „Securitate" gab, die sich mit dem Abschütteln verfolgender Diensthunde ein wenig auskannten.

Dieser Trick kann aber heute durch moderne Wärmebildtechnik zur Lokalisierung der im Wald versteckten Personen umgangen werden.

Einen Runner in seinem Geruchspool zu lokalisieren kann ganz schön schwer sein.

Irgendwo hier muss der doch sein …

Ich weiß es genau, ich kann ihn schon riechen …

Gleich hab ichs …

Da muss er sein …

Vielleicht da im Baum …

⑦

Ich hab ihn!

10.

Die Beeinflussung des Trails nach dem Auslegen

Der Canyon-Effekt

Beim Training in dicht bebautem Gelände kann man ein Phänomen beobachten, das man den Canyon-Effekt nennt. Dabei wird die Luftströmung an der Vielzahl der Wände auf engem Raum so oft unterbrochen und verwirbelt, dass die Geruchsmoleküle zum Teil in verschiedene Richtungen verteilt werden. Die gasförmigen Individualgeruchsmoleküle fallen nicht einfach wie ein Stein hinter dem Runner zu Boden, sondern können durch Luftverwirbelungen zum Teil viele Meter weit von der eigentlichen Strecke weggetragen werden, ehe sie an bestimmten Geländestrukturen wie etwa an Hauswänden, in Ecken, an Sträuchern oder Hecken hängenbleiben. Der Hund, der diesen Individualgeruch sucht, findet ihn also nicht zwangsläufig genau dort, wo der Runner entlanggegangen ist und läuft dementsprechend auch nicht zwangsläufig exakt auf der zurückgelegten Strecke des Spurenverursachers entlang. Dies hängt vom Trailalter, dem Wind und der Luftverwirbelung etwa durch vorbeifahrende Fahrzeuge oder auch Passanten ab. So können beispielsweise in Einbahnstraßen durch den Sog der Fahrzeuge die Geruchsmoleküle Hunderte Meter weit in die falsche Richtung mitgetragen werden. Der Canyon-Effekt tritt in diesem Zusammenhang in stark zerklüftetem Gelände wie zum Beispiel innerhalb von Gebäuden, Häuserschluchten und eng bebauten Gebieten auf.

Übungstrail in bebautem Gebiet

Würde man in einem solchen Gebiet an einer Stelle z. B. kleine Styropor-Kügelchen ausschütten, dann könnte man später nicht mehr auf Grundlage von deren Verteilung im Gebiet auf die ursprüngliche Windrichtung schließen.

Canyon-Effekt (Draufsicht)

Entsteht ein Canyon-Effekt im Zielgebiet, so kann sich ein Geruchspool auch an einer Stelle bilden, an welcher der Runner oder im Einsatz der Vermisste sich überhaupt nicht befindet. Der Hund findet und zeigt in einem solchen Fall frischen Geruch an und hat Schwierigkeiten, sich von dort wieder zu lösen. Fast jeder Trailer hat im Training irgendwann einmal erlebt, dass sein Hund beispielsweise in einer verwinkelten Gegend an einer kahlen Wand den frischesten Geruch festgestellt hat und dort auf und ab ging, während der Runner auf der gegenüberliegenden Straßenseite stand.

Dies ist häufig auf die dort herrschende Luftströmung zurückzuführen. Es entstehen auch manchmal in engen Gassen ausgesprochene Kamineffekte, in denen die Luftströmung sogar spürbar ist.

Geruchspool und Canyon-Effekt

Es ist in jedem Falle sehr hilfreich, wenn das Team im Einsatz über Erfahrung bei der Suche in einem solchen „Canyon" verfügt. Da der Geruch hier nicht immer logisch verteilt ist und oft von der eigentlichen Lauftrecke des Runners abweicht, kann es immer wieder passieren, dass man plötzlich vor natürlichen Hindernissen, Zäunen oder Gebäuden steht, die zwar den sich dreidimensional mit der Luftbewegung ausbreitenden Geruch in keiner Weise aufhalten, aber ein Weiterkommen des Suchteams in dieser Richtung verhindern. Zäune stellen für den Geruch kein Hindernis dar, ein Häuserblock übrigens auch nicht!

Wieso rennt mein Hund an dem Gesuchten vorbei?

Im Zielgebiet angekommen kann es durchaus vorkommen, dass der Hund zuerst ein paarmal an dem Gesuchten vorbeiläuft, bevor er ihn tatsächlich lokalisiert hat. Dies passiert im Training eher auf älteren Trails, wenn sich der Gesuchte inzwischen schon länger am Ziel aufhält. Die Ursache hierfür liegt, wenn der Hund kein „Umweltproblem" (d. h. ängstliches Verhalten gegenüber bestimmten Untergründen, Geräuschen etc.) hat, eigentlich immer in der Geruchsausbreitung. Und dann meistens, weil sich ein Geruchspool gebildet hat. Der Hund arbeitet die Spur bis ins Zielgebiet sicher aus und kommt nach zehn Minuten dort an, braucht aber dann nochmal so lange, um den Runner, der bereits in Sichtweite steht, zu lokalisieren. Für uns Menschen unverständlich, ist doch der Hund bereits mehrmals unmittelbar am Runner vorbeigekommen.

Um das zu verstehen, möchte ich Ihnen folgendes kleine Experiment vorschlagen: Zünden Sie in einem Zimmer Ihres Hauses oder Ihrer Wohnung ein Räucherkerzchen an und lassen Sie es einige Minuten brennen. Bitten Sie dann Ihren Ehepartner, Kind oder wen auch immer mit verbundenen Augen und ohne Zuhilfenahme der Hände nur über den Geruchssinn den genauen Standort der Räucherkerze zu benennen.

Wie ist das Experiment ausgegangen? Wenn das Räucherkerzchen genügend Zeit hatte, den ganzen Raum mit seinem Duft auszufüllen, wird die Versuchsperson wahrscheinlich einige Schwierigkeiten bekommen haben, die Aufgabe zu lösen.

Wenn der Hund mehrmals an der Zielperson vorbeiläuft, so kann dies durchaus auch als positives Zeichen gewertet werden! Nämlich dafür, dass der Hund dann eben *nicht* auf „Optik umschaltet" und einfach jede dort befindliche Person anläuft. Wir lassen den Hund die Situation dann meist ausarbeiten. Dies ist ein gutes Training für die Nerven von Hund und Hundeführer! Im Einsatzfall weiß man als Hundeführer oder Backup ja, welche Person gesucht wird und wird in einem solchen Falle nicht darauf warten, dass der Hund den hilflosen Vermissten oder das weinende, verirrte Kind selbst lokalisiert.

Es gibt aber neben dem Geruchspool noch eine weitere, geruchlich begründete Ursache für Probleme beim Lokalisieren. Wir haben in unseren Trainingsgebieten, meist eher durch Zufall, Verstecke für die Runner entdeckt, die so ungünstig verwinkelt und von der Luftströmung abgeschnitten waren, dass darin der Geruch sprichwörtlich stand, während die Luftströmung draußen vorbeizog. Auch hier hatten die Hunde einige Probleme, denn sie bekamen von dem eigentlichen Standort des Runners keine geruchlichen Informationen mehr. Das Auffinden eines so versteckten Runners wird dann für beide, den Hund und den Hundeführer, zum nervenaufreibenden Geduldsspiel!

Es kann manchmal vorkommen, dass Verstecke so von der Luftströmung abgeschnitten sind, dass für den Hund kaum Geruchsinformationen von dort wahrnehmbar sind.

11.

Warum Mantrailer keine Leichen finden

Ich habe bewusst diese sehr provokante Formulierung gewählt. Ein besonderes Phänomen ist das Auffinden beziehungsweise Nichtanzeigen von Leichen durch Mantrailer. Bei verschiedenen Bundestreffen von Personensuchhundeführern der Polizei habe ich im Erfahrungsaustausch mit Kollegen aus dem ganzen Bundesgebiet erfahren, dass dies ein bundesweit auftretendes Problem ist und also nicht nur unseren Teams aufgefallen war.

Bei der Suche nach Personen, welche in der Absicht, Suizid zu begehen, weggegangen waren, haben die Hunde vielfach richtig den Trail verfolgt und sind in ein Zielgebiet gekommen, in dem sie einen Geruchspool angezeigt haben, zeigten jedoch selbst in unmittelbarer Nähe zum Toten keinerlei Interesse oder Anzeichen für das Erkennen einer geruchlichen Übereinstimmung. Warum das so ist, lässt sich derzeit nur vermuten. Die für mich plausibelste Erklärung ist, dass sich innerhalb kürzester Zeit das Geruchsbild eines Toten verändert. Dies ist auch ganz einleuchtend, wenn man sich einmal vor Augen führt, dass beispielsweise die ersten Fliegenarten bereits nach wenigen Minuten kommen, um auf der Leiche ihre Eier abzulegen. Irgendetwas muss ihnen signalisieren, dass sie ihre Eier gefahrlos auf der Leiche ablegen können. Ich glaube, auch hier sind diese „Signalgeber" die Bakterien, die auf und in unserem Körper leben. Die Fäulnisbakterien, die totes Fleisch verfaulen lassen, erzeugen einen sehr markanten Duft und veranlassen bestimmte Fliegenarten zur Eiablage.

Kriminalbiologen können anhand der Insekten, die sie auf einer Leiche finden, recht genau den Zeitpunkt der Erstbesiedlung angeben. Die ersten Insekten, die einen toten Körper mitunter schon nach wenigen Minuten besiedelt haben, sind die Schmeißfliegen. Darunter fasst man umgangssprachlich verschiedene Insektenfamilien zusammen, etwa Fleischfliegen *(Sacrophagidae)* oder echte Schmeißfliegen *(Calliphoridae)*. Typische Arten sind *Lucilia sericata* und Calliphora vicina.

Trächtige Weibchen fliegen den Körper an und legen ihre Eier in totes Gewebe, bevorzugt in die natürlichen Körperöffnungen wie Mund, Nase oder Analbereich oder auch in Wunden. Für die Fliegen muss dieses Gewebe noch relativ frisch sein, während Teppich- oder Speckkäfer (beispielsweise *Dermestiden*) auch eingetrocknete Haut oder Haare fressen. Geht die Leiche in einen breiigen Zustand über, siedeln auch Käsefliegenlarven (Piophiliden) auf ihr. Große Aaskäfer *(Silphidae)* nagen auch aus mumifizierter Haut Stücke heraus.[6]

Kurz vor dem Jahreswechsel am Ende des Jahres 2014 wurde ich zu einem Vermisstenfall gerufen. Ich hatte den Fall bereits etwas weiter vorn im Zusammenhang mit dem Alter der Spur und den örtlichen Gegebenheiten erwähnt. Eine alte Dame wurde seit mehr als einem Tag vermisst. Zuletzt wurde sie tags zuvor in einem Supermarkt gesehen. Wie oben beschrieben startete ich Hermine über 30 Stunden, nachdem die vermisste Person zuletzt gesehen wurde, bei vollem Geschäftsbetrieb vor dem Supermarkt. Hermine arbeitete eine etwa drei Kilometer lange Geruchsspur durch den Ort und an den Ortsrand. Über und unter einer kleinen Brücke, die sich hinter einem Wehr befand, zeigte sie dann eine flächige Geruchsverteilung an und ging von dort nicht mehr weg. Dort fanden wir die Dame tot im Wasser.

Ein weiteres Beispiel ist der Fund einer strangulierten Leiche eines Vermissten im Bereich der PD Chemnitz, die wir mit Hermines Hilfe etwa einen Tag nach seinem Verschwinden

6 Quelle: http://www.zeit.de/wissen/umwelt/2012-06/unterschaetztes-tier-fliegenmade#dasunterschtztetierfliegenmade-3

auffinden konnten. Auch hier führte uns der Hund in das Zielgebiet und verließ dieses auch nicht mehr, zeigte aber keinerlei Reaktion in dessen Nähe.

In einem anderen Fall liefen zwei Mantrailer und ein Praxisfährtenhund unabhängig voneinander dasselbe Waldgebiet an. Durch nachgeführte Einsatzkräfte wurde dort die Leiche des gesuchten Mannes gefunden.

Bei einem Fall im Vogtland lief meine Hündin Hermine vom Standort des abgestellten Pkw des Vermissten auf einem Waldweg gar nicht erst los, sondern umkreiste diesen nur bis zu einem Abstand von etwa 150 Metern. An diesem Tag fand genau dort gerade ein Crosslauf statt und der Einsatzort lag genau an der Strecke. Es hätte also beliebig viele Spuren gegeben, die von dort weggeführt hätten. Meine Erklärung an die Einsatzkräfte, die Person – wenn nicht jemand anderes dessen Auto dort abgestellt hätte – müsse noch in der unmittelbaren Umgebung sein, traf genau zu. Der Vermisste und Besitzer des Wagens wurde in etwa hundert Metern Entfernung vom Abstellort seines Pkw versteckt in einer dichten Schonung stranguliert aufgefunden. Interessanterweise war mein Hund an der Stelle in vielleicht höchstens zehn Meter Abstand vorbeigelaufen, ohne auch nur die geringsten Anstalten einer Anzeige zu machen.

In einem anderen Fall war ich zusammen mit Kollegen des örtlichen Polizeireviers im Einsatz zur Suche nach einer Vermissten, deren Fahrzeug auf einem Waldweg gefunden wurde. Dort wollte sie nach den Aussagen ihrer Bekannten spazieren gehen. Bei dem Einsatz zur Nachtzeit arbeitete Hermine einen etwa zweieinhalb Kilometer langen Trail aus, welcher der Spazierstrecke der Gesuchten plausibel entsprach und der in einem Bogen zurück zum Abstellort ihres Fahrzeuges führte. Jedoch verließ mein Hund einige hundert Meter unterhalb des Autos plötzlich den Weg und zeigte flächig verteilten Geruch an. In der Nacht war im Schein der Taschenlampen im Wald nichts zu erkennen. Durch den Hund konnte auch keine Person lokalisiert werden. Wir forderten Flächenhunde nach, um das Gebiet zu überprüfen. Auch durch diese wurde zunächst nichts gefunden, genauso wenig wie durch den angeforderten Hubschrauber mit Wärmebildkamera, der im Laufe des Vormittags dazukam. Erst am folgenden Nachmittag wurde die Frau durch die weiterhin eingesetzten Flächenhunde aufgefunden. Sie hatte sich an einem Hochstand stranguliert – genau in dem Gebiet, in welchem Hermine durch ihr Suchverhalten den mit dem Suchauftrag übereinstimmenden, flächig verteilten Geruch abbildete.

Auch in mehreren weiteren Fällen, in denen die vermissten Personen Suizid verübt hatten, lief Hermine problemlos den Trail auch über größere Distanzen (die längste Strecke waren knapp 10 km bei einem Vermissten, der mit seinem Fahrrad unterwegs war) bis in das Zielgebiet und zeigte dann den dortigen Geruchspool des noch vorhandenen Lebend-Geruchs an. Die Leiche selbst zeigte aber offenbar kaum noch beziehungsweise gar keine geruchliche Übereinstimmung mehr mit dem Suchauftrag.

Verliert der Mensch aus odorologischer Sicht mit dem Tod auch jegliche Individualität? Eine sehr spannende Frage! Aus meiner Sicht dafür spräche die Tatsache, dass Mantrailer nur die zum beauftragten Geruch gehörende Person anzeigen, während Leichenspürhunde hingegen jede gefundene Leiche anzeigen und dabei mit in ihrem Langzeitgedächtnis abgespeicherten, ankonditionierten Gerüchen arbeiten. Dies sind lediglich die verschiedenen

Leichengerüche der unterschiedlichen Verwesungsstadien. Sie arbeiten daher nicht individuell! Damit ist gemeint: Ich kann einen Leichenspürhund im Suchgebiet nicht auf die Suche nach einer bestimmten Leiche schicken, sondern er würde mir jede gefundene anzeigen (mal angenommen man hätte tatsächlich ein Suchgebiet mit mehreren Leichen)! Unsere Leichenspürhundeführer konnten deshalb nach der Flutkatastrophe im Ahrtal eingesetzt werden, weil sie eben nicht individuell, sondern ganz allgemein Leichengeruch anzeigen.

Manche Polizeien versuchen Strategien zu entwickeln, dem zu begegnen, indem sie den Hunden beibringen, gewissermaßen im Zweitjob zusätzlich über den Leichengeruch das Suchziel zu finden. Die Idee dahinter ist, dem Hund beizubringen, im Zielgebiet angekommen gegebenenfalls auf diesen Geruch zu wechseln, die Problematik des Geruchspools dadurch auszuschalten und darüber die vermisste und gegebenenfalls inzwischen tote Person zu finden. Ich halte das aus verschiedenen Gründen für nicht zielführend. Zum einen handelt es sich bei dieser Art der Suche um die typische Strategie des Quellensuchers (der sich, vergleichbar mit Flächenhunden, an die Geruchsquelle heranarbeitet). Diese Art der Suche ist

Findestrategie **„Quelle“**

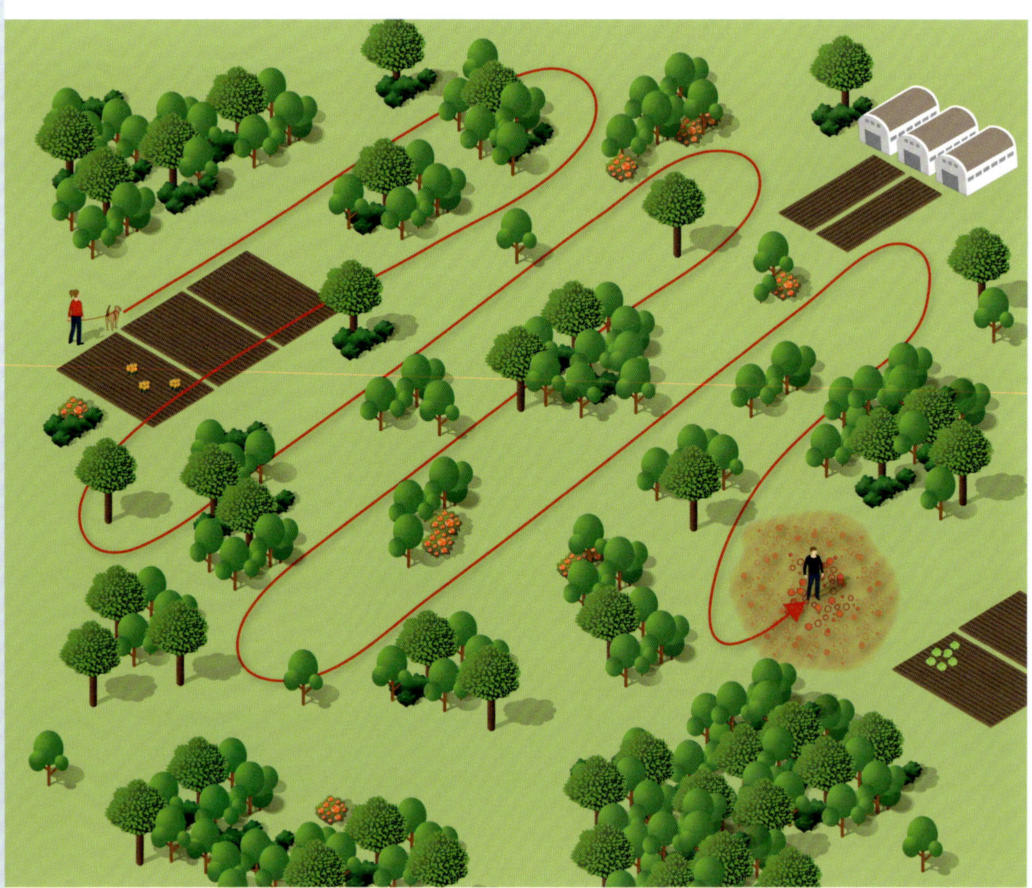

aber etwas ganz anderes, als Geruch zu verfolgen. Der Hund verfolgt nicht eine bestimmte Geruchsspur, sondern er sucht nach einem Geruch. Hierzu durchstöbert er im Laufschritt das Gelände. Kommt er dabei in die Nähe einer Geruchsquelle ihm antrainierten Geruchs (zum Beispiel der Leiche) und bekommt somit in seinem Langzeitgedächtnis abgespeicherten Leichengeruch in seine Nase, so lokalisiert er zügig die Quelle.

Er kommt also durch bloßes Laufen in die unmittelbare Nähe einer Geruchsquelle, ohne deren Geruchsspur gefolgt zu sein. Er muss hierfür aber auch zwingend in der Nähe der Geruchsquelle eingesetzt werden, um sie zu finden. Völlig anders also als das Verfolgen von einer linienförmigen Geruchsspur, wie es der Trailer tut, denn dieser kann auch in weiter Entfernung zur Geruchsquelle (namentlich der gesuchten Person) gestartet werden und folgt ihrer Spur bis ins Zielgebiet.

Die Findestrategie ist etwas, was dem Hund ins Körbchen gelegt ist. Längst nicht jeder Hund ist daher zum Trailer geeignet, denn nicht jedem Hund liegt das Verfolgen einer Geruchsspur im Blut. Umgedreht habe ich festgestellt, dass sich mein Bloodhound, den ich für

Findestrategie **„Trailen“** (Point last seen)

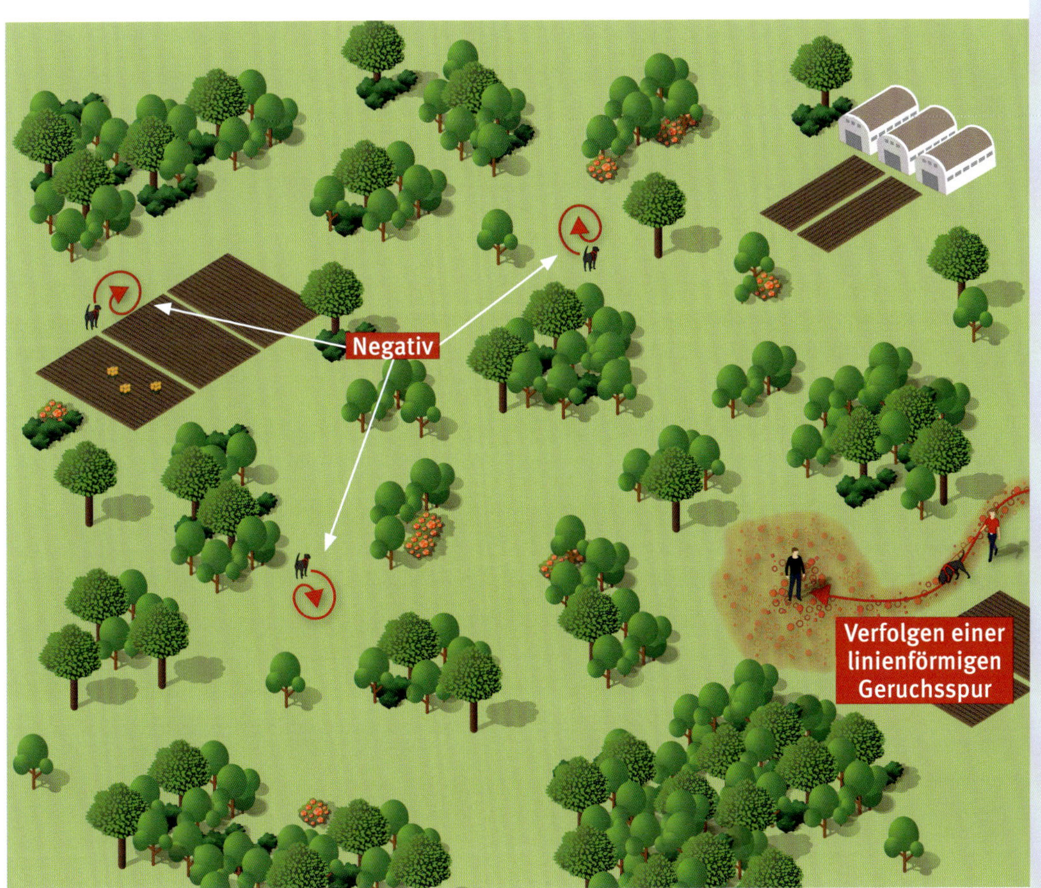

einen sehr guten Trailer halte, im Vergleich zu meinen anderen Hunden deutlich weniger begabt, man könnte fast sagen ungeschickt anstellt, wenn es beispielsweise um das Lokalisieren und Aufsammeln von auf einer Wiese verstreuten kleinen Trockenfutterstückchen geht. Deshalb ist aus Sicht des Hundes zum einen kaum zu erwarten, dass dieser seine Findestrategie einfach so umstellt. Das wäre ungefähr so, als wenn sich ein Rechtshänder ohne Not einfach mal auf Linkshändigkeit umstellen würde. Zum anderen ist auch nicht zu erwarten, dass sich der Leichengeruch linear – also für einen Trailer verfolgbar ausbreitet, da sich die Leiche dann ja bewegen müsste! Sprich, für einen Hund mit der Suchstrategie eines Trailers, nämlich „Verfolgen des Geruchs", macht es keinen Unterschied, ob der flächig vorhandene Geruch nun in Form von Lebend- oder Leichengeruch vorliegt! Er hätte mit beidem dieselben Schwierigkeiten, eben weil es flächiger Geruch ist!

Des weiteren halte ich es generell für sehr fraglich, einem Hund beizubringen, während der Sucharbeit auf einen anderen Geruch, egal welchen, zu switchen (engl. wechseln). Zuletzt wäre noch anzumerken, dass selbst ausgebildete Leichenspürhunde erst kürzlich verstorbene Personen nicht in jedem Falle zuverlässig anzeigen, wenn der für den Verwesungsprozess typische Leichengeruch noch nicht ausreichend vorhanden ist. Genau dies aber könnte im ungünstigsten Falle gerade bei einem Sucheinsatz nach einem Vermissten mit Suizidabsicht passieren!

Aus der bisherigen Erfahrung heraus halte ich es daher für zielführender, einen vom Mantrailer aufgefundenen Geruchspool mit Einsatzkräften und Einsatzmitteln (dies könnte beispielsweise ein Polizeihubschrauber mit Wärmebildkamera sein) oder, wenn es das Gelände erlaubt, mit Flächensuchhunden zu überprüfen. Dieses Vorgehen hat sich bisher recht gut bewährt. Kommt der Mantrailer aufgrund der flächigen Geruchsausbreitung im Zielgebiet an seine Grenzen, weil er dort Geruch nicht mehr sinnvoll „verfolgen" kann, ändert man die Strategie und bringt dort „Quellensucher" zum Einsatz. Man passt also schlichtweg seine Methodik und Taktik flexibel an die veränderte Herausforderung an.

Eine kleine Story am Rande: Im Rahmen der „Innovationsoffensive Polizei" wurde vor einigen Jahren in Niedersachsen ein Projekt gestartet, bei dem Truthahngeier des Vogelparks Walsrode zur Leichensuche abgerichtet werden sollten. Das Projekt wurde später wieder eingestellt. Truthahngeier sind eine der wenigen, wenn nicht sogar die einzige Vogelart, die ihre Nahrung über den Geruchssinn finden. Die meisten anderen Geier verlassen sich da eher auf ihr hervorragendes Sehvermögen beim Überfliegen offener Landschaften, während Truthahngeier in dicht bewaldetem Gelände beheimatet sind. Das Projekt hätte theoretisch funktionieren können und ist sicher nicht an den Fähigkeiten der Tiere gescheitert. Jedoch gibt es aus meiner Sicht einige Schwachpunkte, die doch recht fragwürdig erscheinen. Zunächst einmal sind Geier bekanntermaßen Aasfresser. Es ist also fraglich, wie man nach einer „Landung des Tieres am Zielobjekt" bis zum Eintreffen der Einsatzkräfte dort hätte verhindern wollen, dass die gefundene Person von den Vögeln zwischenzeitlich angefressen wird. Nicht nur, dass dies ethisch fragwürdig ist, es würde auch die kriminalistische Arbeit erheblich erschweren, zum Beispiel, wenn der Verstorbene Opfer eines Tötungsdelikts wurde und beweiserhebliche Spuren wie Verletzungen, Wunden usw. durch die Tiere verändert oder vernichtet würden. Das zweite Problem sehe ich darin, dass den Vögeln kaum zu vermitteln sein wird, nur die Leichen von Menschen anzuzeigen. Ein überfahrener Fuchs dürfte für den Geier ein mindestens ebenso lohnendes Objekt darstellen! Von der möglichen Gefahr für den Straßenverkehr durch landende Großvögel sowie für die Tiere selbst durch fahrende Fahrzeuge will ich erst gar nicht reden. Sie dann in demselben Gebiet nochmals zu starten in der Hoffnung, sie würden den toten Fuchs beim zweiten Überfliegen nun ignorieren, halte ich aus der Sicht der Geier für fröhlich optimistisch. Zu guter Letzt würden die Tiere wohl in der Regel auch nur dann „nach Nahrung" suchen, wenn sie entsprechend hungrig und somit motiviert sind, was die Einsatzzeit neben der Tatsache, dass diese Vögel tagaktiv sind und nachts nicht fliegen, zusätzlich in erheblichem Maße einschränkt.

Gibt es den Wunderhund Mantrailer wirklich? Nein, aber das geschickte Nutzen von Wissen über die Geruchsausbreitung und das natürliche Such- und Anzeigeverhalten von Caniden machen es möglich, diese Erkenntnisse im Dienst des Menschen, zur Vermisstensuche und nicht zuletzt auch der Kriminologie sinnvoll zu nutzen.

Dieses Wissen erlangen wir nur durch unsere ausgebildeten Vierbeiner, die uns während der Arbeit und im Training ein Stück weit in ihre Welt, die Welt der Gerüche hineinlassen. Um ihr natürliches Verhalten richtig zu verstehen und die gewonnenen Erkenntnisse nutzen zu können, müssen die Teams permanent auf hohem Niveau und *ausschließlich* (!) durch im Mantrailing erfahrene Instruktoren trainiert werden. Jeder neue Hund, jeder kleine Welpe hat zwar die ihm naturgegebenen Fähigkeiten, aber er muss lernen, diese in unserem Dienste zu nutzen und einzusetzen. Die Ausbildungs- und Einsatzerfahrung langjähriger Mantrailing – Praktiker lässt sich hierbei durch nichts kompensieren oder ersetzen.

Es ist nicht der geheimnisvolle Mythos des Unerklärbaren, der hinter so manchen bemerkenswerten Einsatzerfolgen steht, sondern vielmehr hartes, permanentes Training. Es sind die Wissbegierde, der ständige Wille und die Bereitschaft der Mantrailing-Teams, dazuzulernen und die Erfahrung der Menschen, die hinter den Erfolgen dieser Arbeit mit den Hunden stehen. Und am Ende vielleicht auch doch noch ein kleines bisschen Mythos: Der Mythos der für uns oft unvorstellbaren Sinnesleistungen der Hunde!

POLIZEI
POLIZEI-MANTRAILER
POLIZEI

12.

Von den besonderen Aufgaben professioneller, polizeilicher Mantrailer

Unterstützung bei kriminalpolizeilichen Ermittlungen

Ohne Zweifel gehören die Mitwirkung und Einsatzunterstützung kriminalpolizeilicher Ermittlungen zu den herausragenden Besonderheiten dienstlicher Mantrailer. Als ich im Sommer 2010 am Internationalen Treffen für Personenspürhundeführer der Polizei in Niedersachsen teilnahm, sagte uns ein Referent von der Koordinierungsstelle des Kriminaltechnischen Institutes des LKA Niedersachsen schon voraus, dass wir uns kaum noch vor Aufträgen retten können werden, sobald die Kriminalpolizei erst einmal entdecken würde, welche Möglichkeiten die Fähigkeiten unserer Mantrailer bieten. Tatsächlich ist seit der Einführung des Mantrailing in das sächsische Diensthundewesen ein stetiger Zuwachs der Anforderungen für Einsätze zur Aufklärung von Straftaten zu verzeichnen. Waren es in der Anfangszeit noch beinahe ausschließlich Anforderungen zur Suche nach Vermissten, so hatte sich bereits im Folgejahr ein ausgeglichenes Verhältnis eingestellt. Derzeit sieht es so aus, als ob sich die Verhältnisse perspektivisch zahlenmäßig zugunsten der Strafverfolgung verschieben werden.

Die anfängliche Zurückhaltung ist wahrscheinlich auf eine gewisse Skepsis Neuem gegenüber zurückzuführen und wahrscheinlich auch darauf, dass die Sachbearbeiter in den Dezernaten anfangs nicht so recht wussten, wie das vorhandene Potenzial nützlich eingesetzt werden könnte. Mit Neugier und Aufgeschlossenheit kamen aber irgendwann die ersten Einsätze zustande und die daraus resultierenden Erfolge führten zu weiteren Folgeaufträgen. Schnell sprachen sich erfolgreiche Einsatzkonzepte, die wir gemeinsam mit den Sachbearbeitern entwickelten, herum, sodass in der Folge immer mehr Dienststellen die Möglichkeiten nutzten.

Manchmal müssen es auch außergewöhnliche Geruchsartikel sein!

Hunde besitzen die Fähigkeit, selektiv zu riechen, das heißt sie können einen Geruch in einzelne Komponenten aufschlüsseln und diese gezielt selektieren. Rauschgiftspürhunde finden Drogen daher auch dann, wenn sie zum Beispiel zusammen mit gemahlenen Kaffee deponiert wurden. Das heißt man kann Gerüche für einen Hund kaum „maskieren“, also übertünchen. In Trainings haben wir immer wieder die verschiedensten, mitunter auch ungewöhnlichen Geruchsartikel ausprobiert und waren nicht selten überrascht, wie die Hunde in der Lage sind, sich von jedem der dargebotenen Geruchsartikel den für sie relevanten menschlichen Individualgeruch herauszufiltern. Man kann sagen, dass eigentlich nahezu überall, wo menschliche DNA nachgewiesen werden kann, auch der Individualgeruch des betreffenden Menschen für den Hund feststellbar ist. Die Fähigkeiten unserer Hunde reichen sehr wahrscheinlich sogar noch weiter. So funktionierten neben allen Arten von Materialien (Stoff, Holz, Metall) selbst vom Runner angebissene Lebensmittel als Geruchsartikel.

Ende März 2013 wurde ich zu einem Fall von versuchtem schwerem sexuellem Missbrauch nach Leipzig angefordert. Dort hatte meine Hündin Hermine das erste Mal in einem „scharfen Einsatz“ die Möglichkeit, ihre selektiven Fähigkeiten unter Beweis zu stellen.

Der bis zu diesem Zeitpunkt unbekannte Tatverdächtige hatte einen kleinen Jungen, dem er ein Stück hinterhergelaufen war, in Höhe eines von außen schwer einsehbaren Gebüschs mit Gewalt dort hineingezerrt und hatte offenkundig die Absicht, sich dort an dem Kind sexuell zu vergehen.

Dem Kind gelang nur durch massive Gegenwehr die Flucht. Dabei ging die Brille des Täters kaputt. Die den Tatort sichernden Beamten fanden dort unter anderem zwei Brillengläser, jedoch ohne das dazugehörende Brillengestell. Da das Kind den Täter als Brillenträger beschrieb, musste davon ausgegangen werden, dass diese Gläser von der Brille des Täters stammten, die offenbar bei der Gegenwehr des Kindes kaputt gegangen war.

Die Kollegen der Kriminaltechnik opferten schweren Herzens eines dieser Gläser als Geruchsträger für meinen Hund. Der Einsatz erfolgte nur einige Stunden nach dem polizeilichen Bekanntwerden der Tat.

Hermine nahm mittels dieses Brillenglases am Tatort eine Geruchsspur auf und folgte dieser bis in eine angrenzende Wohnsiedlung, wo sie schließlich zwischen zwei Hauseingängen eines Wohnblockes hin und her pendelte und diesen Bereich nicht mehr verließ. Meine Erklärung hierfür war, dass in diesem Bereich der mit dem Suchauftrag (Brillenglas) übereinstimmende Geruch hier wohl am deutlichsten, sehr wahrscheinlich auch am frischesten sein müsse. Dies hat sich bestätigt, denn in einem der beiden Eingänge wohnte (und befand sich) der Täter, der einige Stunden später ermittelt und festgenommen wurde. In seiner Wohnung wurde die von dem Kind beschriebene, markante Jacke des Täters und das zu den Gläsern dazugehörige Brillengestell – ohne Gläser – (die hatten wir) gefunden.

Versuchter Kindesmissbrauch und versuchter Mord

Der Hund zeigte in dem Neubaugebiet einen „Hotspot“ an. In einem der beiden Eingänge des Wohnblockes wohnte und befand sich der Täter, der wenige Stunden später in seiner Wohnung dort festgenommen wurde.

Mit zu den ungewöhnlichsten Geruchsartikeln, die wir bisher ausprobiert hatten, gehören mit Sicherheit verschossene Neun-Millimeter-Geschosse und Geschosshülsen. Da dies im Einsatz schon einmal notwendig wurde und da augenscheinlich auch funktioniert hatte, haben wir dies im Rahmen eines Trainings kurzerhand einmal völlig objektiv, mit vollkommen offenem Ausgang getestet. Glücklicherweise haben wir als Behörde ja die entsprechenden Möglichkeiten. Wir verabredeten uns also auf dem Schießplatz der Polizei und präparierten dort eine ausgediente ballistische Weste. Kollegen einer anderen Organisationseinheit unserer Polizeidirektion luden ihre Waffen mit noch original verpackter Munition und beschossen damit die ballistische Weste. Anschließend wurden die Geschosse und die dazugehörenden, ausgeworfenen Geschosshülsen durch den jeweiligen Hundeführer, der später seinen Hund einsetzte, selbst gesichert. Das ganze Prozedere erfolgte vier Mal für vier Mantrailing-Teams.

Dabei wurde akribisch protokolliert, welcher Hundeführer die Geschosse welches Schützen gesichert hatte, um Verwechslungen kategorisch auszuschließen. Anschließend wurden durch die Schützen Trails gelaufen, welche das jeweilige Mantrailing-Team im sogenannten Doubleblind – Verfahren ausarbeitete. Die Versuche klappten bei allen vier Teams, sowohl mit den Geschosshülsen als auch mit den Geschossen selbst. Wie kommt der Geruch an die Patronen? Nun, dies geschah beim Laden der Magazine – hierbei haben die Schützen die Geschosse angefasst. Offenbar hatte die Hitze des Verschießens nicht ausgereicht, um den an den Geschossen anhaftenden Individualgeruch zu zerstören.

Dass es den Schützen auch nichts genützt hätte, wenn sie beim Laden der Magazine Handschuhe getragen hätten, zeigt ein weiterer Versuch: Eines Tages wurde ich im Einsatz wegen eines schweren Landfriedensbruchs mit einem weiteren außergewöhnlichen Geruchsträger konfrontiert. Die Täter hatten für die Tat unter anderem mitgebrachte Pflastersteine benutzt. Aufgrund der Umstände war davon auszugehen, dass sie dabei Handschuhe getragen hatten. Trotzdem gelang es meiner Hündin Hermine, ganz klar eine Geruchsspur aufzunehmen.

Deshalb wollte ich dies später auch nochmals im Training explizit testen. Also bat ich Holger, einen unserer Trainingspartner, alle entsprechenden Vorbereitung zu treffen. Am Trainingstag war also dessen Frau dabei. Sie hatte einen Pflasterstein in ihrer Jackentasche dabei, von dem mir Holger versicherte, er stamme von einem großen Haufen solcher Steine von seinem Hof. Sie hatte diesen Stein mit Handschuhen von dort weggenommen und ihn anschließend in ihre Jackentasche gesteckt und mitgebracht. Dieser Stein wurde nun am Startpunkt des Trails von ihr abgelegt und sie verließ den Ort in mir unbekannte Richtung. Ich sicherte diesen Stein als Geruchsträger und startete dann den Hund. Auch hier wieder ohne Kenntnis irgendeines Mitläufers über den Trailverlauf. Und auch diesmal konnte mein Hund sofort eine mit dem Geruchsartikel übereinstimmende Geruchsspur aufnehmen und Holgers Frau nach etwa 900 m finden. Dies, ohne dass sie jemals den Pflasterstein direkt berührt hatte. Die Übertragung des Geruchs durch die Handschuhe und ihre Kleidung hatte bereits ausgereicht, um diesen entsprechend zu kontaminieren!

Dabei ist fraglich, ob professionelle Analysten im kriminaltechnischen Institut trotz offensichtlich deutlich und ausreichend vorhandener Geruchsspuren und trotz eines erfolgreich gelaufenen Trails bis zur Verursacherin an diesem Stein auch verwertbare DNA-Spuren von Holgers Frau gefunden hätten. Es gibt auch tatsächlich reale Fälle, bei denen an sichergestellten Gegenständen Geruchsspuren gesichert und Trails nachvollziehbar und videografisch dokumentiert verfolgt wurden und bei denen sogar *später* (wichtig, da vielfach von Kritikern behauptet wird, dass „der Hundeführer sein Ergebnis an die Ermittlungen anpasst") das Geständnis des Täters erfolgte, jedoch an den Gegenständen selbst keine verwertbaren DNA-Spuren festgestellt werden konnten.

Weitere kuriose, weil außergewöhnliche Geruchsartikel, die mir selbst oder anderen Mantrailing-Teams sowie Kollegen aus meiner Dienststelle mit Praxisfährtenhunden schon offeriert wurden, waren unter anderem ein toter Wolf, welcher verbotswidrig abgeschossen wurde und den der Täter zum Wegtransport angefasst haben musste sowie ein übelriechendes Stück Körpergewebe vom Oberarm eines Mordopfers, welches durch die Rechtsmedizin portionsgerecht in einem Geruchsartikelglas bereitgestellt wurde.

In beiden Fällen wurden diese Geruchsartikel jedoch nicht verwendet. Bei dem Wolf entschieden wir uns nach eingehender Beratung aufgrund der Auffindesituation und der Gesamtumstände dafür, einer DNA-Sicherung den Vortritt einzuräumen. In dem anderen Fall sollte der Hund, so die Vorstellung der Ermittler damals, mit Hilfe des Stückes Oberarm vom Mordopfer den Täter suchen! Es war weder Ausschlussgeruch vom Mordopfer noch vom Rechtsmediziner vorhanden. Zum anderen ist sogar stark zu bezweifeln, ob überhaupt irgendetwas außer Fäulnisgeruch dort vorhanden gewesen ist, denn Fleisch unterliegt als organischer Stoff innerhalb kürzester Zeit in hohem Maße der Zersetzung durch Fäulnisbakterien (vgl. „Warum Mantrailer keine Leichen finden"). Es ist deshalb noch nicht einmal raus, ob der Geruch des Opfers da noch individuell vorhanden ist (die Erfahrungen vieler Einsätze sprechen eher dagegen). Umso abwegiger erscheint es, mit einem solchen „Geruchsträger" ohne jeden Ausschluss und (wichtig!) ohne jeden wirklichen Einfluss auf die Entscheidung des Hundes den Tätergeruch selektieren zu wollen. Groteskerweise hat genau dies eine private Anbieterin 14 Tage nach dem besagten Einsatz getan! Sie startete ihren Hund sehr zum Erstaunen des anwesenden Fachpublikums mit demselben oben genannten Geruchsträger sogar zwei Mal. Einmal mit dem Kommando „Such Opfer" und später ein weiteres Mal unter Vorhalten desselben Geruchsträgers mit dem Kommando „Such Täter". Beide Male ist der Hund gelaufen. Auf Nachfrage, woher denn der Hund wissen würde, wer Opfer und wer Täter ist, wurde dem staunenden Zuhörer erklärt, dies würde sie dem Hund sagen. Nebenbei erwähnt, war es ja zu dem Zeitpunkt noch nicht einmal heraus, ob es nur ein (1) Täter war(!) oder wer das Opfer sonst noch alles kurz vor dessen Tod gegebenenfalls genau an diesem Stück Arm angefasst haben kann. Es möge sich jeder sein eigenes Urteil dazu bilden. Die erzielten Ergebnisse waren übrigens freundlich ausgedrückt, unzutreffend. Ich würde diesen Einsatz der Kategorie „Stilblüten" zuordnen und es hält sich das Gerücht, die mitanwesenden Personen, die etwas von der Hundeausbildung verstehen, wären nächtelang vor Lachen nicht in den Schlaf gekommen. Jedenfalls wird darüber heute noch mit einem Schmunzeln berichtet.

Auch in einem weiteren Fall musste ein offerierter Geruchsträger dankend abgelehnt werden. Eine Kollegin bekam während ihrer Rufbereitschaft mit ihrem Fährtenhund den Auftrag, den Weg eines unbekannten Toten nachzuvollziehen. Bei der Ankunft am Einsatzort stellte sich heraus, dass es sich um einen Suizid durch Zugüberfahrung handelte. Der von den Ermittlern vor Ort für das Team angedachte Geruchsträger befand sich auf einem wackeligen Metallgestell in einer Aluwanne. Darin war alles, was von dem Getöteten auf circa 150 Meter Bahnstrecke verteilt gefunden wurde, eingesammelt worden. Halten Sie mich bitte nicht für unsensibel, aber ganz pragmatisch betrachtet, ist das in den Augen des Hundes lediglich eine große Schüssel voller Fleisch gewesen. Daher war die Entscheidung der Hundeführerin, ihren Hund nicht dort heranzuführen, sicherlich richtig gewesen. Dieser hätte wohl kaum von dort Geruch für eine Suche aufgenommen, wohl aber einen schnellen Happen! Zudem wäre ja ohnehin der frischeste Geruch der Person dort am Auffindeort gewesen.

Im Unterschied zu einer daktyloskopischen Spur (individuelle Abdruckspuren vom Körper, meistens Fingerabdrücke) oder sogar einer DNA-Spur kann, wie das Beispiel mit dem Pflasterstein zeigt, das Übertragen einer Geruchsspur sogar ohne direkten Hautkontakt mit dem Gegenstand erfolgen! Wissenschaftliche Untersuchungen gelangen zu der Erkenntnis, dass bereits das Beatmen eines Gegenstandes oder das Darüberhalten beispielsweise einer Hand des Probanden für eine gewisse Zeit diesen individuell kontaminieren kann. Eigene Tests mit unseren und weiteren Hunden im ganz normalen Training zeigen beispielsweise, dass die Tiere mit bloßer Atemluft des Gesuchten als Geruchsartikel auskamen. Hierzu wurde die Atemluft des Runners in einer Plastiktüte aufgefangen. Der Runner hat die Tüte dabei nicht berührt, sondern durch ein danach entferntes Trinkröhrchen seine Ausatemluft in die Tüte gepustet. Damit konnten die Hunde ohne weiteres den Trail *dieses Runners* verfolgen. Wohlgemerkt in einer Innenstadt, in der auch unzählige andere Trails für den jeweiligen Hund zur Auswahl standen. Dies ist ein Beispiel dafür, welche Möglichkeit die Arbeit mit Individualgeruch bietet, selbst wenn keine DNA –haltigen Spuren hinterlassen werden.

Eindeutige Geruchsartikel

Es zeigt aber auch wie wichtig es ist, einen eindeutigen Geruchsartikel und damit einen klaren Suchauftrag zu haben! Der Moment der Geruchsaufnahme am Start ist der einzige auf dem gesamten Trail, in dem ich dem Hund „klarmachen" kann, wessen Geruch er verfolgen soll. Siehe dazu auch den Abschnitt über „selektives Riechen" auf S. 197!

Ein von mehreren Personen berührter und deshalb mehrfach kontaminierter Geruchsartikel kann kein klarer Suchauftrag sein! Anstelle *einer* gesuchten Person findet der Hund hier die Geruchsspuren *mehrerer* Personen vor. Damit würde ich dem Hund die Auswahl überlassen, welche der am Geruchsartikel vorhandenen Personen er suchen will. Ein in solcher Hinsicht „unsauberer Geruchsartikel" bedeutet einen unklaren Suchauftrag für den Hund. Manche Hundeführer wundern sich, wenn sie den Kopfkissenbezug des aus dem Krankenhaus abgängigen Patienten als Geruchsartikel nehmen, der Hund den Trail bis zum Parkplatz läuft und dort abbricht und der Vermisste später in der anderen Richtung hinter dem Krankenhaus günstigstenfalls zwar schon halb erfroren, aber noch lebend gefunden wird. Dies geschieht, weil ihr Hund schlicht die Auswahl getroffen hat und der Spur der Krankenschwester vom Tagdienst, die das Bett des Vermissten hergerichtet hat, bis zu ihrem Auto gefolgt ist. Die sorgfältige Wahl des Geruchsartikels und fachgerechter Umgang und Lagerung sind elementar für den möglichen Einsatzerfolg.

Manchmal stehen jedoch nur mehrfach kontaminierte Geruchsartikel zur Verfügung. In diesem Fall können durch den Hundeführer die nicht fallrelevanten Gerüche am Geruchsartikel für den Hund ausgeschlossen werden, sofern diese Gerüche in Reinform, das heißt in Form der Person des Auszuschließenden selbst oder in Form eines eindeutigen Geruchsartikels des Auszuschließenden vorhanden sind.

Bedeutung des Mantrailing für die Polizeiarbeit

Interview mit Kriminaldirektorin Grit Blöse

Sie waren mehrere Jahre als Leiterin der Inspektion Zentrale Dienste der Polizeidirektion Zwickau tätig, welcher der Fachdienst Diensthundestaffel mit zwei eigenen Mantrailing-Teams angegliedert war. Dadurch lag gewissermaßen das Mantrailing in Ihrem Verantwortungsbereich als übergeordnete Vorgesetzte. Das Mantrailing wurde 2010 offiziell als Pilotprojekt in der sächsischen Polizei eingeführt, nach Abschluss aller durchlaufenen Projektphasen als erfolgreich bewertet und in die sächsische Polizei integriert. Welche Entwicklung hat das Mantrailing hinsichtlich der Einsatzlage seitdem genommen? Gibt es genügend Bedarf / Anforderungen?

Das Aufkommen an Anforderungen von Personensuchhunden zur Suche nach vermissten Personen, aber auch zur Nachweisführung der Anwesenheit von Tatverdächtigen an Tatorten war seit Beginn des Mantrailings stetig steigend und bewegt sich auf einem hohen Niveau. So kam es allein in den knapp drei Jahren, in denen zwei Mantrailer der Polizeidirekton Zwickau zu meinem Verantwortungsbereich gehörten, neben zahlreichen Einsätzen in Sachsen auch häufig zu Anforderungen aus anderen Bundesländern wie z. B. aus Thüringen, Brandenburg, Nordrhein-Westfalen, aber auch zu Einsatzmaßnahmen in Polen und Österreich. Die Anlässe reichten von der „klassischen" Vermisstensuche über eine Serie von Sprengungen von Geldautomaten (Brandenburg) und Kfz-Aufbrüchen (Chemnitz u. Zwickau) bis hin zu Kapitaldelikten wie Tötungsdelikten (Österreich, Chemnitz, Leipzig, Plauen, Bayreuth, Berlin u.v.m.). Auch politisch motivierte Kriminalität wie die Brandanschläge auf Baustellen und Baumaschinen mit selbstgefertigten Brandsätzen sowie Raub, Entführung und Sexualstraftaten gehören zur Bandbreite des Einsatzgeschehens. Selbst beim spektakulären Einbruch ins Grüne Gewölbe in Dresden waren die besonderen Fähigkeiten der Personensuchhunde gefragt.

Dies zeigt, dass sich dieses Einsatzmittel zu einem festen Bestandteil des Portfolios an Einsatz- und Ermittlungsmöglichkeiten der sächsischen Polizei entwickelt hat. Dass die Arbeit auf einem hohen Niveau erfolgt und wesentlich vom Engagement und der fachkundigen Beratung der Hundeführer lebt, zeigen mir regelmäßig die Dankschreiben der einsatzführenden Dienststellen. Besonders freuen sich die Hundeführer und natürlich auch ich als Vorgesetzte, wenn aufgrund des Trails vermisste Personen rechtzeitig gefunden oder die Beweisführung bei Straftaten unterstützt werden konnte.

Finden Sie, Mantrailing kann der Polizei über die Vermisstensuche hinaus auch bei ihrer Ermittlungsarbeit helfen? Gibt es vielleicht „Anwendungsfelder“, an die der Laie vordergründig gar nicht denkt?

Aus meiner Sicht ist das Mantrailing neben vielen anderen Methoden und Mitteln längst ein fester Bestandteil der kriminalistischen Ermittlungsarbeit. Ermöglicht es uns doch neben der Suche nach einem Tatverdächtigen, wenn ein entsprechender Geruchsträger am Tatort zurückgelassen wurde, auch die Nachweisführung, ob sich eine Person, die im Laufe der Ermittlungen als relevant eingestuft wird, am Tatort aufgehalten hat bzw. ausgeschlossen werden kann. Dies kann ein wesentliches Indiz sein, wenn der Beschuldigte z. B. kein Tatortberechtigter ist bzw. es keine andere plausible Erklärung gibt, warum sein Geruch am Tatort festgestellt wurde. Ich erinnere mich an einen Fall der Betäubungsmittelkriminalität in Zwickau, bei dem drei Plantagen mit insgesamt über 700 Cannabispflanzen (70 kg getrocknetes Marihuana mit einem angenommen Verkaufswert von mindestens 350.000 €) über das Mantrailing dem Beschuldigten zugeordnet werden konnten. Der Beschuldigte war nach entsprechenden Überwachungsmaßnahmen auf einer Plantage angetroffen und festgenommen worden. Durch Aufklärung aus der Luft mittels Hubschrauber konnten im Umkreis von zwei Kilometern zwei weitere Plantagen festgestellt werden. Der Beschuldigte bestritt allerdings hartnäckig, von der Existenz weiterer Plantagen etwas zu wissen. Die Ermittler wandten sich daher mit der Anfrage zur Nachweisführung an die Diensthundeführer. Zusammen mit einem Ermittler nahmen die Mantrailerführer zwei Geruchsproben des mittlerweile in U-Haft sitzenden Beschuldigten. Mit diesen Geruchsproben konnten zwei eingesetzte Teams mit ihren Bloodhounds jeweils unabhängig voneinander einwandfrei progressive (linienförmige) odorologische Spuren des Beschuldigten an allen drei Plantagen nachweisen. Mit diesen Ermittlungsergebnissen konfrontiert, gestand der Beschuldigte schließlich vor Gericht, auch diese Plantagen „bewirtschaftet“ zu haben. Neben anderen Ermittlungen war somit die Sucharbeit der Personenspürhunde ein wesentlicher Bestandteil der Beweiskette, die letztlich zur Verurteilung zu einer Haftstrafe von über drei Jahren führte. Ich denke, dieses Beispiel zeigt ganz gut, dass das Mantrailing auch in Bereichen erfolgreich ist, an die man vielleicht nicht sofort und vordergründig denkt. Mit Fortbildungsangeboten und auch der internen Kommunikation von Einsatzerfolgen können wir hier sicher noch einiges optimieren. Denn es gilt aus meiner Sicht ganz allgemein: Auch wenn die Sucharbeit der Hunde nicht in jeden Fall bildlich gesprochen direkt zur Haustür des Täters führt, können in jedem Fall weitere wertvolle Ermittlungsansätze gewonnen werden, indem man die wahrscheinlich zurückgelegten Wege des Täters kennt und über weitere Ermittlungen wie Anwohnerbefragungen oder Auswertungen von Überwachungskameras auf diesen Wegen und Orten weitere Erkenntnisse gewinnen kann. Auch Tatmittel konnten auf diese Weise schon gefunden werden. Die Frage, ob das Mantrailing im Ermittlungsverfahren relevant ist, stellt sich für mich daher nicht, vielmehr sollten wir uns fragen, ob wir die Möglichkeiten bereits optimal ausschöpfen.

Vielen, herzlichen Dank für das interessante Interview!

POLIZ
PO

13.

Warum selektives Riechen möglich ist und die Bedeutung eines eindeutigen Suchauftrages...

Die Antwort darauf, warum selektives Riechen möglich ist, geben uns sehr wahrscheinlich wieder die Bakterien. Zur Erinnerung: Bereits kurz nach seiner Geburt wird jeder Mensch von Bakterien und Mikroben besiedelt. Etwa zwei Kilogramm des gesamten Körpergewichts sind es bei jedem von uns, die in und am Körper leben. Dies ist von der Natur so vorgesehen und so wird bei Neugeborenen ein Abwehrmechanismus unterdrückt, der die Besiedlung verhindern würde. Man spricht in dem Zusammenhang auch davon, dass man in das „bakterielle Klima" seiner Familie hineingeboren wird. Ziel ist es, dass möglichst schnell jede Nische des Körpers von Mikroben besetzt wird. Der Sinn dieser Sache ist ein ganz simpler: Dort, wo bereits Bakterien und Mikroben sind, ist kein Platz für andere. Eventuelle Keime und Krankheitserreger finden keine „unbesetzte Nische". Die „bereits eingerichteten" Mikroben besetzen die Nischen und verteidigen sie gegen fremde Eindringlinge. Sie bilden damit das natürliche Abwehrsystem. Jeder Mensch hat also seine eigene, individuelle Melange an Mikroben. Mit jeder Berührung werden neben Körperzellen und Körperflüssigkeiten wie zum Beispiel winzige Talg- und Schweißtröpfchen gleichzeitig auch körpereigene Bakterien und Mikroben auf den berührten Gegenstand übertragen. Diese sind, so klein sie auch sein mögen, Lebewesen, die sich nicht wie Flüssigkeiten vermischen. Der Hund verfolgt auch entgegen landläufiger Meinung keinen Mischgeruch. Wenn ich auf ein Feld die Samen von Roggen und Weizen werfe, welches Getreide wächst dann? Etwa Woggen oder Rogeizen? Nein, ich habe dann trotzdem zwei Getreidesorten, die einwandfrei zu unterscheiden sind! Könnte dieses Getreide weglaufen, so hätte man entweder eine Spur von Weizen oder eine Roggenspur! Selbst wenn die beiden eine Zeitlang gemeinsam laufen würden, müsste sich der Hund spätestens an dem Punkt, wo sich beide trennen, für eine Spur entscheiden, die er weiterverfolgen will. In der Regel hat er sich jedoch bereits am Start auf einen Geruch festgelegt, den er verfolgt. Genauso verhält es sich mit den körpereigenen Gerüchen auf einem Geruchsträger. Einen Mischgeruch gibt es ebenso wenig wie eine „Mischperson", die den Einsatzort verlassen hat.

Eine interessante und auch für Kritiker lehrreiche Übung sind Split-Trails, die gleichzeitig ausgearbeitet werden! Dabei werden zwei Teams gleichzeitig am gleichen Startpunkt auf verschiedene Runner gestartet, welche gemeinsam die gleiche Strecke gelaufen sind und sich erst am Ende nur einige wenige Meter entfernt voneinander aufstellen. Gut ausgebildete, sichere Hunde vorausgesetzt, wird „Team Orange" den orangen Trail verfolgen und „Team Gelb" den gelben Trail und beide Teams werden im Zielgebiet „ihren" Runner finden und anzeigen. So etwas sieht in einem Stadtgebiet wirklich spektakulär aus und beweist die Fähigkeit selektiven Riechens eindrucksvoll! Der Mehrwert für die Teams besteht im Trainieren – auch unter der optischen Ablenkung durch ein zweites, parallel arbeitendes Suchteam.

Split-Trails

Was tun, wenn mehrere Personen den Geruchsträger berührt haben? Ausschließen von irrelevanten Gerüchen

Die Anwendung des selektiven Riechens

Vorweg, ich versuche das Ausschließen im Einsatz soweit es geht zu vermeiden. Ein mehrfach kontaminierter Geruchsartikel ist stets nur ein Kompromiss! Man sollte sich deshalb für die Suche nach einem geeigneten Geruchsträger immer entsprechend Zeit lassen und sorgfältig auswählen. Man darf nie vergessen: Die Geruchsaufnahme ist der einzige Zeitpunkt auf dem gesamten Trail, wo wir dem Hund „sagen" können, wonach er suchen soll! Deshalb ist ein eindeutiger Geruchsträger so enorm wichtig, denn er ist gleichbedeutend mit einem eindeutigen Suchauftrag! Manchmal gibt es jedoch nur die Möglichkeit, einen mehrfach kontaminierten Geruchsartikel zu verwenden. Was geht im Hund dabei vor? Um dies zu versinnbildlichen, greife ich gern auf Farben zurück. Stellen Sie sich vor, Sie haben als Geruchsartikel oder sagen wir besser Referenzgegenstand einen blauen Würfel. Nachdem Sie ihn betrachtet haben und sich die Farbe gemerkt haben, suchen Sie am Start nach einer „blauen" Spur, die Sie verfolgen. Gibt man Ihnen einen grünen Würfel, suchen Sie nach einer grünen Spur, bei einem roten Würfel nach einer roten! **Das (!)** ist ein eindeutiger Suchauftrag! Suche nach der Farbe, die an dem Würfel dran ist, den ich dir vorher gezeigt habe! So weit, so gut.

Jetzt aber kommt einer und zeigt Ihnen einen dieser Zauberwürfel! Der hat sechs verschiedene Farben. Mal angenommen blau, grün, weiß, gelb, rot, orange. Wenn er schön verdreht wurde, sind diese auch noch kreuz und quer durcheinander. Würde er Ihnen diesen Würfel unkommentiert geben, nach welcher Farbe der dazugehörigen Spur suchen Sie dann? Hm, schwierig! Wahrscheinlich letzten Endes nach der, die Ihnen am besten gefällt. Und das genau täte auch Ihr Hund!

Es gäbe nun zwei Möglichkeiten, Ihnen zu erklären, dass Sie den Geruch „blau" suchen sollen. Die erste wäre, Ihnen wird gesagt „suche Blau". Dies würde beim Hund aber nicht funktionieren, weil der Würfel ja bunt ist und niemand von uns olfaktorischen Legasthenikern wüsste, wo an dem Würfel tatsächlich „blau" ist! Ansonsten könnten wir ja auch selbst nach dem Vermissten suchen!

Die zweite Möglichkeit wäre, die Sache umgekehrt anzugehen und Ihnen bzw. dem Hund stattdessen zu sagen, was Sie *nicht* suchen sollen: „Suche *nicht* Rot, *nicht* Gelb, *nicht* Grün, *nicht* Weiß und *nicht* Orange!" Dies geschieht zweckmäßigerweise, bevor man Ihnen den

Zauberwürfel zur Betrachtung übergibt. Ich brauche dazu also einen roten, einen gelben, grünen, weißen und orangefarbenen Würfel, die ich Ihnen der Reihe nach vorher jeweils einzeln zeigen müsste und Ihnen jedes Mal verständlich machen müsste, dass Sie diese Farbe später bitte *nicht* suchen sollen. Im Ergebnis Ihrer optischen (und der Hund seiner olfaktorischen) Betrachtung des Ihnen anschließend dargebotenen Zauberwürfels werden Sie dann feststellen, dass es da ja noch eine Farbe an dem Würfel gibt, die Ihnen nicht verboten wurde! Nämlich „Blau", die Farbe nach der Sie folglich suchen! Herzlichen Glückwunsch, nun haben Sie das Prinzip des Ausschließens verstanden!

Mit dem Hund trainieren wird man das natürlich nicht sofort mit mehreren auszuschließenden Gerüchen, sondern man fängt klein an. Anfangs mit einem Gegenstand, an dem maximal die Gerüche von zwei Personen (Runner plus eine Fremdperson) dran sind, sodass man nur einmal ausschließen muss. Erst wenn der Hund das Prinzip verstanden hat und die Übung nach mehreren Trainings genügend gefestigt ist, kann man die Anzahl der Ausschlussgerüche langsam und angepasst an den betreffenden Hund steigern!

Ist ein Geruchsartikel von mehreren Personen angefasst worden, von denen aber nur eine gesucht werden muss, so ist es also wichtig, genau zu wissen, wer alles noch an dem Geruchsartikel geruchlich vorzufinden ist! (Wir verwenden in der Regel im Einsatz Geruchsträger nicht, wenn dies unklar ist, weil man im Ergebnis nie sicher sein kann, wen oder was der Hund tatsächlich gesucht hat). Ebenso, dass ein eindeutiger Geruch dieser Personen vorhanden sein muss, um sie vor der Suche für den Hund geruchlich ausschließen zu können. Vorzugsweise sind die betreffenden Personen vor Ort am Start des Trails. Vor dem Anlegen des Suchgeschirrs bekommt der Hund die Möglichkeit, die Personen einzeln zu beriechen (ich lasse dazu die Personen gern ihre Handflächen dem Hund vorhalten). Zu jedem Beriechen erfolgt ein dem Hund geläufiges Verbotskommando (ich benutze hierzu ein „Nein"). Dies wird mit jeder Person durchgeführt, die den Geruchsartikel berührt hat.

Wie „hart" das Verbotskommando ausgesprochen wird und wie viele Personen ausgeschlossen werden können, hängt von der Sensibilität des betreffenden Hundes ab. Ich kenne Hunde, die gut und gerne zehn Mal mal „Nein" verkraften und dann beim elften Mal immer noch interessiert am nun präsentierten Geruchsartikel schnuppern. Andere sind so sensibel, dass drei „Nein" schon hart an der Grenze sind. Manche Teams verzichten gänzlich auf ein Verbotskommando und lassen ihre Hunde vor dem Start einfach jeden der Anwesenden beriechen. Dabei gehen sie davon aus, dass der Hund alle anwesenden Personen automatisch ausschließt. Ich habe da persönlich einige Zweifel, denn das würde fast schon strategisches Denken beim Hund voraussetzen, stelle aber nicht in Abrede, dass dieses Vorgehen im Einzelfall und bei manchen Hunden gut funktionieren kann. Ein einigermaßen verlässlicher Kontrollmechanismus ist dabei, dass der gut ausgebildete Hund den Anwesenden ja annehmen

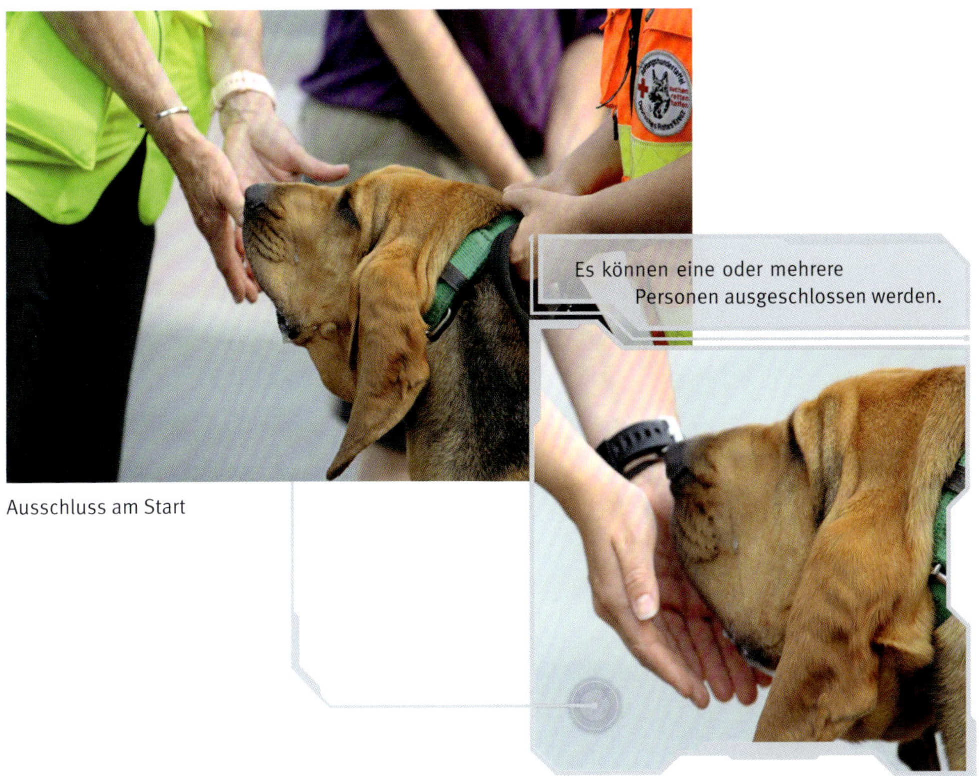

Ausschluss am Start

Es können eine oder mehrere Personen ausgeschlossen werden.

und anzeigen würde, wenn er dessen Geruch aufgenommen hätte und nach ihm suchen würde, denn dessen frischester Geruch wäre ja am Startpunkt.

Ersatzweise können auch eindeutige Geruchsträger, die selbstverständlich einzeln und fachgerecht verpackt sein müssen, als Ausschlussgerüche eingesetzt werden. Dies dürfte aber zumeist nur auf polizeiliche Einsätze zur Strafverfolgung zutreffen, etwa wenn ein Kriminaltechniker, der den Geruchsartikel zuvor gesichert hat, nicht persönlich beim Trailen anwesend ist oder sein kann.

Ausschließen von nicht relevanten Personen und Trails bei mehrfach kontaminiertem Geruchsartikel (1)

1. Ausschließen der Personen mit Verbotskommando „Nein“
2. Beriechen des Geruchsartikels
3. Trailen

Alle verschiedenen Spuren sind vorhanden. „Grün“, „orange“ und „rot“ wurden ausgeschlossen, der Hund hat noch „gelb“ am Geruchsartikel festgestellt. „Gelb“ wird am Start aufgefunden und verfolgt, die lilafarbigen Personen sind beliebige Passanten und werden im Zielgebiet ignoriert.

Ausschließen von nicht relevanten Personen und Trails bei mehrfach kontaminiertem Geruchsartikel (2)

1. Ausschließen der Geruchsartikel mit Verbotskommando „Nein“
2. Beriechen des Geruchsartikels
3. Trailen

Übungsszenario: Die Runner stehen als Ablenkung mit draußen im Suchgebiet und werden durch GA ausgeschlossen.

POLIZEI

14.

Polizeiliche Einsatzstrategien auf der Grundlage wissenschaftlicher Erkenntnisse

Wissen und Erfahrung zur Geruchsausbreitung

Aus der Erfahrung hunderter Einsätze und Trainings weiß ich, dass sich im Groben zwei spezifische Formen der Geruchsausbreitung mit den Hunden abbilden lassen.

Es sind dies zum einen die linienförmige (progressive) Geruchsausbreitung und zum anderen die flächige Geruchsausbreitung.

Wie wir wissen, produziert der Mensch Zeit seines Lebens ständig seinen individuellen Geruch. Dabei ist es völlig egal, ob er sich bewegt oder verweilt, wach ist oder schläft.

Progressive Spur kontra Geruchspool

Flächige Geruchsausbreitung entsteht, wenn sich die Person an einem Ort aufhält. Der produzierte Individualgeruch verteilt sich im Umkreis der Person, es entsteht ein Geruchspool. Die Größe eines solchen Geruchspools hängt von der Verweildauer der Person an dem Ort ab. Er kann sogar noch deutlich größer ausfallen, wenn sich die Person in einem begrenzten Gebiet bewegt und dadurch dort überall ihren Individualgeruch großflächig verteilt. Ein Mantrailer, dessen Suchstrategie es bekanntermaßen ja ist, einem Geruch zu folgen, kann oder vielmehr „wird" in einem Geruchspool Schwierigkeiten bekommen, da ihm hier die Möglichkeit des Geruchverfolgens genommen ist. In einem Geruchspool findet er den gesuchten Individualgeruch nämlich überall! Vor sich, hinter sich, rechts und links neben sich. In einem Geruchspool die Quelle zu lokalisieren ist für einen Hund mit einer solchen Suchstrategie schwierig. Es ist, als gingen Sie mit verbundenen Augen in die Küche einer Pizzeria, in der es im gesamten Raum nach frischer Pizza duftet und müssten nun lediglich mit Ihrem Geruchssinn herausfinden, wo exakt der Backofen steht. Dies dürfte sich irgendwo im Bereich zwischen schwer bis unmöglich bewegen. Die schiere Masse an Geruch sorgt dafür, dass die Möglichkeiten der Differenzierung nahezu ausgeschaltet sind und der Ofen als Quelle in dem mit Pizzaduft ausgefülltem Raum „verschwimmt". Ich finde den Vergleich deshalb recht treffend, weil Sie womöglich durch Zufall, infolge bloßen Herumlaufens in der Küche in die Nähe des Ofens kommen, und plötzlich den „Hotspot" bemerken, nämlich die Hitze des Ofens und den besonders intensiven Duft der darin befindlichen Pizza. Genau so kann es auch dem Mantrailer gehen, der ewig lange in einem Geruchspool herumstochert und mit Glück irgendwann eher zufällig auf den Gesuchten stößt. Die Ihnen gestellte Aufgabe wäre um vieles einfacher und für Sie olfaktorisch lösbarer, wenn man Ihnen nur auftragen würde, in dem Gebäude die Küche zu finden, in welcher der Ofen steht. Hierbei würden Sie wie der Trailer recht schnell den Geruchspool (die Küche) lokalisieren.

Gerade bei Vermissten ist dieses Szenario nicht selten. Der vermisste Wanderer ist gestürzt und kann verletzungsbedingt nicht aufstehen oder der demenzerkrankte Senior irrt seit Stunden in demselben Wohngebiet umher. Die Hunde kommen vergleichsweise problemlos in das Zielgebiet, hören hier aber plötzlich auf, in eine Richtung zu suchen und beginnen das Gebiet scheinbar planlos kreuz und quer zu durchkämmen. Führt aus einem solchen Geruchspool kein frischerer mit dem Suchauftrag übereinstimmender Geruch mehr heraus, so darf der Hund dieses Gebiet nicht wieder verlassen, auch wenn er die Person selbst nicht direkt auffinden kann. Mit dem Wissen um dieses Phänomen kann man bei einer solchen Anzeige des Hundes mit richtigen Folgemaßnahmen reagieren. Beispielsweise können Suchkräfte eingesetzt werden, die das vom Mantrailing-Team markierte Zielgebiet absuchen. Ebenso können bei geeignetem Gebiet Flächenhunde eingesetzt werden, mit denen man in kurzer Zeit Klarheit darüber hat, ob sich in dem Gebiet eine Person befindet. Diese werden frei eingesetzt und zeigen jede (jedoch keine bestimmte) menschliche Geruchsquelle im Suchgebiet an. Bei ihnen handelt es sich vom Suchtyp her um Geruchsquellensucher, die ähnlich wie Rauschgift- oder Sprengstoffspürhunde arbeiten. Ihre Suchstrategie erlaubt es ihnen ohne vorherige Geruchseingabe, also ohne den beim Mantrailer üblichen klaren Suchauftrag, einfach jeden Menschen im Suchgebiet anzulaufen und anzuzeigen. Da sie Geruch nicht wie der Mantrailer „verfolgen" brauchen sie keinen „Point last seen", den „letzten Sichtungsort des Vermissten", sondern können das Suchgebiet aus beliebiger Richtung ausarbeiten.

Auch wenn bei einer Suche also die vermisste Person nicht unmittelbar durch das Mantrailing-Team aufgefunden wird, so wären oftmals ohne die Anzeige eines konkreten Zielgebietes Vermisste nicht so schnell gefunden und dadurch vor schlimmeren Folgen bewahrt worden.

Das Negativ

Von einem Negativ wird gesprochen, wenn der am Geruchsartikel vorhandene Geruch an dem zu überprüfenden Ort nicht vorhanden ist. In diesem Falle sucht der Hund nach der Geruchseingabe die nähere Umgebung nach übereinstimmendem Geruch ab, findet jedoch keinen. Typisch für eine solche Situation ist, dass sich der Hund nicht aus dem Startgebiet lösen kann.

Negativ oder Pick up?
Gleiches Verhalten – unterschiedliche Bedeutung!

Dem aufmerksamen Leser wird nicht entgangen sein, dass ein Negativ somit ein identisches Anzeigeverhalten zur Folge hat wie beispielsweise ein Geruchspool in Verbindung mit einem Pick up oder ohne wegführende Spur im Startgebiet. Nur mit verschiedenen Ursachen!
Beim Geruchspool im Startgebiet kann sich der Hund nicht lösen, denn er findet den gesuchten Geruch überall. Der Hund sagt dem Hundeführer also durch sein Verhalten:

„Der Geruch, den du mir gezeigt hast und den ich finden soll, ist da vorn, da hinten, dort drüben und da drüben auch!"

Bei einer Aufzeichnung der Laufstrecke des Hundes mittels GPS-Tracker sieht man später ein knäuelförmiges Wirrwarr, jedoch keine wegführende Linie. Ein solches Szenario ist zum Beispiel denkbar, wenn der Hund an einer Haltestelle gestartet wird und die Person unmittelbar von dort weggefahren ist (sogenanntes Pick up).

Beim Negativ zeigt der Hund das gleiche Verhalten, jedoch sagt er hierbei dem Hundeführer etwas ganz anderes:

„Den Geruch den du mir gezeigt hast und den ich finden soll, gibt es hier nicht, auch da vorn und dort hinten nicht und da drüben und dort drüben auch nicht!"

Auf der GPS-Aufzeichnung sieht man dasselbe Bild!

In beiden Fällen aber arbeitet der Hund und sucht nach dem Geruch beziehungsweise nach einer wegführenden Geruchsspur! Somit ist es für den Hundeführer nicht möglich, ein solches Verhalten am Start sicher und eindeutig zu interpretieren.

Wenn in der Grafik auf der nächsten Seite vereinfachend von Geruchspool gesprochen wird, dann ist damit ein Geruchspool ohne wegführende linienförmige Spur gemeint!

Das Anzeigeverhalten des Hundes am Start bei Geruchspool ohne wegführende Spur, Pick up oder Negativ

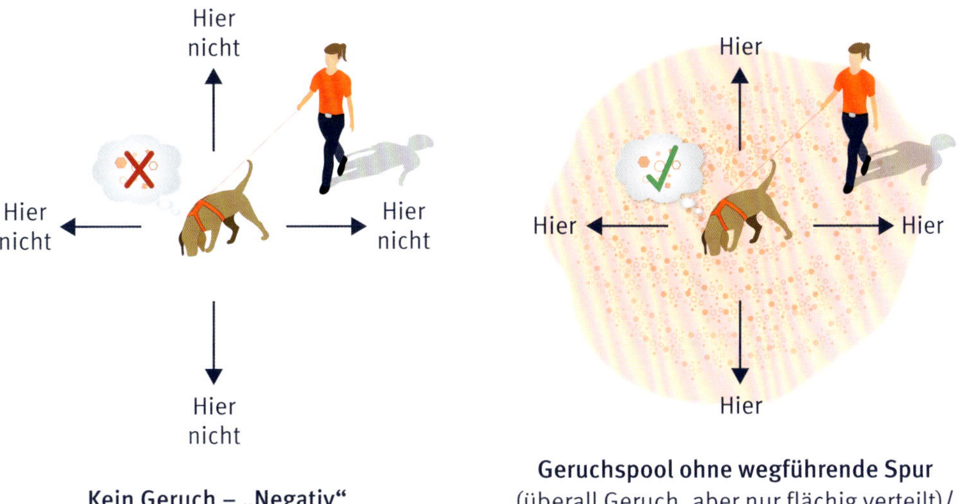

Kein Geruch – „Negativ“

Geruchspool ohne wegführende Spur (überall Geruch, aber nur flächig verteilt)/ **Pick up** (Am Startpunkt ist der Geruch am stärksten)

Warum die aktive Negativanzeige gefährlich ist

Nun wird es sicher einige Kollegen geben, die einwenden, man könne einem Hund die aktive Negativanzeige beibringen. Der Hund wird dann bei einem Negativ dies seinem Hundeführer aktiv anzeigen, häufig durch Anspringen desselben. Ich habe dies selbst auch schon gesehen, unter anderen bei unseren amerikanischen Kollegen, und ich halte aus gleich mehreren Gründen nichts davon. Zum einen kann man sich nie sicher sein, ob man tatsächlich den richtigen Abgangsort gezeigt bekommen hat oder ob der sich nicht vielleicht fünfzig Meter weiter rechts oder links befindet. Dann wäre Geruch nämlich da und die Aussage „Negativ“ im Grunde falsch, es sei denn, man bezieht sie lediglich auf einen sehr eng begrenzten Bereich um das Startfenster. Ich bin eigentlich ein Freund einer räumlich eng begrenzten, also relativ zeitigen Negativanzeige durch den Hund, jedoch nur, wenn ich die Dauer der Suche und somit den Zeitpunkt, wann ich das Negativ dem Hund abkaufe, bestimmen kann. Hier kommen wir auch schon gleich zum zweiten Punkt. Zum Zweiten gibt man mit einer aktiven Negativanzeige nämlich die Entscheidung, wie lange der Hund nach einem Abgang, also einer progressiven, aus dem Gebiet herausführenden Spur suchen soll, aus der Hand und überlässt sie dem Hund. Hinzu kommt, dass gerade beim polizeilichen Mantrailing eine solche Aussage bedeutsam für ein Verfahren sein kann und deshalb in der Verantwortung des Hundeführers stehen sollte, nicht in der seines Hundes!

Einem Hund, der eigentlich dazu ausgebildet wurde, einer Geruchsspur zu folgen, gleichzeitig beizubringen, nun durch ein dressurartig erlerntes Ritual anzuzeigen, dass da grade mal kein übereinstimmender Geruch vorhanden ist, ist so, als ob man einen Rauschgiftspürhund beauftragen würde: Zeige mir doch mal an, wo hier überall *keine* Drogen versteckt sind! Mit einem solchen erlernten Anzeigeritual öffnet man dem Hund außerdem ein Hintertürchen, welches dieser als gnadenloser Opportunist nutzen wird, beispielsweise bei unangenehmem Wetter, um die Sache zu beenden und schnell wieder ins Auto zu kommen.

Ebenso kann ein erlerntes Anzeigeverhalten bei „Negativ" dazu führen, dass der Hund dieses bereits auch dann schon nutzt, wenn er den Geruch nur „verliert". Wir hatten in der Gruppe zum Beispiel einen Hund, der an Kreuzungen oder überlaufenen Richtungswechseln relativ schnell seinen Hundeführer ansprang und ein „Negativ anzeigte", anstatt die Situation gewissenhaft auszuarbeiten.

Es gibt aus meiner Sicht kaum ein natürlicheres Anzeigeverhalten als das eines offensichtlich schier verzweifelten Hundes, der nach einer Geruchsspur sucht und keine findet und sich deshalb nicht aus dem Startbereich lösen kann! Wenn ein Hund dazu ausgebildet wurde, einem Geruch zu folgen, so ist die Tatsache, dass er sich nicht aus dem Startgebiet lösen kann, ein deutliches und verlässliches, weil unbeeinflusstes und unverfälschtes und im Grunde sogar aktives Anzeigeverhalten. Die Interpretation dessen obliegt in der Gesamtschau der Umstände dem Sachbearbeiter, der hierfür seine Erkenntnisse aus den bisherigen Ermittlungen mit einfließen lassen kann. Der Hundeführer macht in jedem Fall keinen Fehler, wenn er völlig objektiv beide Möglichkeiten in Betracht zieht, nämlich sowohl den Geruchspool als auch das Negativ. Das ist in jedem Falle ehrlicher und objektiver als eine Aussage, die gegebenenfalls auf der alleinigen Entscheidung eines Hundes beruht. Hunde sind auch nur Menschen!

Was bedeutet dies in Bezug auf Einsatzszenarien? Nun, im Falle einer Vermisstensuche, würde man folglich eine Nahbereichssuche um das Startfenster durchführen, um auszuschließen, dass der Vermisste noch dort ist. Im Falle einer kriminalistischen Ermittlung, bei der es um die reine „Geruchssuche" also das Vorhandenseins von Geruchsspuren einer bestimmten Person an einem bestimmten Ort (beispielsweise einem Tatort) geht, muss das Fazit in einem solchen Falle „ In dubio pro reo" (Im Zweifel für den Angeklagten) lauten.

Muss man das Negativ trainieren?

Eine interessante Frage, die immer wieder mal auftaucht, ist die, ob man das Negativ trainieren muss. Ich erkläre hierzu einmal meine Sicht der Dinge.

Die gesamte Trailausbildung zielt ja darauf ab, dass der Hund sicher einen individuellen Geruch einer Person verfolgen kann. Es ist daher allergrößter Wert auf die „Sauberkeit und Klarheit der Ausbildung" zu legen. Dazu gehören von Beginn an klare Suchaufträge – das heißt klare, eindeutige Geruchsartikel. Es sei denn, es soll gezielt das Ausschließen von irrelevanten Gerüchen am Geruchsträger geübt werden. Jedoch sollte in der Regel jede Ausbildungseinheit mit einem klaren Suchauftrag abgeschlossen werden. Wenn dies der Fall ist und sich beim Hund keine der bekannten Fehler eingeschlichen haben wie zum Beispiel Anzeigen/ Switchen auf frischen menschlichen Geruch oder stetes Verfolgen der frischesten Spur unabhängig vom Suchauftrag, dann hat der Hund eine klare Vorstellung von seiner Aufgabe und eine ungetrübte Erwartungshaltung. Umso erstaunter und damit erkennbarer wird also seine Reaktion ausfallen, wenn der beauftragte Geruch plötzlich in der Umgebung nicht zu finden ist! Deshalb finde ich es viel wichtiger, die anderen Baustellen zu bearbeiten. Ein Negativ kann aus meiner Sicht durchaus von Zeit zu Zeit ab und zu mal ins Training eingebaut werden, um die Zuverlässigkeit des Hundes zu überprüfen. Der darf sich dann keinesfalls irgendeine andere beliebige Spur hernehmen und ausarbeiten, sondern muss deutlich erkennen lassen, dass es die gesuchte Geruchsspur dort nicht gibt.

Der Hund sollte übrigens dafür dann auch nicht bestätigt werden! Allenfalls etwas „getröstet", indem er vom Hundeführer unter freundlichen Worten ruhig gestreichelt wird und das Suchgeschirr abgenommen bekommt. In der Natur ist keineswegs jede Jagd erfolgreich und deshalb fällt der Hund auch nicht gleich vom Glauben ab, wenn er mal nichts findet. Noch nie habe ich meinen Hund für ein erkennbares Negativ mit Futter bestätigt! Dies würde im Gegenteil eine Erwartungshaltung in ihm wecken, die das Potenzial von künftigen Fehlanzeigen birgt!

Ein schönes Beispiel für ein Negativ: Im Zuge der deutschlandweiten, öffentlichen Fahndung nach einem entflohenen Sexualstraftäter mussten zwei Zeugenaussagen überprüft werden. Man ging davon aus, dass sich der Mann aus seinem Bundesland abgesetzt hatte und sich auf seiner Flucht inzwischen irgendwo an einem unbekannten Ort in Deutschland befand. Da die Fahndung in allen öffentlichen Medien lief, ging aus ganz Deutschland eine Vielzahl von Hinweisen ein, wo eine der Beschreibung ähnliche Person gesehen wurde.

Unsere beiden Hinweisgeberinnen, eine hochrangige Polizeibeamtin und eine Staatsanwältin, waren in ihrer Freizeit gemeinsam beim Joggen unterwegs und waren sicher, einen Mann, der exakt zur Beschreibung des Flüchtigen passte, zu Fuß auf einem Feldweg gesehen zu haben, der dann quer über das Feld lief. Im Zuge der Überprüfung wurden eiligst Geruchsträger des Gesuchten durch Kriminaltechniker sichergestellt und zu uns nach Sachsen übersandt. Zwei Hunde zeigten voneinander unabhängig das gleiche Bild und lösten sich nicht von der Stelle, an welcher der Mann von den ja durchaus glaubwürdigen Zeuginnen gesehen wurde. Zu beachten ist hierbei, dass ja de facto tatsächlich auch eine Person über dieses Feld gelaufen war, die Hunde also ohne weiteres diesen oder den Geruch der Bodenverletzung hätten aufnehmen können, was sie aber nicht taten! Zwar war die Enttäuschung der anwesenden Zugriffskräfte für den Moment zunächst erst einmal groß, der eigentlich gesuchte Mann wurde jedoch kurz darauf in über 300 km Entfernung festgenommen. Die Zeuginnen konnten sich also offensichtlich nur geirrt haben. Wir erhielten kurz nach unserem Einsatz einen Anruf vom Leiter der operativen Fahndungsgruppe, welche die Mantrailing-Teams begleiten und den erwarteten Zugriff durchführen sollten. Seine anfängliche Skepsis und Misslaunigkeit angesichts der vermeintlichen „Fehlleistung" der Hunde war zwischenzeitlich in so etwas wie eine Mischung aus Verwunderung und Freude umgeschlagen. Er sagte uns: „Eure Hunde haben alles richtig gemacht! Der Gesuchte wurde gerade in Bayern festgenommen". Vielleicht wollte er sich über Tschechien oder in Richtung Österreich, Ungarn oder Slowenien absetzen.

Schön zu sehen ist das typische „nicht vom Ansatzort wegkommen". Diese wunderbar durch die GPS-Aufzeichnung sichtbar gemachte Geruchsverteilung (oder eben das nicht

Negativ – keine mit dem Suchauftrag übereinstimmende Spur

Vorhandensein übereinstimmenden Geruchs, sofern es sich wie hier, um ein Negativ handelt) ist beim Geruchspool identisch. Nur sagt uns der Hund dabei „etwas völlig anderes“!

Zum Vergleich: So kann das typische Bild eines Geruchspools aussehen, wie es beispielsweise auch bei einem Mordfall im Bereich der PD Leipzig auftrat.

In einem Gehöft wurde das dort lebende Ehepaar ermordet aufgefunden. Am Tatort wurde ein geeigneter Geruchsträger aufgefunden, an dem mit hoher Wahrscheinlichkeit auch Tätergeruch zu vermuten war. Nach dem Ausschluss der für die Suche nicht relevanten Personen zeigte der Hund dieses Suchbild. Er zeigte eine Geruchsverteilung des beauftragten Geruchs nur lokal um den Tatort herum an. Ich schätzte deshalb ein, dass der zu dem Zeitpunkt noch unbekannte Täter vermutlich mittels geschlossenem Pkw gekommen und nach der Tathandlung wieder weggefahren war. Ein ortsansässiger Täter schied somit faktisch aus, weil dessen Individualgeruch viel großflächiger im ganzen Ort hätte vorhanden sein müssen.

Nach der Aufklärung des Falles stand fest: Ich lag damit richtig. Der Täter kam und verließ den Tatort mit einem geschlossenen Fahrzeug. Auch hier wieder das typische „sich nicht vom Ort lösen“ des Hundes, diesmal jedoch aus anderem Grund. Was hier vom Mantrailer abgebildet wurde, war kein „Negativ“, sondern flächig verteilter Geruch!

Suchbild bei einem Geruchspool am Start mit „Pick up"

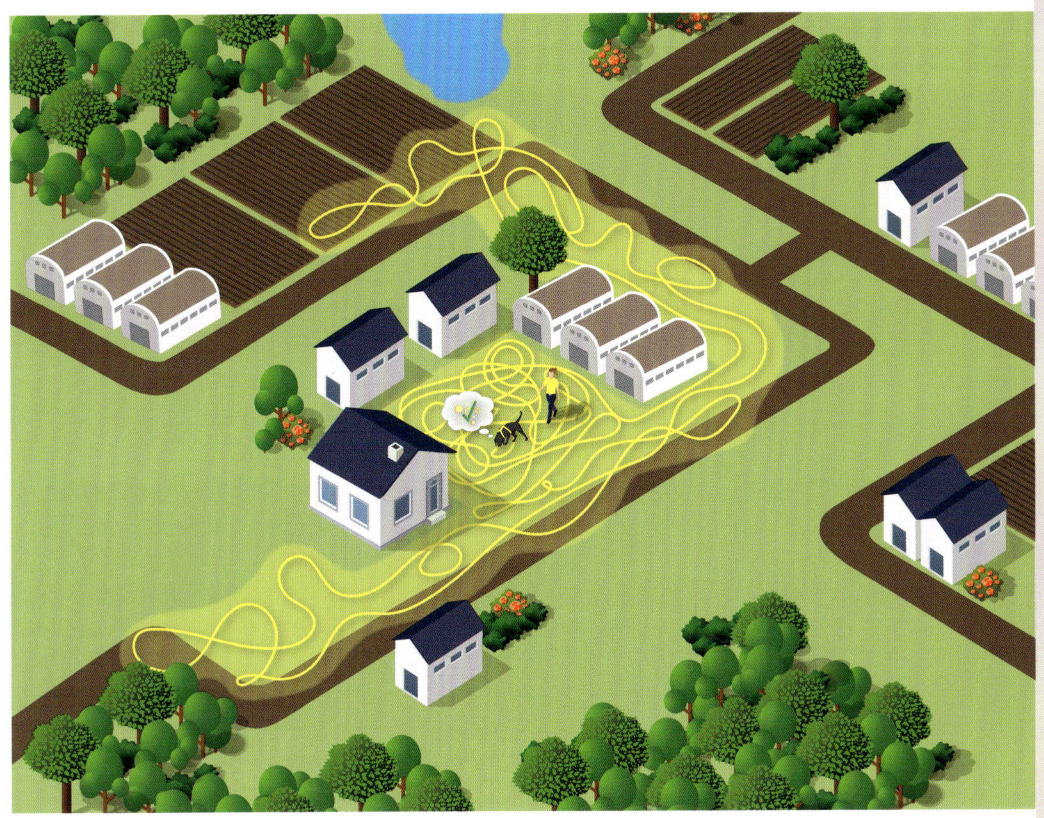

Kommen wir nun zu einer anderen und zugleich der für uns Mantrailer bedeutsamsten Ausbreitungsform von Geruchsspuren, der progressiven (fortlaufenden) Geruchsspur.

Linienförmige Geruchsausbreitung

Linienförmige (auch sog. progressive) Geruchsausbreitung entsteht immer nur dann, wenn sich die betreffende Person zielgerichtet fortbewegt. Der Individualgeruch wird dabei auf der zurückgelegten Wegstrecke verteilt. Das Geruchsbild weist daher eine linienförmige Geruchsverteilung auf. Genau das ist es, was uns der Hund in diesem Fall zeigt. Das typische Verhalten des Hundes ist hier, nach der Geruchsaufnahme die Geruchsspur aufzunehmen und zu verfolgen. Dabei löst er sich in der Regel zügig und deutlich vom Startgebiet. Die Aufzeichnung eines mitgeführten GPS-Trackers wird in der Regel eine deutliche linienförmige Wegstrecke ausweisen und rasch eine Distanz zum Startgebiet erkennen lassen. Um eine solche progressive Geruchsausbreitung zu erzeugen, **muss** die betreffende Person demnach zwingend selbst dort anwesend gewesen sein und sich von dort wegbewegt haben!

Alle erdenklichen bisherigen Versuche von Personen, ihre Geruchsspur zu unterdrücken, scheiterten an der Fähigkeit unserer Hunde zum selektiven Riechen! Weder das Übertünchen des Eigengeruchs mit Parfüm noch das Tragen fremder Kleidung oder Schuhe konnten die Hunde davon abhalten, den Geruch des Runners zu verfolgen. Interessanterweise haben die Hunde den Trail aber nicht verfolgt, wenn sie den Geruch des eigentlichen Besitzers der Schuhe oder der Kleidung am Start vorgehalten bekamen. Diese Gegenstände alleine erzeugten offenbar keinen Trail! Selbstverständlich hatte bei solchen Versuchen jeweils der Hundeführer keine Ahnung von der eigentlichen Aufgabe, das heißt welchen Geruchsträger er gerade bekam.

So sieht eine typische linienförmige Geruchsausbreitung aus. Hier wurde der Weg des die Geruchsspur des Runners verfolgenden Mantrailerteams bei einem Training im Stadtgebiet aufgezeichnet.

Wie lässt sich dieses Wissen polizeilich und ermittlungstaktisch nutzen?

Im Frühjahr 2013 nahm das Landeskriminalamt (LKA) Sachsen erstmals die Dienste frisch ausgebildeter, sächsischer Polizei-Mantrailer in Anspruch. Es war in Sachsen und benachbarten Bundesländern zu Sprengungen von Fahrkartenautomaten der Deutschen Bahn gekommen. Der Täter hatte es auf das darin befindliche Bargeld abgesehen. Bei einer Tat im Großraum Leipzig war dem Täter durch die schnell eintreffende Polizei unwissentlich der Rückweg zu seinem versteckten Fahrzeug abgeschnitten worden. Somit war er gezwungen, anderweitig zu flüchten. Über das später aufgefundene, etwa einen Kilometer entfernt im Wald versteckte Fahrzeug war schnell die Identität des Täters geklärt, der sich ab diesem Zeitpunkt abgesetzt hatte und nicht mehr bei sich zuhause erschienen war. Durch dessen geklärte Identität war es jedoch leicht möglich, an originale Geruchsartikel aus der Wohnung des Tatverdächtigen zu gelangen. Als zwei der eingesetzten polizeilichen Mantrailing-Teams hatten mein Kollege und ich uns für den Schaumstoffbezug der Kopfhörer des Verdächtigen entschieden, da der Verdächtige allein lebte und diese bei Benutzung unmittelbaren Kontakt zum Körper haben. Zudem war somit für jedes Team ein eigener, gleichwertiger Geruchsartikel vorhanden. Damit wurden in der Folge an verschiedenen Tatorten Geruchsspuren des Tatverdächtigen nachgewiesen. Eine positive Spur wurde dabei immer nur dann bejaht, wenn sich die Hunde deutlich aus dem Startfenster lösen konnten und somit eine mit dem Suchauftrag übereinstimmende, progressive (linienförmige) Geruchsspur abbildeten.

Interessant war, dass die Hunde jedoch nicht immer liefen. Der Sachbearbeiter im LKA hatte einfach alle im Tatzeitraum angefallenen „Automatensprengungen" auf den Tisch bekommen, jedoch teils mit unterschiedlichem Modus Operandi. Ohne, dass wir es wussten, zeigten die Hunde nur an Tatorten mit gleichem Modus Operandi mit dem Suchauftrag (den gesicherten Geruchsartikeln des Tatverdächtigen aus dessen Wohnung) übereinstimmende Geruchsspuren an, an den anderen dagegen nicht. Der Täter, der sich noch während der Ermittlungen in ein anderes Bundesland abgesetzt hatte und dort seine Serie fortsetzte, wurde schließlich gefasst, inhaftiert und später verurteilt.

Anfang 2014 wurden die Mantrailer der Polizeidirektion Zwickau durch die Kripo Chemnitz um Unterstützung bei Ermittlungen in einer Brandserie gebeten. Ein Feuerteufel trieb seit längerem sein Unwesen im Stadtgebiet. Dabei hatte er es insbesondere auf Autos abgesehen. Die Kripo hatte irgendwann einen Verdächtigen, von dem man auch Geruchsspuren nahm. Zwei unserer Hunde hatten jedoch bei der Überprüfung des letzten Tatortes keine Geruchsspur dieses Verdächtigen dort aufgenommen, sodass man von einem „Negativ" ausgehen musste. Daher fokussierten sich die Ermittlungen aufgrund von Bürgerhinweisen bald auf einen anderen Verdächtigen.

Nach einem weiteren Brand wurden von diesem Verdächtigen im Zuge der erkennungsdienstlichen Behandlung Geruchsproben gefertigt und damit dieser neue Tatort überprüft. Unabhängig und ohne Wissen voneinander zeigten zwei Mantrailing-Teams am Tatort eine progressiv verlaufende Geruchsausbereitung an, die in etwa 800 bis 1000 m Metern Entfernung in einer Straße endete. Dort führte die Geruchsspur nicht linear weiter. Was die Teams zum Einsatzzeitpunkt nicht wussten, war, dass das Fahrzeug des Tatverdächtigen in einem engen Zeitraum während des Brandausbruches in genau diesem Teilstück dieser Straße, wo die Trails endeten, gestanden hatte und er dieses kurz nach Brandausbruch eilig verlassen hatte. Dem Tatverdächtigen konnten auf diese Weise noch mehrere andere Tatorte nachgewiesen werden, an denen mit seinem Individualgeruch diese progressive Geruchsausbreitung durch die Hunde abgebildet wurde. Die ältesten Taten dieser Serie, bei denen die Hunde noch mit dem Geruchsartikel übereinstimmenden Geruch auf diese Weise anzeigten, lagen zu diesem Zeitpunkt bis zu fünf Monate zurück. Bei der Summe und den teils abgelegenen Tatorten glaubte bald keiner der an dem Fall Beteiligten mehr an Zufall.

Dennoch testete der verantwortliche Ermittler die Hunde ohne das Wissen der Hundeführer ein zweites Mal. An einem Tatort, an dem ganz offensichtlich ein Fahrzeug gebrannt hatte, was man unschwer an dem berußten und teilweise beschädigten Fahrbahnbelag erkennen konnte, konnten sich voneinander unabhängig beide Teams nicht vom Startpunkt lösen. Somit zeigten sie das Bild einer entweder flächigen Geruchsausbreitung oder eines Negativs. Nachdem beide Teams das Ergebnis ihrer Prüfung dem Ermittler mitgeteilt hatten, löste dieser die Situation auf. Dieser Fahrzeugbrand hatte zu einem Zeitpunkt stattgefunden, als sich unser Beschuldigter bereits in Untersuchungshaft befand. Er wollte nur mal sehen, ob die Hunde eigentlich immer losliefen. Sämtliche Einsätze wurden videografiert und vor Gericht durch Sachverständige bewertet. Der bereits vorbestrafte Beschuldigte wurde vom Landgericht Chemnitz zu einer mehrjährigen Haftstrafe verurteilt, das Urteil wurde durch den Bundesgerichtshof höchstrichterlich bestätigt, indem es eine Revision abwies.

Die Mantrailing-Teams der sächsischen Polizei wurden und werden zunehmend als neues und hoch effektives Einsatzmittel bei der Verfolgung von Serienstraftaten eingesetzt. Darüber hinaus liegt ihr kriminalistisches Einsatzgebiet der Bereich der Schwerkriminalität.

Bei der Aufklärung des „Schwanenteichmordes" von Mittweida vom November 2014 haben sächsische Mantrailing Teams ein entscheidendes Puzzleteil zu den Ermittlungen geliefert, indem sie die Aussage eines anfänglichen Zeugen, der angab, noch nie in seinem Leben am fraglichen Tatort gewesen zu sein, einwandfrei widerlegten (dazu später noch mehr). Der Zeuge, der nun zum Beschuldigten wurde, hat die Tat in der Verhandlung letztendlich gestanden und wurde ebenso wie seine Mittäterin wegen Mordes zu lebenslanger Haft verurteilt. Die Hunde kamen damals vier Wochen nach der Tat zum Einsatz. Ich möchte hierbei insbesondere gegenüber den Kritikern betonen, dass diese Arbeit zum Einsatzzeitpunkt den Charakter der Überprüfung einer Zeugenaussage hatte und völlig ergebnisoffen war. Die eingesetzten Mantrailing-Teams standen somit ziemlich am Anfang der Beweiskette, die den Täter letztlich überführte. Sie brachten dadurch aber Ermittlungen in Gang, in deren weiterem

Verlauf die entscheidenden Beweise erst noch zutage gefördert wurden. Dies zeigt, wozu diese gut ausgebildeten Spezialhunde fähig sind.

Die kriminalistische Frage: War der Beschuldigte am Tatort? Bedeutung progressiver odorologischer Spuren für die Beweisführung

In der kriminalpolizeilichen Praxis kann das zuvor beschriebene Wissen also genutzt werden, um Erkenntnisse zum Beispiel zur Täterschaft oder Teilnahme an Straftaten zu gewinnen. Dabei sind allerdings noch weitere kriminalistische und ermittlungstaktische Aspekte zu beachten, auf die ich hier nicht weiter eingehen werde. Um Erkenntnisse, die durch odorologische Spuren gewonnen werden können in die polizeiliche Ermittlungsarbeit sinnvoll zu integrieren, muss das Suchverhalten des Hundes betrachtet und richtig interpretiert werden. Die Rahmenbedingungen hierfür gibt ein Urteil des Landgerichts Nürnberg/Fürth aus 2012, 13KLs372Js9454/12. Darin sind neben anderen Voraussetzungen zum Beispiel zweifelsfreie Geruchsproben direkt vom Körper des Beschuldigten, eine lückenlose Dokumentation, Videografie der Trails von außen, die eine nachträgliche Beurteilung durch einen Sachverständigen zulässt wie auch eine entsprechende Prüfungsstufe der Polizei aufgeführt. Dies zeigt bereits, dass eine Verwendung nichtpolizeilicher Teams in der Regel für Strafverfolgungszwecke nicht vorgesehen ist.

Um nun eine Aussage zu der obigen Frage zu treffen, ob ein Beschuldigter an dem fraglichen Ort gewesen ist, muss der Hundeführer als sachverständiger Zeuge anhand des Suchverhaltens seines Hundes beurteilen, um welches mögliche Geruchsbild es sich im konkreten Falle handelt. Ich habe dies in den zuvor genannten praktischen Beispielen bereits erläutert. In der nachfolgenden Tabelle habe ich es einmal zusammengefasst.

Kriminalistische Frage	War die Person an diesem Ort?		
Ausbreitungsform	**Negativ (kein Geruch)**	**Nur am Start vorhanden**	**Progressive Spur**
Geruchsbild (so verteilt sich der Geruch) ⊕ = Startpunkt			
Suchbild (so bewegt sich der Hund im Geruch – Bild der GPS-Aufzeichnung)			
Beschreibung	Der Hund kann sich nicht vom Start lösen, da es **keine** mit dem Suchauftrag (Geruchsartikel) übereinstimmende Spur gibt.	Der Hund kann sich nicht vom Start lösen, da **die** mit dem Suchauftrag übereinstimmende Spur nur **flächig vorhanden** ist.	Der Hund kann sich vc Start deutlich, mit klar erkennbarer Richtungs tendenz lösen, da **ein** mit dem Suchauftrag übereinstimmende, **p gressive Spur vorhanden** ist.
Bewertung	Die Anwesenheit an dem Ort kann der fraglichen Person durch odorologische Spuren nicht nachgewiesen werden.	Die Anwesenheit an dem Ort kann der fraglichen Person durch odorologsiche Spuren nicht nachgewiesen werden. Es gilt „In Dubio pro Reo".	Die Anwesenheit der überprüften Person ar dem Ort ist durch das Abbilden einer progre siven Geruchsspur bestätigt. **Es ist bei Ermittlunge in Strafverfahren erfo derlich, das Ergebnis durch ein zweites Tea ohne Kenntnis des ers ten Ergebnisses zu üb prüfen!**
Versionsbildung aufgrund des gezeigten Suchverhaltens	1. Die fragliche Person war nie hier 2. Die fragliche Person war hier, es konnte aber keine wegführende Spur gefunden werden 3. Die fragliche Person ist noch hier	1. Die fragliche Person war nie hier 2. Die fragliche Person war hier, es konnte aber keine wegführende Spur gefunden werden 3. Die fragliche Person ist noch hier	Die Person war hier, wenn das Ergebnis un abhängig und unbeei flusst, durch ein zweit Team bestätigt wurde.

Zu beachten ist, dass infolge des identischen Suchbildes bei einem Negativ und der flächigen Ausbreitungsform „Geruchspool mit Pick up", das Ergebnis durch den Hundeführer gleich bewertet werden muss.

Es sei denn, es liegen gesicherte Erkenntnisse zum Tatablauf vor, die eine Konkretisierung der Aussage zulassen. Zum Beispiel hatte sich nach einem versuchten Sexualdelikt der unbekannte Täter nach Aussage der Geschädigten zu Fuß vom Ereignisort entfernt. Der eingesetzte Mantrailer konnte sich jedoch mit dem direkt vom Körper gesicherten Geruch eines Tatverdächtigen nicht von dort lösen. Die Tatsache, dass aber, wenn man den „Richtigen" gefasst hätte, eine mit ihm übereinstimmende wegführende Spur vom Tatort hätte vorhanden sein müssen, sprach seitens der Ermittler somit vielmehr für ein „Negativ" als für einen „Geruchspool", wirkte sich also eher als entlastendes Indiz für den zu überprüfenden Betroffenen aus. Wichtig finde ich in dem Zusammenhang, dass ausschließlich die Ermittler das Ergebnis des Trails für die Versionsbildung des konkreten Falles berücksichtigen sollten. Der Hundeführer sollte dagegen nur den objektiven „Befund" seiner Arbeit liefern und mögliche Auslegungen erklären. Er fungiert aber nicht als Ermittler!

Ein Fall, bei dem die Anwesenheit am Tatort durch odorologische Spuren nachgewiesen wurde, war zum Beispiel der in der Presse so genannte „Schwanenteichmord". Zusammen mit später gewonnenen Beweisen führte dies zur Überführung und Verurteilung des Täters.

Der Täter hinterließ am Tatort odorologische Spuren in progressiver Ausbreitungsform, die durch zwei verschiedene Suchteams unabhängig voneinander gefunden wurden.

Nach bisherigem Kenntnisstand ist es nicht möglich, wie in diesem Fall durch zwei ausgebildete Hunde unabhängig voneinander abgebildet, Spuren in progressiver Ausbreitungsform zu erzeugen, ohne selbst dagewesen zu sein.

Zwingende Voraussetzung für diese Auslegung des Suchverhaltens sind folgende Parameter:

1. Zuverlässige Negativanzeige! Der Hund darf verlässlich nicht auf eine andere, vorhandene, aber **nicht** mit dem Suchauftrag übereinstimmende Spur wechseln und loslaufen.
2. Eng begrenzte Negativanzeige. Der Hund verlässt bei einem Negativ nicht das nähere Umfeld des Startfensters. Er zeigt schnell, dass er keine übereinstimmende Geruchsspur vorgefunden hat. Eine ausschweifende, weitläufige Suche nach dem Geruch, würde das Suchbild verzerren Stichwort: Hunting for the Trail.
3. Der Hund macht keine erlernte aktive Negativanzeige.
4. Der Hund differenziert zuverlässig zwischen dem meisten und dem frischesten Geruch, er verlässt den Ort des frischesten Geruchs nicht mehr.

Die Trails beim Schwanenteichmord

Ende des Trails
mit dem Geruch des
Tatverdächtigen nach
mehreren hundert Metern

Auch in dieser Grafik weist das Suchbild deutlich erkennbar eine progressive Spurenausbreitung auf. Zeigen mindestens zwei Teams mit jeweils originalen Geruchsartikeln direkt vom Körper des Beschuldigten unabhängig voneinander ein solches Suchbild, so kann (nicht muss!) dies vom Gericht als alleiniges Beweismittel anerkannt werden!

Kriminalistischer Erkenntnisgewinn auch bei flächiger Geruchsausbreitung? Was sagt uns ein Geruchspool?

Dies waren nun Beispiele, bei denen das Wissen um die für eine Beurteilung notwendigen Parameter für eine progressive Ausbreitung des Geruchs genutzt wurde. Aber kann man auch das Wissen um Geruchspools, also die flächige Ausbreitung übereinstimmender, odorologischer Spuren, geschickt für den kriminalistischen Erkenntnisgewinn nutzen?

Hierzu möchte ich einmal zwei sehr aussagekräftige Beispiele geben. Im August 2013 wurde auf einem Parkplatz in einer Ortschaft im Bereich der Polizeidirektion Görlitz ein ausgesetzter weiblicher Säugling gefunden. Das Kind war von der Mutter augenscheinlich zunächst versorgt worden, es trug Kleidung und Windeln. Glücklicherweise wurde das Kind schnell aufgefunden und konnte in Sicherheit gebracht werden. Die Ermittlungen der Kripo konzentrierten sich umgehend darauf, die Mutter des Säuglings ausfindig zu machen. Der Tatort wies aufgrund seiner Lage einige Besonderheiten auf. Die kleine Ortschaft selbst war umgeben von Grün- und Waldflächen und der Fundort des Säuglings lag an einer vielbefahrenen Bundesstraße. So war die primäre Frage, die mir als Hundeführer gestellt wurde, zuallererst: Wurde das Kind von auswärts mit einem Pkw zur Ablagestelle gebracht oder handelt es sich um einen Täter aus dem Ort? Diese Frage galt es möglichst klar zu beantworten, um zügig Anhaltspunkte für die weitere Ermittlungsrichtung zu liefern. Über sichergestellte Asservate waren Geruchsartikel der Person, die das Kind ausgesetzt hatte, vorhanden.

Um die kriminalistische Frage nach der Herkunft des Täters von außerhalb oder aus dem Ort zu beantworten, konnte das Wissen über Geruchspools und Negativ genutzt werden.

Meine Hündin Hermine wurde mit dem gesicherten Geruchsartikel unter geruchlichem Ausschluss des Säuglings (mithilfe eines separaten Geruchsartikels des Säuglings) an dem Auffindeort des Kindes gestartet. Sie zeigte mit dem Suchauftrag übereinstimmenden Geruch flächig verteilt in einem großen Teil des Ortes an. Danach wurde Hermine nochmals, jedoch nur mit dem Geruch des Säuglings, gestartet. Dieser konnte ja schließlich nicht alleine zum Auffindeort gelaufen sein. Hier zeigte sie ein noch klareres Bild. Im Gesamtergebnis wurde in der Ortschaft ein Geruchspool mit dem Suchauftrag übereinstimmenden Geruchs mit einer maximalen Längenausdehnung von 1600 Metern und einer Gesamtfläche von 0,95 Quadratkilometern, also nicht einmal einem (!) Quadratkilometer abgebildet.

Damit lag es sehr nahe, dass der Täter oder die Täterin aus dieser Ortschaft kommt, hier Dinge wie Einkäufe, Frisör, Bäcker und so weiter erledigt, sprich hier seinen Lebensmittelpunkt hat oder zumindest regelmäßig hier unterwegs ist, eventuell in dem Ort arbeitet oder ähnliches. Der mit dem Suchauftrag übereinstimmende Geruch war in dem Gebiet großflächig vorhanden.

Ein nur kurzzeitiges Anhalten eines geschlossenen Fahrzeuges und Aussteigen, um den Korb mit dem Säugling dort abzustellen, quasi auf der Durchfahrt, konnte dagegen aufgrund der von Hermine abgebildeten Geruchsverteilung mit hoher Wahrscheinlichkeit nahezu ausgeschlossen werden.

Um zu verdeutlichen, welche geruchliche Situation hierbei vorzufinden wäre, möchte ich folgenden Vergleich anstellen: Stellen Sie sich vor, ich laufe mit einer vollen Tasse Kaffee durch ein Büro. An einem Schreibtisch halte ich kurz und verschütte dabei etwas Kaffee. Dann halte ich die Tasse wieder gerade und gehe weiter. Wo würden Sie Kaffee finden? Eben, nur an dieser Stelle!

Der Hund würde sich von dieser eng begrenzten Stelle nicht lösen können. Wir haben es mit einem auf engem Raum flächig verteilten Geruchsbild zu tun, man könnte beinahe sagen, der Geruch ist dort nur punktuell vorhanden.

Kriminalistische Frage	In welchem Bereich hält sich der Gesuchte (häufig) auf / Bewegungsprofile?	
Vorgehen	In seinem Lebensumfeld und dort, wo sich die Zielperson häufig bewegt, ist überall sein Individualgeruch vorhanden. In solchen Bereichen kann ein Mantrailer übereinstimmenden, flächig verteilten Geruch abbilden.	
Ausbreitungsform	Negativ	Geruchspool
Beschreibung	Hund kann sich nicht vom Startfenster lösen, d. h. er verlässt den Nahbereich nicht. „Eng begrenztes Negativ" (Radius wenige Meter)	Hund kann sich vom Startfenster lösen. Die Suche erscheint jedoch **nicht** konkret in eine Richtung orientiert (progressive Spur). Im Gesamtbild der Trailaufzeichnung ergibt sich eine großflächige Geruchsverteilung. (Radius mehrere hundert Meter oder größer)
Suchbild		
Bewertung / Versionsbildung	1. Person war nie hier 2. Person befindet sich in unmittelbarer Nähe 3. Geruch ist nur am Start punktuell vorhanden (Pick up)	Abbildung einer großflächigen Verteilung des beauftragten Geruchs, **Version nach Ermittlungsstand im Ausschlussprinzip** 1. Person ist aktuell in dem Bereich 2. Person war in dem Bereich 3. Person ist zwar nicht aktuell, jedoch sonst regelmäßig in dem Bereich

Im Zuge der Öffentlichkeitsfahndung konnte die Mutter des Säuglings schließlich identifiziert und habhaft gemacht werden. Sie lebte und wohnte innerhalb des von Hermine aufgezeigten knapp einen Quadratkilometer großen Bereiches und befand sich zum Zeitpunkt der Trailarbeit für die Hündin unerreichbar in ihrer Wohnung in einem mehrgeschossigen Wohnblock.

Nutzung des Wissens über die flächige Geruchsausbreitung. Beispiel: ausgesetzter Säugling

So wie hier beispielhaft nachgestellt, kann eine großflächige Geruchsausbreitung wichtige kriminalistische Hinweise liefern. Im damaligen echten Fall: „Die Täterin stammte aus dem Ort". Damals konnte sogar, wie sich später herausstellte, das richtige Wohnviertel detektiert werden.

Hier noch ein weiteres Beispiel, bei dem die flächige Geruchsausbreitung und das erfolgreiche Differenzieren des Hundes zwischen frischerem und älterem Geruch derselben Person letztlich zum Erfolg führte. Ein zehnjähriges Kind fragte seine Mutter um Erlaubnis, bei seinem Schulfreund übernachten zu dürfen. Sie willigte ein und so begab sich das Kind mit seinem Fahrrad auf den Weg in den Nachbarort. Nachdem sich die Mutter abends telefonisch bei dem Vater des Schulkameraden erkundigte, ob denn alles klar ginge, erfuhr sie zu ihrem Erstaunen, dass ihr Sohnemann mitnichten dort war. Auch eine großangelegte Suchaktion, an der sich der halbe Ort beteiligte, brachte in der Nacht keinen Erfolg. Die Befragung des Vaters seines Schulfreundes ergab, dass der Junge zwar dort erschienen war, jedoch war sein Schulkamerad zu diesem Zeitpunkt gerade gemeinsam mit einem weiteren Schulfreund mit den Fahrrädern unterwegs und der Vater hatte dem Kind geraten, sich doch mal umzuschauen, ob er die beiden irgendwo im Ort finden würde. Er hatte das Kind also als letztes gesehen. Sein Sohn und dessen Schulfreund wiederum hatten den Vermissten nicht angetroffen. Schließlich wurde in der Nacht ein Mantrailer zum Einsatz gebracht. Dieser konnte sich nicht von dem Startort, dem Wohnhaus des Schulfreundes lösen und lief nur etwa 150 m die Straße auf und ab. Um dieses Ergebnis abzusichern, kam ich mit Hermine als zweites Team zum Einsatz. Die Methode, ein zweites Team einzusetzen, wurde von uns häufig und erfolgreich zur Anwendung gebracht. Ich habe mir also unabhängig vom Team eins ebenfalls einen Geruchsartikel aus dem Zimmer des Kindes besorgt und meinen Hund vor dem Haus des Schulkameraden gestartet, bei dem es übernachten wollte. Hermine zeigte dasselbe Ergebnis. Keiner der beiden Mantrailer konnte oder wollte sich aus dem Umfeld des Startortes deutlich lösen. Da das Kind nicht gefunden wurde, dort aber nach übereinstimmenden Zeugenaussagen zuletzt gewesen war, gab es für dieses Verhalten der Hunde nur zwei mögliche Szenarien. Entweder das Kind war noch dort, jedoch für den Hund nicht erreichbar, oder es wurde von dort mitgenommen, ohne dass noch Geruch an die Umwelt gelangen konnte, zum Beispiel in einem geschlossenen Fahrzeug. Wir hatten also ein in der Mantrailer-Fachsprache sogenanntes Pick up, welches mit einem Abriss der Geruchsspur einhergeht. Dann aber musste es ein Fahrzeug sein, das auch in der Lage wäre, ein Fahrrad zu transportieren, denn dieses fehlte ebenfalls. Mein Kollege und ich mussten also zunächst ohne greifbares Ergebnis abrücken. Dies änderte sich jedoch bereits Minuten nach unserer Abfahrt.

Aufgrund unserer Einschätzung hatten die Kollegen, die noch auf das Eintreffen der zwischenzeitlich aktivierten Kripo warteten, die Zeit genutzt und sich die Gegend nochmals genauer angeschaut. Dabei stellten sie in einem verschlossenen Innenhof auf dieser Straße (für die Hunde unerreichbar) ein Fahrrad fest, welches exakt der Beschreibung des Fahrrades des vermissten Kindes entsprach. Der Rest ist schnell erzählt. Das Kind hatte bei seiner Suche mit dem Rad einen weiteren Schulfreund getroffen und „kurzfristig umdisponiert", jedoch versäumt, seiner Mutter Bescheid zu sagen. Die Beamten fanden es dort noch im Bett vor.

Das Interessante an diesem Einsatz ist, dass beide Hunde sich bewusst gegen eine durchaus vorhandene lineare Geruchsspur entschieden hatten, da der frischeste Geruch nur wenige Häuser weiter war! Beide Hunde differenzierten richtig und blieben beim frischesten Geruch, in der Straße, in der sich letztlich das Kind aufhielt. Zu bemerken ist auch, dass das Kind wochentags in die nur wenige hundert Meter entfernte Schule ging, so dass hier definitiv eine überwältigende Vielzahl älterer Spuren dieses Kindes vorhanden waren.

Ende des Trails
Start

Die Grenzen des Möglichen – oder nur die möglichen Grenzen?

Somit hatten wir es mit drei Arten von Differenzierung zu tun! Erstens, die Differenzierung zwischen dem gesuchten Individualgeruch des Kindes und allen übrigen Gerüchen. Dies ist die ganz normale Arbeit des Mantrailers. Zweitens mit der Differenzierung zwischen frischerem und älterem Geruch derselben Person. Und drittens mit der meines Erachtens wahrscheinlich schwierigsten Disziplin: Dem Differenzieren zwischen dem frischesten und dem meisten Geruch derselben Person! Dies ist nämlich häufig nicht dasselbe.

Gerade wenn Personen aus ihrem Wohnumfeld verschwinden oder ältere Leute gewohnheitsmäßig bestimmte Strecken laufen, kann dies durchaus zu Schwierigkeiten beim Einsatz eines Suchhundes führen! Ich denke da zum Beispiel an einen Vermissten, der jeden Tag das Grab seiner Frau besucht hatte. Am Tag seines Verschwindens war er aber einen anderen Weg gegangen. Ein Hund, der hier nicht sicher zu differenzieren gelernt hat, geht dann womöglich der eingefahrenen „Geruchsautobahn" nach und macht nach seiner Logik dabei nicht einmal etwas falsch. „Viel" überwiegt hier „frisch" und es ist sicher schwer, dem zu widerstehen und von dort wegzugehen, um der „schmaleren" Spur zu folgen. Man kann den Hunden in einem solchen Fall also keinen Vorwurf machen, denn sie arbeiten ja richtig – und folgen dem mit dem Suchauftrag übereinstimmenden Geruch! Und zwar dorthin, wo er am meisten präsent ist. Diese Strategie wird im Training in den meisten Fällen zum Erfolg führen, denn da erzeugt der am Ende wartende Runner ja neben dem frischesten zugleich auch oft den „meisten Geruch". Die Entscheidung für den „meisten" und gegen den „frischesten" Geruch ist also kein böser Wille des Hundes, sondern allenfalls ein Irrtum! Deshalb ist es wichtig, solche Dinge wie Geruchspools in das Training einzubauen, um dem Hund zu ermöglichen, diese Erfahrungen zu machen. Und selbst dann sind unsere Hunde nicht vor einem derartigen Irrtum gefeit. Hunde sind eben auch nur Menschen!

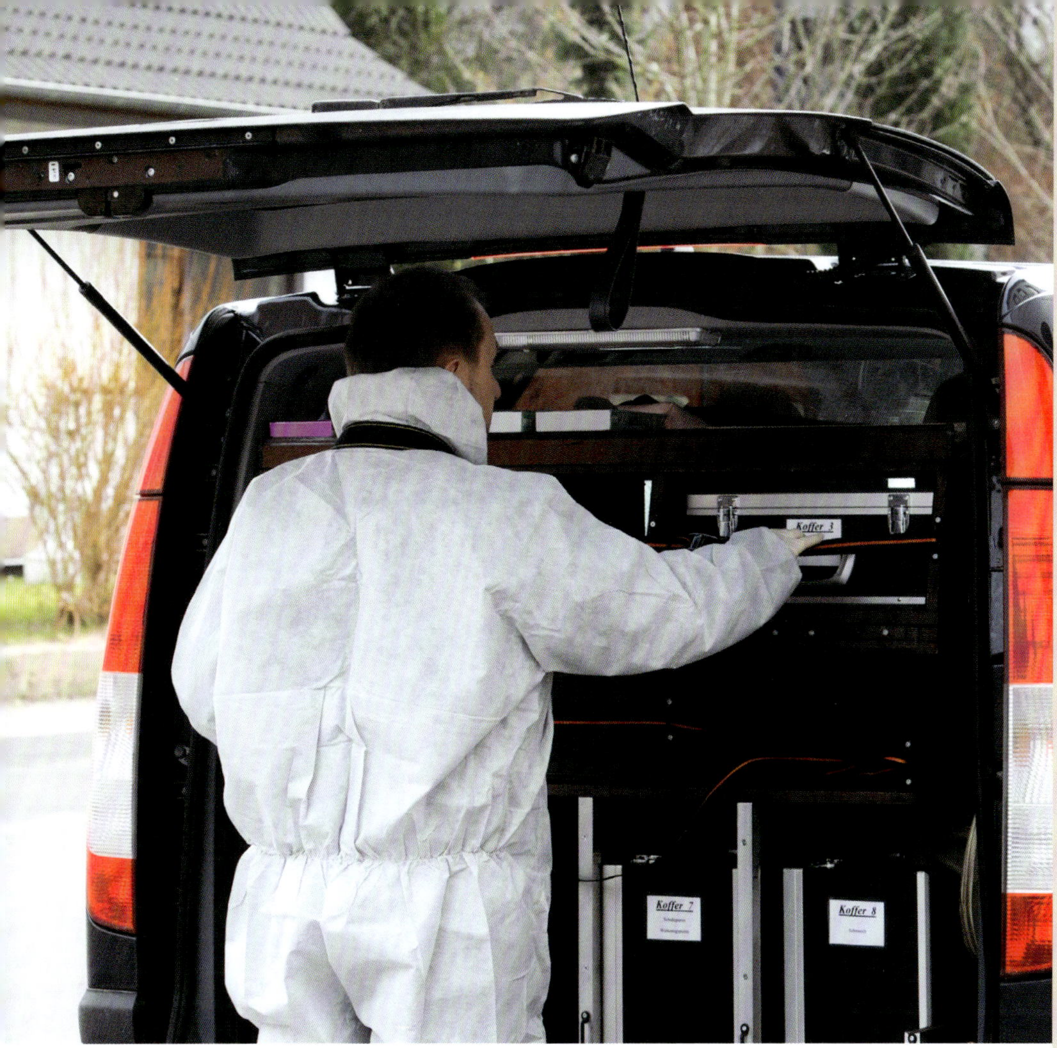
Koffer 3
Koffer 7
Koffer 8

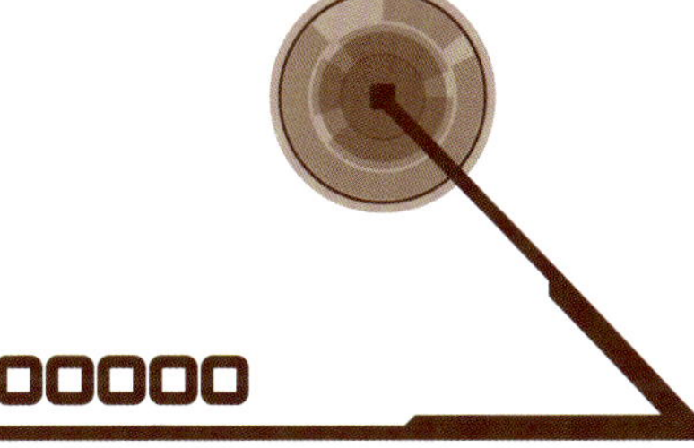

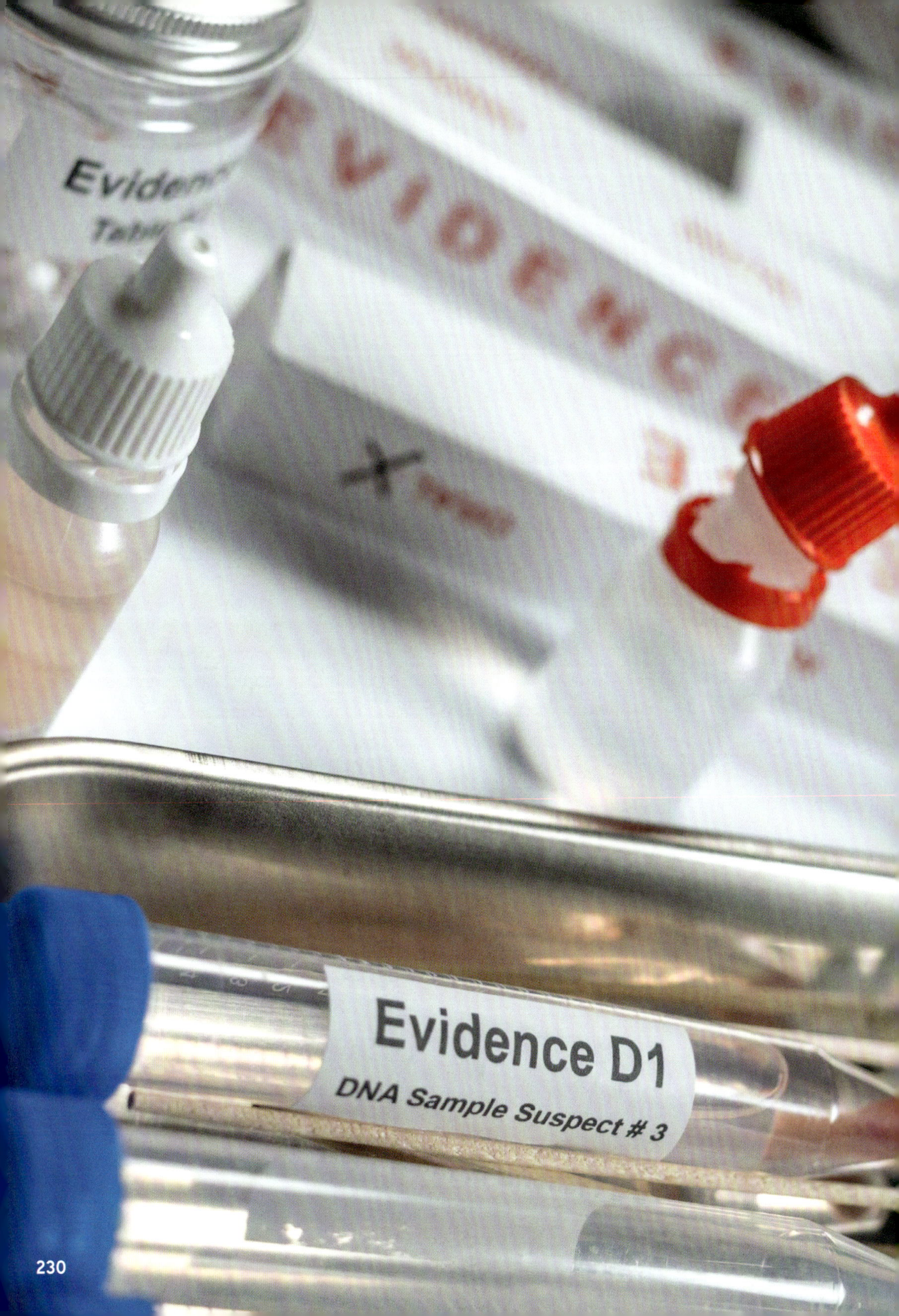
Evidence D1
DNA Sample Suspect # 3

15.

Die spezifische Geruchsdifferenzierung – das ideale Ergänzungstool zum Mantrailing in der forensischen Kynologie

Es gibt inzwischen eine stetig wachsende Anzahl von Rettungshundeführern, die die geruchsspezifische Differenzierungsarbeit für die Mantrailingausbildung nutzen. Nicht selten kommt es bei Vermisstenfällen vor, dass die Angaben von Zeugen über den vermeintlichen Sichtungsort der vermissten Person stark variieren, sodass für den Mantrailer kein wirklich klarer „Point last seen“ gegeben ist, von dem aus der Hund gestartet werden kann. Angenommen, es wird ein Bergwanderer vermisst, so können die Angaben gerade in freier Natur teilweise sehr vage sein, wo denn der Vermisste tatsächlich letztmalig gesehen wurde.

Wie mir Christine Schüler in mehreren Gesprächen versicherte, können mittels geruchsspezifischer Differenzierungsarbeit ausgebildete Mantrailer innerhalb kürzester Zeit ein fußballfeldgroßes Areal frei nach dem beauftragten Geruch abstöbern und den Einstieg in einen möglichen Trail lokalisieren. Dieses als „hunting for the trail“ (frei übersetzt: Jagen nach der Spur) bezeichnete Verfahren kann in solchen Fällen im Rettungseinsatz und bei hierfür geeignetem Gelände ein probates Mittel sein, um schnell auf die Spur des Gesuchten zu kommen. Das nach wie vor oberste Ziel beim Rettungseinsatz ist es, das Leben und die Gesundheit des Gesuchten zu schützen. Vor diesem Hintergrund muss einsatztaktisch-kynologischen Überlegungen, wie sie im polizeilichen Mantrailing vonnöten sind, beim Rettungshundeeinsatz nur untergeordnete Bedeutung beigemessen werden.

Polizeilich geführte Mantrailer werden jedoch zunehmend bei der Aufklärung von schweren Straftaten mit eingesetzt. Dies erfordert eine klare Ausbildungslinie mit wenig Interpretationsspielraum in der Aussage, damit überhaupt ein juristisch verwertbares Ergebnis zustande kommen kann. Hierzu gehört aus meiner Sicht auch eine klare Aufgabentrennung der Arbeitsstrategien „Trailen“ und „Stöbern“, damit vor Gericht auch ein kynologischer Laie das Arbeitsverhalten des videografierten Hundes verstehen kann.

Anders als im reinen Rettungseinsatz ist es beim Strafverfolgungseinsatz deshalb aus meiner Sicht sinnvoller, für die Geruchsdifferenzierung einen spezialisierten Hund (der nur das macht) einzusetzen. Dies einerseits, damit jeweils eine klare Aussage getroffen werden kann – siehe Problematik „Anwesenheit am Tatort“, sodass sich gegebenenfalls die Einschätzung des Trailers und des Geruchsdifferenzierungshundes (GDH) ergänzen und ein Bild ergeben, nämlich dann, wenn man beispielsweise mit zwei unterschiedlichen Strategien MT/GDH zum selben Ergebnis kommt. Der GDH kann den Tatverdächtigen gegebenenfalls aber auch entlasten! Zum Beispiel dann, wenn der MT sich nicht vom Tatort löst und daher die Frage Negativ oder Geruchspool/Pick up – also punktuell vorhandener Geruch im Raum steht. Eine Überprüfung durch einen GDH wäre somit im Sinne der Objektivierung auch im Interesse des Beschuldigten.

Zum anderen ergäben sich aus der Ausbildung zum geruchsdifferenzierenden Hund eine Vielzahl neuer und effektiver Einsatzbereiche für diese Hunde, die eine „Alleinspezialisierung“ geradezu unausweichlich machen.

Anwendungsbeispiele hierfür könnten im kriminalistischen Bereich folgende Fallkonstruktionen sein:

In eine Firma wurde nachts eingebrochen und der dort vorhandene Tresor aufgeschweißt. Es wurden Bargeld und wichtige Firmendokumente gestohlen. Da der Täter bei der Tatausführung Handschuhe getragen hat, sind keine daktyloskopischen Spuren gefunden worden. Im Zuge der Ermittlungen wurde ein möglicher Tatverdächtiger bekannt. Von diesem könnten nun Vergleichsgeruchsproben genommen werden und mit Spuren am Tatort verglichen werden. Da die GDH typischerweise Quellensucher sind, ist es somit auch möglich, Stellen punktuell zu lokalisieren, die der Tatverdächtige berührt hat. Dieser dürfte dann als „nicht Tatortberechtigter" bei einer entsprechenden Anzeige des Hundes Schwierigkeiten bekommen, beispielsweise zu erklären, wie seine Geruchsspur als Kontaktspur an oder in den Tresor gekommen ist.

Darüber hinaus kann ein solcher Hund auch eine sehr zeitsparende und effektive Hilfe sein, wenn es darum geht, für den Kriminaltechniker die DNA einer ganz bestimmten Person an einem Tatort zu finden. Man könnte also einen Tatort gezielt auf das Vorhandensein des Geruchs einer ganz bestimmten Person hin überprüfen! Die (Kontakt-)Stellen, die der Hund anzeigt, kann der Kriminaltechniker dann gezielt der DNA-Sicherung unterziehen und braucht nicht zwangsläufig den gesamten Raum zu behandeln. Auch die Auswertung dürfte dies möglicherweise um einiges erleichtern und beschleunigen, da weniger irrelevante DNA-Spuren (mit-)gesichert werden und ausgewertet werden müssen.

So ist es zum Beispiel bei den typischen „Enkeltrickdelikten" oder bei anderen, oftmals paarweise agierenden Trickdieben, die dem Opfer einen Notfall oder anderes vorgaukeln und es ablenken, während der Komplize unterdessen die Wohnung nach Wertgegenständen „abscannt" und diese stiehlt, in der Regel so, dass der/die Tatverdächtigen keinerlei räumlichen und persönlichen Bezug zu den Opfern haben. Somit ist eine übereinstimmende Geruchsspur in der Opferwohnung im Mindestfall ein sehr belastendes Indiz. Eine in der Folge hierdurch nachgewiesene, lokale (punktuelle) DNA-Spur in der Tatwohnung wäre für die Täter der Genickbruch.

Ein weiteres Fallbeispiel lieferte mir ein Kriminalsachbearbeiter mit folgendem Fall: Die Polizei erhält nachts einen Anruf, dass eine unbekannte Person im Zusammenhang mit einer Großveranstaltung verdächtig auf einem großen Parkplatz herumschleicht und die Fahrzeuge „abklinkt", um zu testen, ob sie verschlossen sind. Ein Tatverdächtiger wird auf dem Gelände eines großen Parkplatzes gestellt. Er führt einen Rucksack, typisches Einbruchswerkzeug und mehrere Wertgegenstände mit sich, zu deren Herkunft er sich nicht äußert und die vermutlich aus den Diebstahlshandlungen stammen. Anstelle einer aufwändigen Untersuchung ggf. mehrerer hundert Fahrzeuge könnte nun ein eingesetzter GDH schnell und effektiv die tatsächlich angegriffenen Fahrzeuge ausfindig machen, an/in denen sich Kontaktspuren des Tatverdächtigen befinden und an deren Schlössern/ Türgriffen der Tatverdächtige zugange war. Diese können somit gezielt der vorrangigen kriminaltechnischen Untersuchung und Beweisführung zugeführt werden (ein versuchter Diebstahl ist ebenfalls strafbar).

Die Möglichkeit, eine Gegend oder ein Objekt auf das Vorhandensein einer ganz bestimmten Person hin zu überprüfen, eröffnet der Polizei aber noch weitere Möglichkeiten im Bereich der präventiven oder akuten Gefahrenabwehr. So werden an gefährdeten Objekten und bei bestimmten Anlässen (Staatsempfänge, Banketts und so weiter) regelmäßig Sprengstoffspürhunde präventiv eingesetzt, um eine vorhandene Bedrohungslage rechtzeitig zu entdecken und entsprechend handeln zu können. Wenn aber ein solcher Hund zu einer ernsthaften Anzeige kommt, würde ich persönlich dazu tendieren, bereits von einer akuten Bedrohungslage auszugehen. Denn ein Sprengstoffspürhund zeigt eben nur Sprengstoff an, der bereits da ist!

Mit Hilfe von GDH kann man aber beispielsweise bereits im Vorfeld überprüfen, ob bekannte „Gefährder" individuelle Geruchsspuren an einem solchen Ort hinterlassen haben, zum Beispiel, um die Örtlichkeit auszukundschaften, und zwar, noch bevor eine „Bombe" platziert wurde.

Im Fall der im August 2015 bei Meißen entführten und ermordeten Unternehmertochter „Annelie" kamen unsere polizeilichen Mantrailer zum Einsatz. Diese konnten durch ihren Einsatz zwar die These untermauern, dass das Opfer vom Entführungsort mittels eines geschlossenen Fahrzeuges verbracht worden war (Fehlen einer frischen, progressiven Spur und zugleich meister, frischester Geruch am Entführungsort – die Hunde zeigten also ein Pick up an), jedoch war mit der Suchstrategie des Trailers „Geruch verfolgen" das Überprüfen von möglichen Verstecken, in die das Opfer gebracht worden sein könnte, sehr schwierig, um nicht zu sagen unmöglich.

Hierzu muss man sich vor Augen führen, dass das Opfer bereits nach dem damaligen Erkenntnisstand mit einem geschlossenen Fahrzeug bis zu einem unbekannten Versteck gebracht worden und dann an diesem Ort wahrscheinlich in einem geschlossenen, möglicherweise sogar schalldicht präparierten Raum mindestens über mehrere Stunden gefangen gehalten worden war. Man hatte dort also gegebenenfalls einen entsprechend großen Geruchspool mit dem Geruch des Opfers. Führt zu diesem Ort aber keine mit dem Opfer übereinstimmende progressive Spur (was die Ergebnisbeurteilung erleichtern würde) und wird der Mantrailer nur an diesem Ort, der ja im Falle eines Treffers aus odorologischer Sicht zugleich Start und Ziel ist, mit dem Geruch des Opfers „gestartet", so wird er sich von dort nicht lösen! Die Frage der Deutung eines solchen Verhaltens haben wir schon behandelt. Es ist also für den Mantrailinghundeführer schwerlich oder gar nicht möglich, eine klare Aussage zu treffen, ob das Opfer da ist oder nicht, weil sich der Hund bei einem „Negativ" genauso oder zumindest ähnlich verhalten würde – und sich nicht von dem Ort entfernt hätte.

An einem Objekt, an dem das Opfer *nicht* ist, wäre demnach eine identische beziehungsweise mindestens dem Benehmen nach vergleichbare Anzeige zustande gekommen. Bei einer ergebnisoffenen Überprüfung mehrerer infrage kommender Objekte (insbesondere von unverdächtigen Personen, gegen die ohne hinreichenden Verdacht – zum Beispiel in Form einer eindeutigen Anzeige des Spürhundes – kein richterlicher Durchsuchungsbeschluss zu erwarten ist), ist in einem solchen Fall aus kynologischer Sicht ein „Strategiewechsel" von „Geruch verfolgen" (Trailer) auf „Geruchsquelle finden" (Stöberer) das probate Mittel der Stunde! Hier hätte ein GDH hervorragende Dienste leisten können, denn er hätte den spezifischen Individualgeruch des Opfers sowohl an dem Versteckort identifizieren und lokalisieren können als auch in dem Fahrzeug, mit dem das Opfer entführt wurde, und zwar wesentlich schneller als jede DNA-Auswertung dazu imstande wäre! (Bei festgestellten Geruchsspuren eines Entführungsopfers in einem verdächtigen Fahrzeug, zu welchem das Opfer objektiv keinerlei Bezug hat, ist man ermittlungstechnisch schon erheblich weiter!)

Auch dieses Beispiel zeigt, warum aus meiner Sicht fachlich sinnvoll und hinreichend begründet eine klare Trennung des GDH vom Mantrailer zwingend erforderlich ist, nämlich, weil es sich bei den beiden um hochkomplexe Ausbildungen und vollkommen unterschiedliche Findestrategien handelt.

DEUTSCHES ROTES KREUZ

16.

Die Ausbilderfrage – das Wissen des Chauffeurs

Mantrailing ist in den letzten Jahren in Deutschland immer populärer geworden und auch Behörden und Rettungsorganisationen stehen aufgrund demografischer Entwicklungsprognosen vor der Herausforderung einer perspektivisch steigenden Zahl von Vermisstenfällen. Daher ist das Mantrailing auch als Problemlösungsstrategie für Behörden zunehmend interessant. Eine sehr bedeutsame Frage ist dabei die nach dem passenden Ausbilder. Besonders im privatwirtschaftlichen Bereich sind viele Anbieter auf den Zug der steigenden Nachfrage nach dieser „artgerechten Beschäftigung für den Hund" aufgesprungen. Häufig kann ein Großteil dieser „Ausbilder" jedoch kaum eigene Ausbildungs- geschweige denn Einsatzerfahrungen vorweisen. So kommen Erscheinungen zustande, dass zu horrenden Preisen in Crashkursen Mantrailing-Teams oder gar neue „Ausbilder" (ein Begriff, den ich in dem Zusammenhang ganz bewusst in Anführungszeichen setze) generiert werden, die anschließend selbst kommerziell „ausbilden" und die zahlende (und oft ahnungslose) Kundschaft bedienen. Dabei möchte ich diesen Personen noch nicht einmal Böswilligkeit oder reine Profitgier unterstellen. Die meisten von ihnen haben wahrscheinlich durchweg gute Absichten und sind in gutem Glauben einfach Bestandteil dieses Systems geworden. Das ist ein Problem, das ich auch bei den „Institutionellen", also Rettungsorganisationen und Behörden sehe, die vor der Einführung dieser in Deutschland doch noch relativ neuen Spezialrichtung standen oder stehen.

Mantrailing ist nämlich aufgrund seiner Komplexität weder in der Ausbildung noch in der Bewertung bei Prüfungen mit einer der bereits etablierten anderen Spezialrichtungen zu vergleichen, auch mit keiner ähnlichen! Damit mögen sich die Fährtenhundeausbilder gerne angesprochen fühlen.

Ich möchte dieser Frage daher ein Zitat aus dem Buch „Die Kunst des klaren Denkens. 52 Denkfehler, die Sie besser anderen überlassen" von Rolf Dobelli voranstellen:

„Nachdem er den Physik-Nobelpreis 1918 erhalten hatte, ging Max Planck auf Tournee durch ganz Deutschland. Wo auch immer er eingeladen wurde, hielt er denselben Vortrag zur neuen Quantenmechanik. Mit der Zeit wusste sein Chauffeur den Vortrag auswendig. »Es muss Ihnen langweilig sein, Herr Professor Planck, immer denselben Vortrag zu halten. Ich schlage vor, dass ich das für Sie in München übernehme, und Sie sitzen in der vordersten Reihe und tragen meine Chauffeur-Mütze. Das gäbe uns beiden ein bisschen Abwechslung." Planck war amüsiert und einverstanden, und so hielt der Chauffeur vor einem hochkarätigen Publikum den langen Vortrag zur Quantenmechanik. Nach einer Weile meldete sich ein Physikprofessor mit einer Frage. Der Chauffeur antwortete: »Nie hätte ich gedacht, dass in einer so fortschrittlichen Stadt wie München eine so einfache Frage gestellt würde. Ich werde meinen Chauffeur bitten, die Frage zu beantworten."

„Nach Charlie Munger, einem der weltbesten Investoren, von dem ich die Planck-Geschichte habe, gibt es zwei Arten von Wissen. Zum einen das echte Wissen. Es stammt von Menschen, die ihr Wissen mit einem großen Einsatz von Zeit und Denkarbeit bezahlt haben. Zum anderen eben das Chauffeur-Wissen. Die Chauffeure im Sinne von Mungers Geschichte sind Leute, die so tun, als würden sie wissen. Sie haben gelernt, eine Show abzuziehen. Sie besitzen vielleicht eine tolle Stimme oder sehen überzeugend aus. Doch das Wissen, das sie verbreiten, ist hohl. Eloquent verschleudern sie Worthülsen. Leider wird es immer schwieriger, das echte Wissen vom Chauffeur-Wissen zu trennen."

Keine sachorientiert mit der Strafverfolgung oder dem Retten von Menschen betraute Behörde oder Rettungsorganisation kann ernsthaft seine Einsatzteams von „Chauffeuren" ausbilden oder einsatztauglich prüfen lassen wollen! Auch dann nicht, wenn diese Leute bereits einen Posten oder eine Funktion innehaben, der ihnen kraft der Erhabenheit ihres Amtes die Unfehlbarkeit attestiert. Mir kommt bei der Gelegenheit ein Ausspruch meines Freundes und Mantrailingausbilders Armin Schweda in den Sinn, der einmal sagte: „Wenn vor der Industrie- und Handelskammer (IHK) ein Tischler seine Gesellenprüfung ablegt, wer nimmt dann die Prüfung ab? Ein Metzgermeister?"

Mantrailing, besonders im professionellen und semiprofessionellen Bereich, ist nicht etwas, das man sich autodidaktisch beibringen sollte. Ein Input von außen durch einen kynologisch versierten und im Mantrailing (!) einsatzerfahrenen Ausbilder ist nach meiner Ansicht zwingend erforderlich. Gerade im professionellen Einsatzbereich, ich denke hierbei zum Beispiel an Einsätze zur Aufklärung von Straftaten, sollte der Ausbilder aus eigenem Wissen heraus die Zielstellung und die einsatztaktische Herangehensweise genau kennen und die Ausbildung darauf abstellen können. Nicht zuletzt sind hierbei auch die Erfordernisse der späteren Beweisverwertbarkeit von Ermittlungsergebnissen eingesetzter Mantrailing Teams vor Gericht zu beachten. Um das in vernünftiger Art und Weise zu erreichen, ist bei der Ausbildung eine Verschmelzung von kynologischem und einsatztaktischem Wissen erforderlich, das nur jemand haben kann, der selbst in dem Bereich tätig ist oder es zumindest über Jahre und hunderte Einsätze gewesen ist.

Es besteht zweifellos ein Kausalzusammenhang zwischen der Art und Weise der Ausbildung und dem Einsatzwert eines Teams. In diesem Zusammenhang bemerkenswert ist, dass einige Institutionelle in Deutschland dennoch die Ausbildung ihrer Mantraling-Teams aus eigener Kraft stemmen bzw. gestemmt haben. Ein Umstand, dem ich aus oben genannten Gründen mit der gebotenen Portion gehöriger Skepsis begegne, da es sich um noch keine hinreichend etablierte Spezialrichtung bei Behörden handelt und demgemäß der Schatz an eigener Erfahrung verhältnismäßig spärlich ausfallen dürfte.

Mir kommt dabei spontan die Passage aus dem Liedtext eines Titels von Heinz Rudolf Kunze in den Sinn: "Eigene Wege sind schwer zu beschreiben, sie entstehen ja erst beim Gehen".

Übertragen auf das Mantrailing bedeutet das für mich, dass wohl kaum zu erwarten ist, dass durch die „eigenen Wege“ eine höhere Effizienz bei Einsätzen zu verzeichnen sein wird, als wenn man auf die bereits vorhandene, jahrelange Ausbildungserfahrung anderer zugreifen würde. Das heißt, der Unterschied wird bei ausgesprochen optimistischer Betrachtung (also wenn überhaupt das gleiche Ausbildungsniveau erreicht werden sollte) kaum am Ergebnis der Ausbildung auszumachen sein. Jedoch ist der Weg dorthin über das Sammeln eigener Erfahrungen voraussichtlich steinig, viel länger und unter Umständen bitter und verlustreich! Da ich abstrakte Vergleiche liebe, möchte ich es so ausdrücken: Das Floß, das sich ein Robinson Crusoe auf sich allein gestellt selber baut, erfüllt bei optimistischer Betrachtung womöglich ebenfalls geradeso seinen Zweck, indem es auf dem Wasser schwimmt, würde sich aber in einem direkten Vergleich mit dem Gefährt schwertun, welches entstanden wäre, hätte ihm ein gelernter und erfahrener Bootsbauer beim Bau geholfen.

Einige Polizeien verschiedener Bundesländer haben einen anderen Weg eingeschlagen und sich an Behörden im In- und Ausland oder an staatlich anerkannte Rettungsorganisationen gewandt, die bereits über solche oben erwähnten, ausbildungs- und einsatzerfahrenen Ausbilder verfügen. Die Hilfe bereits mantrailingerfahrener Instruktoren anzunehmen, natürlich unter Berücksichtigung der eigenen Belange, kann dem Protagonisten dabei helfen, bereits aus der Erfahrung dieser Ausbilder heraus erkannte Ausbildungsfehler zu umgehen und von deren bereits gemachten Erfahrungen zu profitieren. Oberste Voraussetzung ist selbstverständlich, dass sie diese Erfahrungen und das Wissen auch tatsächlich haben! Es bringt einer Behörde mit hoheitlichen Aufgaben nämlich nichts, einem „Möchtegern“ die große Bühne zu bieten, der diese Aufgaben nicht selbst kennt oder ermittlungstaktische Zusammenhänge, Vorgehensweisen und ggf. rechtliche Vorgaben und juristische Fallstricke insbesondere der polizeilichen Mantrailingarbeit nicht versteht.

„Eigene Wege sind schwer zu beschreiben,
sie entstehen ja erst beim Gehen."
(Heinz Rudolf Kunze)

SUCH
Mantrailing
TRAINING

17.

Der oder Die Backup(s) – taktisches Sichern des Mantrailing-Teams

Taktische Varianten für Backups nach Einsatzanlass

In den allermeisten Einsätzen wird es gerade bei polizeilichen Trailern so sein, dass das Team, sei es aus dem Dienst, aus der Freizeit oder der Rufbereitschaft heraus, per Telefon einzeln zum Einsatz angefordert wird. Während Einsatztrailer von Rettungshundestaffeln zumeist gleich im kompletten Staffelverband alarmiert werden, reist der dienstliche Trailer eher selten mit einer ganzen Armada von Helfern an. Dies bedeutet, er muss am Einsatzort auf die dort vorhandenen Polizeibeamten zur Absicherung der Suche zurückgreifen. Diese sind im Unterschied zu den Staffelkollegen des Rettungshundeführers nicht immer zwangsläufig mit den spezifischen Erfordernissen und Besonderheiten des Mantrailingeinsatzes vertraut. Für die Suche in den meisten städtischen und ländlichen Gebieten hat sich die unten grafisch dargestellte Variante aus meiner Sicht bewährt, da sie mit wenig Aufwand und Personal auskommt und zugleich die höchstmögliche Sicherheit für das eingesetzte Team bietet.

Die Aufgabe des Backups ist ausschließlich, die Sicherheit des eingesetzten Mantrailing-Teams zu gewährleisten. Eigene Suchmaßnahmen der Backups haben während des Einsatzes zu unterbleiben! Es ist schon oft passiert, dass der Hundeführer sich irgendwann umdreht, weil es „so still hinter ihm geworden ist" und er feststellt, dass er plötzlich ganz alleine dasteht (zumeist in einer völlig unbekannten Gegend und am besten nachts), weil sein Backup eigenständig irgendwelche Hinterhöfe im Trailverlauf absucht. Schnell ist dann auch der Kontakt zwischen dem Suchteam und dessen Sicherung gänzlich verloren, wenn dieses hundetypisch zügig weitergelaufen ist. Der Hundeführer hat in der Regel beide Hände an der Leine und ist somit gegebenenfalls beim Aufeinandertreffen mit dem Gesuchten nur sehr bedingt handlungsfähig. Die Konstellation, wenn es sich bei dem Gesuchten zudem um einen psychisch kranken oder einen Straftäter oder um eine in sonstiger Weise gefährliche Person handelt, brauche ich wohl nicht extra zu erwähnen. Die in der Grafik gezeigte Variante zeigt die Minimalkonfiguration eines Sucheinsatzes und stellt lediglich einen Vorschlag dar. Ich lasse mich stets von mindestens einem Backup fußläufig begleiten, der mich schräg nach hinten gegen den Fahrzeugverkehr absichert. Der zweite Beamte der in der Regel eingesetzten Funkstreifenbesatzung der örtlichen Polizeidienststelle führt häufig in einigem Abstand mein Fahrzeug nach. So ist bei Bedarf sofort Verstärkung da. Zugleich kann bei einem möglichen Fund der Hund direkt vor Ort sicher in seiner Box untergebracht werden und ich habe als Hundeführer die Hände frei und kann gegebenenfalls helfen. Zudem ist die adäquate Rückfahrt gewährleistet. Den Hund nach einem Sucheinsatz bei Mistwetter im Gelände, während der Rückfahrt zum Abstellort des eigenen Fahrzeugs auf der Rückbank eines Streifenwagens zu platzieren, ist demgegenüber die deutlich schlechtere Variante.

Bewährte Standard-Backup-Variante im polizeilichen Einsatz

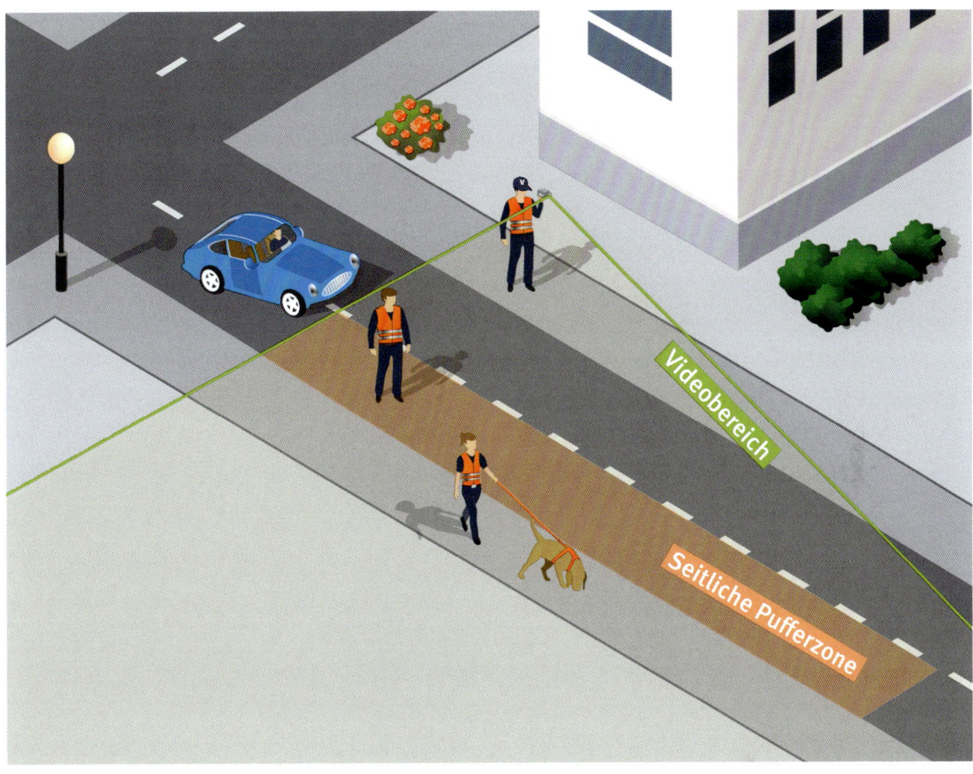

Der Sichernde (Backup) läuft seitlich versetzt hinter dem eingesetzten Team und sichert dieses gegen rückwärtigen Fahrzeugverkehr. Bei dieser Methode wird sichergestellt, dass das MT Team bei einem plötzlichen Richtungswechsel auf die Fahrbahn nicht direkt in den fließenden, rückwärtigen Verkehr hineinläuft.
Muss eine videografische Dokumentation des Einsatzes erfolgen, dann sollte der Filmende darauf achten, dass er das MT Team möglichst in einer Übersichtsaufnahme filmt, damit später ein Gericht oder Sachverständiger die Arbeit besser einschätzen kann. Beide (Hundeführer und Hund) müssen zu sehen sein. Achtung! Abhängig von den Gegebenheiten des Einsatzes kann der Filmende unter Umständen einen eigenen Sicherungsbeamten (Backup) benötigen, da er keine Augen für den Straßenverkehr hat!

Wenn sich, wie zum Beispiel bei Einsätzen zur Strafverfolgung, die videografische Dokumentation des Einsatzes erforderlich macht, so ist darauf zu achten, dass der filmende Beamte möglichst im „Übersichtsmodus“ filmt, das heißt dass beide, der Hund und der Hundeführer bei der Sucharbeit zu sehen sind. Er muss dementsprechend seine Position während der

Die korrekte Videodokumentation ist im polizeilichen Einsatz zur Strafverfolgung unerlässlich.

Sucharbeit dynamisch wählen. Das Video dient im Strafverfahren unter anderem auch der Beurteilung durch das Gericht und / oder von Sachverständigen, ob der Hund die Sucharbeit selbständig und unbeeinflusst durchgeführt hat. Zu beachten ist, dass der Videobeamte unter Umständen sogar einen eigenen Sicherungsbeamten braucht, da das Videografieren einen Teil seiner Aufmerksamkeit gegenüber dem Straßenverkehr bindet. Dies ist abhängig von den Umständen des Einzelfalls.

Einsätze mit Spezialeinheiten (SE)

Bei Einsätzen mit Spezialeinheiten ist es sinnvoll, die Möglichkeiten und Unmöglichkeiten vor dem Einsatz ehrlich zu besprechen, um eine passende Einsatzstrategie für den gegebenen Fall zu entwickeln. Wichtig ist hier, dass alle Beteiligten die vorhandenen Risiken kennen (auch die, die der Mantrailereinsatz selbst durch seine Spezifik in sich birgt) und erforderlichenfalls darauf reagieren können. So muss das begleitende Zugriffsteam zum Beispiel wissen und darauf vorbereitet sein, dass der Mantrailer unter Umständen in einem Zielgebiet, in dem sich der Täter versteckt (man denke an die Problematik Geruchspool), an ihm sogar mehrmals vorbeilaufen könnte, ohne ihn gleich zu lokalisieren. Ebenso könnte es in einem entsprechenden Gebiet, in dem der Canyon-Effekt zum Tragen kommt, möglich sein, dass sich der Täter plötzlich hinter dem Suchtrupp befindet.

Für das taktische Vorgehen zur Realisierung des Einsatzes ist die jeweilige Spezialeinheit zuständig. Sie wird in aller Regel das vermittelte Wissen um die Spezifik des Mantrailing in ihre Strategie einbeziehen.

18.

Vom Unsinn des „Double Blind“ als Trainingsmethode

Mein Schwager arbeitete viele Jahre in einer Schlosserei, einem kleinen Familienbetrieb im Nachbarort. Eines Tages starb der Chef und dessen Frau führte den Betrieb zunächst einige Zeit allein weiter. Deren neuer Lebensabschnittsgefährte, ebenfalls ein Handwerksmeister, jedoch einer anderen Zunft, lenkte aber alsbald die Geschicke des kleinen Familienbetriebs mit ihr gemeinsam und so kam es, dass auch er irgendwann Aufträge entgegennahm. Eines schönen Tages betrat er also die Werkstatt und reichte den dort arbeitenden Schlossern eine Skizze, auf der ein zu fertigendes Metallteil gekritzelt war und die Maße eingetragen waren. Dieses Teil sollte im Auftrag einer anderen Firma zunächst in einer Kleinserie gefertigt werden.

Die Arbeiter machten sich also ans Werk und erledigten den Auftrag. Bald war die Bestellung fertig und der Auftraggeber kam, um das Machwerk zu besichtigen. Dieser staunte jedoch nicht schlecht, als man ihm die winzigen Werkstücke präsentierte, denn diese waren maßstabsgerecht im Maßstab 1:10 gefertigt! Der „ungelernte Schlossermeister" hatte nämlich alle von ihm eingetragenen Maße auf der Skizze in Zentimetern „gemeint". Dagegen war für die gelernten Schlosser klar, dass die Maße auf technischen Zeichnungen schon immer in Millimetern angegeben sein müssen.

Es braucht sicher nicht besonders viel Fantasie, sich vorzustellen, wie ernst der neue „Chef" danach noch von seinen Arbeitern genommen wurde.

Was hat das aber mit Mantrailing zu tun? Ich habe schon einige Hunde gesehen, die irgendwann dahintergekommen sind, dass der Mensch am Ende der Suchleine keine Ahnung von dem hat, was der Hund tut. Das heißt, ob dort wo der Hund hingeht, tatsächlich auch der Geruch des Gesuchten liegt.

Nehmen wir nun an, dort hat der Geruch eines Artgenossen den Hund verleitet, den Trail kurzzeitig zu verlassen und sich zu „informieren". Hierbei kommt es beim Hund während der Sucharbeit ziemlich klar zu einer Verschiebung der Prioritäten. Er wird wahrscheinlich, sofern er nicht komplett „raus" ist, nach dem kurzen Ausflug wieder zurück auf den Trail gehen und weitersuchen. Sie können aber davon ausgehen, dass wenn Sie dies dem Hund „gestatten", ob nun wissentlich oder unwissentlich, diese „Ausflüge" in ihrer Häufigkeit und Dauer zunehmen werden, besonders auf langen und schwierigen Trails. Hunde sind zudem große Opportunisten und lernen sehr schnell, ein allzu offensichtliches Verhalten beim Switchen von „Arbeit auf Privat" zu vermeiden. Spätestens dann kommen Sie beim „Lesen" Ihres Hundes schnell an Ihre Grenzen!

Beim Double Blind weiß per Definition keiner der Mitläufer irgendetwas zum Trail. Weder zur Länge noch zur Richtung. Trainieren wiederum bedeutet per Definition, das Erlernte zu festigen und zu verbessern. Deshalb muss ein Training im Wortsinne stets unter kontrollierten Rahmenbedingungen stattfinden. Einen Trail wie im Einsatz abzulaufen, ohne jede Möglichkeit der Korrektur unerwünschten Verhaltens, geht im besten Fall irgendwie gut, im schlechtesten Fall verfestigen sich aber Fehler und unerwünschtes Verhalten. So etwas hat dann mit dem Trainingsbegriff rein gar nichts mehr zu tun!

Meine beiden Kinder lernen beide mit Begeisterung Geige und üben täglich. Jedes Mal, nachdem alle Hausaufgaben ihres Geigenlehrers umfassend geübt waren, haben sie noch ein wenig ganz für sich aus reiner Spielfreude ein bisschen auf dem Instrument herumgespielt. Dies stieß zu meinem Erstaunen interessanterweise nur auf verhaltene Begeisterung ihres

Lehrers. Auf meine Frage, warum eigentlich, bekam ich zur Antwort, dass es sehr schön sei, das auch über den Umfang der Hausaufgaben hinaus das Instrument für die beiden seinen Reiz behält und darauf gespielt wird, jedoch bei dieser „autonomen" Beschäftigung ohne Anleitung und konkrete Aufgabe auch sehr schnell Fehler eingeübt würden, die später mühevoll wieder ausgebügelt werden müssen. Da wurde mir klar, dass jedes „Benutzen" des Instruments auch gleichzeitig immer eine Form von unbewusstem „Üben" bedeutet. Wenn Sie also bei dieser anschließenden „Freizeit-Geigelei" solche Dinge wie die richtige Haltung oder die korrekte Technik vernachlässigen, so „üben" Sie die Nachlässigkeiten dabei wieder und wieder falsch ins Muskelgedächtnis ein, und je öfter das geschieht, desto mehr verfestigen sich diese Fehler!

Es ist leider so, dass wenn man einen Fehler nur häufig genug wiederholt, eher der Fehler zur Routine wird, als dass die Einsicht in seine Fehlerhaftigkeit siegt.

Übertragen auf das Mantrailing bedeutet das für mich: Je öfter ich dem Hund unwissentlich (weil Double Blind) Fehler gestatte, desto mehr wird dieses Fehlverhalten zu „seiner" Routine! Double Blind als Üben zu bezeichnen, ist daher falsch, denn Üben bedeutet Aufsicht und Kontrolle zu haben und Fehlerhaftes bewusst und planvoll zu korrigieren.

Dennoch mag der Double Blind durchaus seine Berechtigung haben. Er ist gut geeignet, um Einsätze zu simulieren und dient dabei als eine Art Stresstest für das Team. Deshalb kann er durchaus von Zeit zu Zeit, vor allem von Teams, die nur selten und gar keine Realeinsätze laufen, in das Training „eingestreut" werden. Die Protagonisten sollten sich aber dessen bewusst sein, dass wahrscheinlich Fehler passieren werden, die man hinterher wieder ausbilderisch zu korrigieren haben wird. Eine Lernerfahrung ist es aber unbestritten allemal! Erfahrene Einsatzteams, die eine relativ hohe Einsatzbelastung haben, brauchen die Trainings vor allem, um die Hunde wieder „zu justieren". Viele Diensthundeführer kennen den Spruch „im Einsatz versaut man sich den Hund". Dieser Spruch versinnbildlicht etwas ironisch ganz gut das Problem. Die Redewendung kam vor allem bei Hundeführern auf, die neben der dienstlichen Verwendung mit ihren Diensthunden (zumeist Schutzhunden) auch noch an sportlichen Wettbewerben teilnahmen, bei denen es bei der Punktevergabe um Nuancen gehen kann. Sie drückt aus, dass sich der perfekt trainierte Hund unter den unberechenbaren Bedingungen eines realen Einsatzes sehr leicht „verstellt". Teilnehmer an großen, wichtigen Meisterschaften im Diensthundewesen wurden daher gern im unmittelbaren Vorfeld der Wettbewerbe aus dem Einsatzgeschehen möglichst so gut es ging herausgehalten.

Nun mag mancher Double-Blind-Verfechter erfolgreich gearbeitete Double Blind Trails als geradezu zwingende Voraussetzung für die Zulassung zu Einsätzen propagieren. Das ist natürlich völliger Unsinn. Ebenso gut könnte man einen erfolgreichen Einsatz (denn damit vergleichbar ist seiner Natur nach ein Double Blind Trail) zur Voraussetzung machen, um für Einsätze zugelassen zu werden! Ein recht interessanter Aspekt dieser Aussage ist, dass sie erfahrungsgemäß meist von Leuten kommt, die selbst gar keine oder kaum Realeinsätze vorzuweisen haben oder sich dabei auf irgendjemanden berufen, der vorgeblich zwar schon etliche Einsätze gelaufen ist, aber im Ernstfall Trails jenseits von 24 Stunden oder sogar bereits im tiefen zweistelligen Bereich für unmöglich oder Zufall hält.

Diesen Leuten möchte ich sagen, dass genau zu diesem Zeitpunkt, zu dem ich diese Zeile schreibe, unsere vier einsatzfähigen Teams seit Erlangung der Einsatzreife in dokumentierten Einsätzen nachweislich bisher insgesamt 142 Vermisste, davon 88 lebend und 54 tot aufgefunden haben (die Zahlen dürften bis zum Erscheinen des Buches schon wieder inaktuell sein), wobei das Trailalter zwischen wenigen Stunden und mehreren Tagen variierte.

Das, *obwohl* wir so gut wie nie beziehungsweise in allenfalls als homöopathisch zu bezeichnender Anzahl Double Blind Trails ins Training eingestreut haben. Die Frage kann sich natürlich jedermann gerne stellen, ob das *„obwohl"* im vorherigen Satz nicht auch durch ein *„weil"* ersetzt werden kann.

Der Double Blind als Grundlage für Fehleinschätzungen

Immer wieder hört man, dass sich Hundeführer und Ausbilder zu Aussagen über die generelle Machbarkeit und das mögliche Alter von Trails auf der Grundlage von Double Blind Tests hinreißen lassen. Dabei wird ein erfolgreich von Anfang bis Ende abgesuchter Trail vorausgesetzt. Hier liegt meines Erachtens ein Denkfehler zugrunde. Bei Realeinsätzen, in denen Vermisste gesucht werden, zeichnet sich bezogen auf die Gesamtzahl aller Vermisstensuchen eine statistische Quote erfolgreicher Einsätze ab (ich beziehe mich hierbei ausschließlich auf Teams, die ihre Befähigung durch erfolgreiches Bestehen der erforderlichen Prüfung bei einer offiziellen Stelle z. B. einer Behörde oder Hilfsorganisation nachgewiesen haben). Diese liegt im Durchschnitt bei etwa einem Drittel, in denen die Personen mittel- oder unmittelbar durch den Hund gefunden werden. Warum ist das so? Warum werden nicht alle Vermissten durch die Mantrailerhunde gefunden? Nun, zieht man einmal den Anteil ab, der nicht gefunden werden kann, weil die Vermissten sich in einen Zug, Bus oder anderes Verkehrsmittel setzen und verschwinden, dann bleiben immer noch eine Menge Trails übrig, die nicht erfolgreich beendet werden konnten, obwohl die Person hätte gefunden werden können. Die Ursachen hierfür sind vielfältig. Ein überlaufender Richtungswechsel oder andere Teamfehler, schwierige Wetterlagen, Geruchspools, Triebkondition, der Vermisste ist noch in Bewegung und wird aufgrund des mehrstündigen Vorsprungs nicht eingeholt oder bewegt sich in einem begrenzten Gebiet zum Beispiel einem Wohngebiet (häufig bei Demenzkranken, die verwirrt ihre Adresse suchen – in Wohngebieten mit Fahrzeugverkehr können in der Regel auch keine

Flächenhunde eingesetzt werden) und der Mantrailer „stochert" in dem riesigen Geruchspool herum und zeigt ständig nur die „Hotspots" an und so weiter. Eines haben alle diese Beispiele gemeinsam. Der Grund des Scheiterns liegt nicht im Fehlen von Geruch!

Ein weiterer Aspekt ist ebenfalls interessant. Es gibt meines Wissens keinerlei belastbare Erhebungen darüber, dass Teams, die häufig im Training Double Blind laufen, im Einsatz erfolgreicher wären als solche, die dies nicht tun. Genau das wird jedoch von dessen Verfechtern kommuniziert.

Wenn man sich einmal die Frage stellt, zu welchem Zeitpunkt eines Trails nicht erfolgreiche Double Blinds üblicherweise scheitern, dann wird man feststellen, dass dies so gut wie nie zum Beginn des Trails passiert. Wenn ein solcher Trail scheitert, dann meistens irgendwann unterwegs, zwischen Start und Ende. Hieraus abzuleiten, es wäre generell kein Geruch des Gesuchten mehr vorhanden, der hätte verfolgt werden können, ist ein vergleichbar schlichter Denkprozess, so wie das Herstellen eines Zusammenhangs zwischen dem Rückgang der Storchenpopulation in Deutschland und einer niedrigen Geburtenrate. Dieser Denkfehler ist in der Wissenschaft als „cum hoc ergo propter hoc" bekannt. *Dieser Ausspruch (lat. für „mit diesem, folglich deswegen") bezeichnet einen Fehlschluss, bei dem das gemeinsame Auftreten von Ereignissen (Koinzidenz) oder die Korrelation zwischen Merkmalen ohne genauere Prüfung als Kausalzusammenhang aufgefasst wird. Doch impliziert eine Korrelation noch nicht Kausalität (im Englischen *Correlation does not imply causation*), auch wenn der Zusammenhang kausal scheinen mag (Scheinkorrelation). Ohne kausalen Zusammenhang aber erfolgt eine Zuordnung von Ursache und Wirkung willkürlich ohne fundierte Begründung.

Ein inzwischen berühmtes, aktuelles Beispiel für „cum hoc ergo propter hoc" als ironisch-belehrendes Stilmittel von Kritikern ist die Aussage des Physikers Bobby Henderson, wonach als einzige Ursache für die globale Erwärmung, Orkane und alle anderen Naturkatastrophen die sinkende Zahl von Piraten seit Beginn des 19. Jahrhunderts verantwortlich sei.[7]

Objektiv betrachtet, dokumentiert das erfolglose Beenden eines Double Blind Trails aber nicht mehr, als das Scheitern des Teams an dieser Aufgabe. Es lässt dagegen für sich allein aber keine Rückschlüsse auf das Vorhandensein oder etwaige Fehlen des beauftragten Geruches auf der Suchstrecke zu.

Hieraus also eine generelle Aussage abzuleiten, bis zu welchem Alter Spuren noch vorhanden sind und deshalb ausgearbeitet werden können, ist falsch, da das eine mit dem anderen nichts zu tun hat.

Unterlegt wird dies darüber hinaus durch die Tatsache, das Double Blinds auf Trails jeden Alters, nämlich auch auf ganz frischen, schiefgehen können. Dies kann dann ja wohl beim besten Willen nicht mehr mit dem Fehlen des Geruchs erklärt werden.

7 Quelle: Wikipedia

19.

Welche Trails können Hunde verfolgen? Der Stand der Wissenschaft

Gastbeitrag von Dr. Leif Woidtke

Polizeidirektor Dr. Leif Woidtke ist Dozent an der Hochschule der Sächsischen Polizei (FH) für polizeiliches Einsatzmanagement, Polizeidirektor und war für mehrere Jahre Fachberater für Mantrailing in der Polizei Sachsen. Er war dort an der Ausbildung der „ersten Generation" Mantrailer beteiligt und befasst sich vor allem wissenschaftlich mit dem Thema. Seit 2014 forscht er als Gastwissenschaftler und Doktorand am Institut für Rechtsmedizin an der Universität Leipzig.

Bei den Einsätzen der Mantrailer in der sächsischen Polizei wurden sehr viele Fragen aufgeworfen. Wir stellten fest, dass es zur Thematik Mantrailing weltweit nur sehr wenige wissenschaftliche Arbeiten gibt. In diesem Zusammenhang war uns die wissenschaftliche Begleitung unserer Vorgehensweise wichtig. Zu diesem Zweck wurde 2014 Kontakt mit dem Institut für Rechtsmedizin der Universität Leipzig aufgenommen. Daraus hat sich ein Forschungsvorhaben zum Thema „Menschlicher Individualgeruch als forensisches Identifizierungsmerkmal" ergeben. In Zusammenarbeit mit Dr. Carsten Hädrich, leitender Oberarzt und Prosektor am Institut für Rechtsmedizin, forschte ich seit 2014 als Gastwissenschaftler und Doktorand am Institut für Rechtsmedizin an der Universität Leipzig.

Ziel ist es, insbesondere durch praktische Experimente mit Hunden den Beweiswert des Mantrailings auf wissenschaftlicher Grundlage zu untermauern. Von Interesse ist insbesondere auch, wie menschlicher Geruch abgegeben wird und wie lange er mit Hilfe von Mantrailern verfolgt werden kann.

Beispielsweise untersuchten wir die Fragestellung, ob es möglich ist, mit einem fremden Kleidungsstück einen fremden Trail zu erzeugen. Diese Konstellation hat in einigen Gerichtsverfahren eine Rolle gespielt, so zum Beispiel in einem Verfahren vor dem Landgericht Dresden im Jahr 2013. In manchen Sachverhalten wird vorgebracht, dass eine Geruchsspur dadurch erzeugt wurde, dass ein Kleidungsstück einer anderen Person getragen wurde, welches ggf. wechselseitig getragen wird. Dadurch soll sich dann der entsprechende Geruch einer Person verbreitet haben, welche tatsächlich jedoch nicht vor Ort gewesen ist. Dazu muss man wissen, dass der Mensch mehrere Hundert Hautzellen pro Sekunde verliert, welche sich teilweise selbstverständlich auch an der Kleidung ablagern. Auch durch Berührung, wie beim An- und Auskleiden üblich, werden entsprechende Spuren auf der Bekleidung abgelagert. Die herkömmliche Annahme besteht ja darin, dass der Mensch permanent eine Vielzahl an Hautzellen an die Umgebung abgibt, welche durch die darauf befindlichen Mikroorganismen zersetzt werden. Dabei wird eine Vielzahl an flüchtigen organischen Verbindungen, sogenannte

VOCs (volatile organic compounds) abgeben. Ergänzt wird dies durch die Abgabe von VOCs durch die Haut aufgrund von Stoffwechselprozessen und der Tätigkeit der auf der Haut befindlichen Mikroorganismen. Sowohl die Hautzellen als auch die flüchtigen Verbindungen werden durch einen den Körper ständig umströmenden Luftstrom bewegt und dadurch aktiv in die Umwelt transportiert. Es wird daher davon ausgegangen, dass die Mantrailer anhand dessen die Geruchsspur eines Menschen verfolgen.

Zu diesem konkreten Sachverhalt, also der Erzeugung eines durch Hunde verfolgbaren Trails, sind hier entsprechende wissenschaftliche Versuche nicht bekannt. Eine Studie (Rogowski, 2002) hat sich mit der Fragestellung beschäftigt, inwiefern eine Person (Geruchs-) Spuren einer anderen Person hinterlässt, wenn sie deren Kleidungsstücke trägt. Im Ergebnis wurde festgestellt, dass zum einen durch getragene fremde Kleidung (in diesem Fall Handschuhe) hindurch die eigene Geruchsspur abgegeben wird und zum anderen, dass fremde getragene Kleidung (in diesem Fall eine lange Hose) Geruchsspuren des Eigners des Kleidungsstückes auf Gegenständen (bei den Handschuhen ein Lenkrad eines Fahrzeuges, bei der Hose der Fahrersitz) hinterlässt. Eine besondere Rolle spielen dabei:

- die Dauer des Tragens des Kleidungsstücks durch den Besitzer,
- die Berührungsdauer des Kleidungsstücks (das von einer anderen Person verwendet wird) mit dem Gegenstand, von dem die Geruchsprobe genommen wird,
- die Kontaktfläche zwischen dem Kleidungsstück und dem Gegenstand, von dem die Geruchsprobe genommen wird,
- die verstrichene Zeit bis zur Sicherung der Spur sowie
- der Anstieg der Temperatur an der Kontaktstelle des Kleidungsstücks und dem Gegenstand, von dem die Geruchsprobe genommen wird (zumindest bis auf Körpertemperatur).

Der Autor der Studie kommt selbst zu dem Schluss, dass dies unter lebensnahen Bedingungen eher unvorstellbar erscheint, insbesondere auch, da nur in den seltensten Fällen die Spur bereits nach fünf bis zehn Minuten gesichert werden kann. Des Weiteren ist einschränkend dazu festzustellen, dass im Versuchsaufbau nur eine geringe Anzahl an Probeläufen durchgeführt wurde und die verwendete Stichprobe sehr klein war. Darüber sind Ergebnisse der Geruchsdifferenzierung nur bedingt auf die Suche im Freien nach einem Spurverlauf anwendbar.

Wir haben deshalb Experimente durchgeführt, die wie folgt abgelaufen sind: Eine Person A hat die Jacke einer anderen Person B getragen. Diese Person B war jedoch noch nie oder zumindest seit sehr langer Zeit nicht mehr an dem Ort, an welchem die Experimente durchgeführt wurden. Person A ist nun zeitgleich mit einer Person C losgelaufen. Nach einem Stück gemeinsamen zurückgelegten Weges haben sich dann Person A und Person C getrennt und sind in unterschiedliche Richtungen weiter gegangen. Beide haben dann jeweils am Ende dieser Strecke gewartet. Die Aufgabe des Hundes war es nun, mit dem Geruch der Person B, welche ja nicht vor Ort gewesen ist, seine Suche zu beginnen. Bisher wurde noch keine ausreichende Anzahl an Versuchen durchgeführt, um ein statistisch signifikantes Ergebnis zu erhalten, allerdings bestätigen Praxiserfahrungen die Annahme, dass zur Erzeugung einer längeren verfolgbaren Geruchsspur ein mitgeführter Gegenstand nicht geeignet ist. Das erscheint auch logisch, da ja ein Gegenstand zwar mit dem Individualgeruch einer Person kontaminiert oder

„durchtränkt“ sein kann, z. B. ein Kleidungsstück, aber eben selbst keinen Individualgeruch „produziert“, also ständig „nachliefert“ und an ihn die Umwelt abgibt, so wie ein lebender Mensch. Während also der Mensch selbst in jeder Sekunde mehrere hundert Hautzellen abstößt, an die Umgebung abgibt und durch nachgewachsene neue ersetzt, tut dies sein Pullover für sich alleine nicht. An ihm haften lediglich die bereits abgegebenen Geruchspartikel, so wie sie dies auch an der Geländestruktur (Hecken, Sträucher, Hauswände usw.) tun.

Eine Frage, die sehr viele Mantrailing Teams beschäftigt und die in vielen Internetforen kontrovers diskutiert wird, ist auch, welche Erkenntnisse es zum Alter von Spuren gibt, welche Rolle dabei der Individualgeruch spielt und wie wichtig ist die Unvoreingenommenheit des Hundeführers ist.

Es gibt wohl kaum ein Themenfeld des Mantrailings, in welchem die Meinungen so auseinandergehen, wie zu der Frage, wie alt ein Trail sein kann, so dass eine Ausarbeitung noch möglich ist. Unzählige Seiten und Foren im Internet befassen sich mit dieser Diskussion. Aussagen wie:

„Gut trainierte Hunde können der individuellen Geruchsspur noch nach Tagen folgen.“[8]

„Der älteste belegte ausgearbeitete Trail ist 16 Tage alt“[9]

„…, kann unter Umständen eine Suche noch nach einigen Tagen, unter besten Gegebenheiten, sogar nach Wochen erfolgen.“[10]

stellen nur eine kleine Auswahl der jeweiligen Überzeugung dar. Auch in der Sachliteratur findet sich diese Auseinandersetzung wieder:

in Abhängigkeit vom Untergrund und Witterungsbedingungen (Wind, Temperatur, Luftfeuchte, Schnee, Regen) geben Gerritsen / Haak (Gerritsen and Haak, 2001) folgende Werte an:

auf Gras	bis zu 36 Stunden
auf Ackerboden	bis zu 24 Stunden
auf Sand	bis zu 12 Stunden
auf Waldboden	bis zu 24 Stunden
auf Beton	bis zu 8 Stunden
auf Asphalt	bis zu 6 Stunden

8 Grewenig, Dirk, Mantrailing, http://hundgefluester.de/leistungen/mantrailing/ zuletzt aufgerufen am 09.06.16.

9 Kalks, Karina, Mantrailing – Die Realität abseits vom Fernsehen, http://www.planet-hund.com/hundesport/mantrailing-realitaet-abseits-fernsehen-0505.html zuletzt aufgerufen am 09.06.16.

10 Burdich, Manfred, Was ist Mantrailing, http://www.k9units.de/was-ist-mantrailing/ zuletzt aufgerufen am 09.06.16.

Hierbei ist jedoch ausdrücklich zu berücksichtigen, dass diese Aussagen für die Fährtensucharbeit („Tracking") und nicht für die Sucharbeit „Trailing" gelten.[11]

Schettler betont, dass Hunde Geruchspuren folgen können, die viele Stunden alt sind. Er hält zwölf Stunden als Obergrenze für die meisten Mantrailer, in Einzelfällen, wenn Geruch in ausreichender Menge vorhanden ist, kann dies auch darüber sein und berichtet von eigenen Erfahrungen mit einem drei Tage alten Trail (Schettler, 2014).[12]

Ditterich trifft keine konkrete Aussage, hält aber fest, das zwölf bis 24 Stunden alte Trails in jedem Falle möglich sein sollten (Ditterich, 2009).[13]

Während Boulanger und Zenoni ggf. 36 bis 48, vielleicht auch 72 Stunden für möglich halten und dies mit der Haltbarkeit der Komponenten des Individualgeruchs zu begründen versuchen, treffen sie keine Aussage, wie lange ein Hund eine Spur ausarbeiten kann. Gleichwohl erfolgt eine eindeutige Aussage, dass die Möglichkeit der Ausarbeitung Jahre alter Spuren in den Bereich der Märchen einzuordnen ist (Boulanger and Trautmann Zenoni, 2013).[14]

Schweda hält ein Alter von bis zu 14 Tagen für kein Problem, berichtet von Einzelfällen auf natürlichem Untergrund ohne vielfältige andere Kontamination von bis zu drei Monaten, sieht aber kritisch, dass die Ausarbeitung mehrerer Jahre alter Spuren möglich sein soll (Schweda et al., 2012).[15]

Nach Angaben von Massen kann diese belegen, dass Spuren bis zu einem Alter von drei Wochen bei guten Bedingungen, sie nennt moderate Temperaturen zwischen 5 °C und 15 °C, feuchtes Wetter, moderate Wetterbedingungen (ohne Regen, starkem Wind oder starker Hitze) im Zeitraum zwischen Legen und Ausarbeiten der Spur, einer gesicherten Abgangsstelle sowie einer eindeutigen, nicht kontaminierten Geruchsprobe, verfolgt werden können. Auch sie hält die Ausarbeitung von Spuren mit einem Alter von einem Jahr und darüber für Übertreibung und physikalischen Unsinn (Massen, 2013).[16]

Konsens besteht darüber, dass keine abschließenden Aussagen getroffen werden, welcher Zeitraum zwischen Legen der Spur und Ausarbeitung derselben durch einen Mantrailer vergehen kann und tatsächlich die Möglichkeit besteht, dass der Hund die Spur verfolgen kann.

Insbesondere im Rahmen der kriminalistischen Sachbearbeitung kommt der Möglichkeit der Ausarbeitung alter Spuren hohe Bedeutung zu. So hatte sich der Arbeitskreis diensthundhaltender Verwaltungen des Bundes und der Länder, Unterarbeitsgruppe „Personenspürhunde" im Jahre 2010 noch dahingehend geäußert, dass Personenspürhunde in der Lage sind, menschliche Geruchsspuren mit einem Alter von bis zu ca. 48 Stunden auszuarbeiten.[17] In vielen Strafverfahren, die auch zur Anklage vor Gericht gekommen sind, wurden durch private und polizeiliche Hundeführer Spuren mit einem Alter von einem Tag bis hin zu mehreren Monaten ausgearbeitet.

11 Gerritsen / Haak, S. 143.

12 Schettler, S. 32, 76, 88.

13 Ditterich, S. 89–90.

14 Boulanger / Trautmann Zenoni, S. 147–151.

15 Schweda / Schweda / Nestler, S. 246–247.

16 Massen, S. 27.

17 Positionspapier zum Einsatz von Personenspürhunden vom 16. März 2010, S. 9–10.

Forschungsergebnisse zur Thematik liegen nur wenige vor. So befasste sich eine im Jahr 2003 veröffentlichte Studie mit der Fragestellung, ob Bloodhounds in der Lage sind, unter realistischen Einsatzbedingungen mittels eines Geruchsträgers die zugehörige Person zu finden. Für die Experimente wurden acht Bloodhounds verwendet. Diese mussten einen mindestens 0,5 Meilen und höchstens 1,5 Meilen langen Trail, der etwa 48 Stunden alt war, ausarbeiten und am Ende der Spur die Person anzeigen, von der der Geruchsträger gefertigt worden war. Zu diesem Zweck gingen die gesuchte Person und ein Begleiter eine vorgegebene Strecke nach Karte und trennten sich ca. 15 Meter vor dem Ende in Y-Form. Als Gruppe konnten die Hunde signifikant besser als der Zufall die 48 Stunden alte Spur ausarbeiten (Erfolgsquote 77,5 %, $p < 0,05$). Dabei konnten vier Hunde als Individuum alle Tests mit einer Erfolgsquote von 100 % erbringen (Harvey and Harvey, 2003).[18] Eine weitere Studie im Sachzusammenhang wurde durch Angelika Wolf an der Tierärztlichen Hochschule unter dem Titel „Untersuchung des Einflusses der Alterung menschlicher Geruchsspuren auf die Ausarbeitung der Fährten durch Personensuchhunde" durchgeführt. Dabei wurden Spuren mit dem Alter von einem Tag, einer Woche und einem Monat betrachtet. Von den insgesamt 145 gelegten Fährten wurden durch die beteiligten 18 Hunde 82 gefunden und 63 nicht gefunden. Dieses 60:40 Verhältnis zeigt sich auch in jedem der drei verschiedenen Fährtenalter. Die Ergebnisse zeigten, dass Hunde grundsätzlich in der Lage waren, die untersuchten Fährtenalter erfolgreich zu suchen (Wolf, 2016).[19]

Weil es so wenige Untersuchungen gibt, wird auch im Rahmen meiner Forschung genau diese Frage betrachtet. Dabei reduziere ich das Szenario aber nicht auf einen Vier-Wochen-Zeitraum. Aus praktischen Erfahrungen weiß ich, dass Trails mit einem Alter von mehreren Wochen ausgearbeitet werden können. So wurden im Rahmen der jährlich zu erbringenden Überprüfung der Mantrailer der sächsischen Polizei im Jahr 2013 eine Leistungsüberprüfung von zwei Diensthunden zu einem Trail, der 14 Tage alt war, mit Erfolg absolviert. Im Jahr 2014 wurde die Leistungsüberprüfung zu einem Trail, der 25 Tage alt war, abgenommen. Dies fand jeweils in Anwesenheit externer Prüfer statt. In allen Fällen war den Hundeführern der tatsächliche Spurverlauf vorher nicht bekannt. Darüber hinaus erfolgte im Training die Ausarbeitung eines Trails, der vier Monate (118 Tage) alt war, erfolgreich. Der Verlauf war dem Hundeführer im Voraus nicht bekannt. Im konkreten Fall wurde dem Hundeführer ein Geruchsartikel überreicht, der von einer Person stammte, die sich nicht in dem Bereich aufgehalten hatte, in welchem die auszuarbeitende Spur gelegt wurde. Erst nach Überprüfung dieses Negativs, welches durch den Hund korrekt erkannt wurde, erhielt der Hundeführer einen Geruchsartikel des Spurverursachers. Dabei war dem Hundeführer nicht bekannt, dass auch ein Negativ-Geruchsartikel zur Auswahl stand. Natürlich fanden diese Tests nicht unter den Rahmenbedingungen statt, die bei einer Studie zu berücksichtigen sind.

Im Rahmen meiner Dissertation habe ich untersucht, ob und wie die Hunde Spuren ausarbeiten können, die mehrere Monate alt sind. Die Versuche wurden unter realen Einsatzbedingungen in ausschließlich urbanem Gelände durchgeführt. Die Länge der gelegten

18 Harvey, S. 812.
19 Wolf, S. 191 – 192

Geruchsspuren (Trails) variierte von mehreren hundert Metern bis zu mehreren Kilometern. Durch Befragung der Zielpersonen und entsprechender Auswahl der Versuchsörtlichkeit wurde gewährleistet, dass keine der Personen vor Legen der Geruchsspur jemals an der Versuchsörtlichkeit gewesen war und dass bis zur Durchführung der jeweiligen Versuche keine Person in das entsprechende Gebiet zurückkehrt. Nachdem der Trail gelegt war, wurden die Versuchspersonen von einem Fahrzeug aufgenommen und, ohne den Verlauf der Strecke nochmals zu kreuzen, abtransportiert. Zur Vermeidung des Luftaustauschs zwischen der Fahrzeuginnenluft und der Umwelt waren die Fenster des Fahrzeuges geschlossen und die Lüftung abgestellt. Eine Rückkehr der Person zum Zielort erfolgte nicht mehr.

Am Tag der Suche lag der Startpunkt der Suche für den Hund entweder am Beginn der gelegten Spur oder an einem Punkt innerhalb des Streckenverlaufs, sodass die für den jeweiligen Hund zu bearbeitende Strecke differierte und zwischen mehreren hundert Metern bis zu mehreren Kilometern betrug. Jeder Test wurde so durchgeführt, dass der Hund im rechten Winkel zum Straßenverlauf angesetzt wurde, sodass er dem Straßenverlauf sowohl nach rechts als auch nach links folgen konnte und daher eine Richtungsvorgabe ausgeschlossen war (siehe schematische Abbildung). Die am jeweiligen Versuchstag teilnehmenden Hunde wurden bei jedem Versuch jeweils an einer separaten Stelle gestartet.

War es bei wissenschaftlichen Versuchen von Vorteil, wenn der Hundeführer das wirkliche Trailalter gar nicht kannte?

Aus meiner Sicht hat die Einstellung des Hundeführers zur Suchaufgabe eine enorme Auswirkung auf das Ergebnis der Suche. Wenn ich der Überzeugung bin, dass ein Trail ab einem gewissen Alter nicht mehr machbar ist, siehe die umfängliche Diskussion und Meinungsvielfalt dazu, werde ich möglicherweise im Sinne einer „Sich-selbst-erfüllenden-Prophezeiung" meinem Hund nicht die nötige Sicherheit auf dem Trail geben oder sogar durch unbewusste Körpersignale verhindern, dass der Hund überhaupt startet. Vor diesem Hintergrund ist es aus methodischer Sicht im Rahmen der Durchführung der Versuchsreihen zweckmäßig, dass dem Hundeführer das Alter der Trails nicht bekannt ist. Sowohl den Hundeführern als auch begleitenden Personen, wie z. B. Verkehrssicherungsposten, waren weder der Verlauf noch die Länge oder das Alter der Spur bekannt. Das Testgebiet war nicht abgesperrt. Passanten und Fahrzeugverkehr waren vorhanden. Am Testtag war keine der Zielpersonen vor Ort. Bei jedem Durchgang musste der Hundeführer aus einer Auswahl von drei Geruchsartikeln wählen, sodass auch die Möglichkeit bestand, den Geruchsartikel von einer Person, welche nie an diesem Ort gewesenen Person war (Negativ), als Startgeruch zu treffen. Anhand des Suchverhaltens seines Hundes musste der Hundeführer entscheiden, ob keine Geruchsspur vor Ort war (Negativ) oder der Hund eine Spur verfolgt. Da die Versuche reale Einsatzsituationen abbilden sollten, wurde kein Zeitlimit zur Ausarbeitung der Geruchsspur gesetzt. Aufgrund des enormen logistischen Aufwands führten wir diese Studie mit einer relativ kleinen Anzahl von sieben Hunden durch, darunter die Mantrailer der sächsischen Polizei. Die Absuche der Geruchsspur erfolgte innerhalb verschiedener Zeitspannen nach Legen des Trails. Es handelt sich dabei um die Spurenalter von einem Monat (27–31 Tage), zwei Monaten (51–59 Tage), drei Monaten (86–93 Tage) und sechs Monaten (187–189 Tage). Wegen der logistischen Komplexität wurden die in den Klammern angegebenen Tage ohne weitere Untergliederung unter dem jeweiligen Spuralter erfasst.

Alle Tests wurden doppelt verblindet durchgeführt. Das heißt, dass weder dem Hundeführer noch den Begleitpersonen bekannt war, ob der als Geruchsartikel verwandte Gegenstand von Zielperson A, B oder einer niemals anwesenden Person (Negativ) stammte. Weiterhin waren die Identität der Zielpersonen sowie der Verlauf der Strecken für den Hundeführer und die Begleitpersonen unbekannt. Weiterhin wurden die Wetterdaten an den Versuchstagen erfasst. Die zum Zeitpunkt des Legens der Spur sowie die im weiteren zeitlichen Verlauf bis zum Versuchstag herrschenden Wetterdaten wurden über das Onlineangebot des Deutschen Wetterdienstes anhand der Daten der dem Versuchsort nächstgelegenen Wetterstation erhoben. Aufgrund der Dauer der Studie variierten die Wetterbedingungen erheblich. Die Lufttemperaturwerte lagen an den Tagen des Legens der Spur zwischen 1,5° und 24,5°C. Die Bodentemperatur betrug dabei zwischen 0,7° und 26,0°C. Die Luftfeuchtigkeit betrug zwischen 36% und 91%. Als Niederschlag wurden max. 0,5 mm gemessen. Eine Niederschlagshöhe von 1 mm entspricht der Niederschlagsmenge von 1 l/m². Somit entspricht die Niederschlagshöhe von 0,5 mm einer Niederschlagsmenge von 0,5 l/m². Das Stundenmittel der Windgeschwindigkeiten variierte zwischen 0,8 m/s und 11,1 m/s. Dies bedeutet Windgeschwindigkeiten in der Spitze bis zu etwa 40 km/h bzw. nach der Beaufortskala 6

Beaufort. Die Windrichtungen betrugen zwischen 10° und 320°, das Mittel lag bei 210°, wobei 0° bzw. 360° Norden repräsentieren. Ein vergleichbares Bild zeigte sich auch an den Tagen der Versuchsdurchführung, an denen die Lufttemperaturwerte zwischen -3,2 °C und 32,5 °C betrugen. Die Bodentemperaturen betrugen zwischen -7,8° und 34,9 °C. Die Windgeschwindigkeiten variierten von 0 km/h bis 21 km/h. Teilweise wurden in Böen Windgeschwindigkeiten bis zu 60 km/h gemessen. Die Luftfeuchtigkeit erreichte Werte zwischen 33 und 84 Prozent. Im Verlauf zwischen Legen der Spur und den nachfolgenden Versuchstagen wurden Lufttemperaturen zwischen -17,6 °C und 34,9 °C gemessen, die Bodentemperaturen erreichten Werte von -25,2 °C bis 40,3 °C. Der Wind erreichte Spitzengeschwindigkeiten bis 69 km/h, und die im gesamten Zeitraum gemessene Niederschlagsmenge betrug an einigen Versuchsörtlichkeiten mehrere 100 l/m^2.

Für die Auswertung, oder wenn man so will, den Erfolg bei der Suche wurden verschiedene Kategorien gebildet. Einerseits ging es darum, ob der Hund am Startort eine Geruchsspur feststellen kann. Eine weitere Kategorie, ob der Hund den Richtungsvektor der Spur aufnimmt und letztlich auch, wie spurnah hat der Hund die Spur verfolgt. Mit spurnah wurde erfasst, ob der Hund in der Lage ist, eine vom Startpunkt des Hundes wegführende Spur auszuarbeiten und die ausgearbeitete Spur im Wesentlichen der tatsächlich gelaufenen Strecke des Runners entspricht. Dies bedeutet, es liegen keine oder nur geringfügige Abweichungen von nicht mehr als 50 Meter vom tatsächlichen Spurverlauf vor. Die Anzeige des Endpunktes wurde in die Bewertung nicht einbezogen.

Natürlich stellt sich die Frage, welche Ergebnisse die Studie erbracht hat. Aufgrund des Versuchsdesigns bestand ja die Wahlmöglichkeit zwischen den Geruchsspuren von Spurleger A / Spurleger B / kein Spurleger. Für die Berechnung, ob der Hund zufällig Erfolg hat oder nicht, beträgt also die Eintrittswahrscheinlichkeit ein Drittel oder 33 %. Für die Bewertungskategorie, bei der erfasst wurde, ob die Hunde eine vom Startpunkt wegführende progressive Spur aufnehmen konnten, wurde insgesamt eine Erfolgsquote von 82 % erzielt. Dies liegt weit über einem zufälligen Erfolg. Die Schlussfolgerung, die daraus gezogen werden kann, ist, dass die Hunde die alten Geruchsspuren noch wahrnehmen konnten.

Für die Bewertungskategorie III, die alle die Versuche erfasste, bei denen ein Hund vom Ansatzpunkt mindestens 50 m spurtreu (im o. g. Sinn) den Verlauf der tatsächlich gelegten Spur nachverfolgte, betrug die Erfolgsquote 76 %. Individuell erreichten die Hunde Erfolgsquoten zwischen 59 % und 95 %. Dabei ist zu berücksichtigen, dass sich mit jeder Entscheidung auf der Strecke (Richtungswechsel) die Wahrscheinlichkeit einer zufälligen Spurverfolgung verringert. Geht man in Anlehnung an die Forschung von Hepper und Wells, wonach Hunde fünf Schritte benötigen, um die Richtung einer Spur zu bestimmen (Hepper and Wells, 2005)[20], davon aus, dass eine Richtungsentscheidung alle fünf Schritte erfolgt, dann ist eine zufällige Spurverfolgung noch unwahrscheinlicher. Dies wird noch dadurch unterstrichen, dass in fast der Hälfte der Fälle die Spur über 100 m verfolgt werden konnte, der Mittelwert der Länge der richtig verfolgten Spur betrug sogar über 300 m. Aber um es klar zu sagen,

20 HEPPER, P. G. & WELLS, D. L. 2005. How many footsteps do dogs need to determine the direction of an odour trail? Chem. Senses, 30, 291 – 298

am tatsächlichen Endpunkt der Spur sind die Hunde nur selten angekommen. Allerdings ist dies auch gut zu erklären, da verschiedene Faktoren eine Rolle gespielt haben. Zuerst einmal ist die optimale olfaktorische Such- und Lokalisierungsstrategie abhängig von der Struktur der Geruchswolken und der Geruchsverteilung (Bau and Cardé, 2015).[21] Diese lässt sich mit dem Gaußschen Dispersionsmodell beschreiben. Die maximale Geruchskonzentration befindet sich entlang der horizontalen Achse in Windrichtung und die Hauptkonzentration folgt einer lateralen und vertikalen Normalverteilung, gleichwohl bildet diese nicht die exakte augenblickliche Geruchsverteilung an jeder Stelle ab (Farrell et al., 2002)[22]. Vielmehr ist davon auszugehen, dass sich die Spur in einzelne „Geruchsinseln" zerteilt. Studien zeigen, dass Säugetiere, so Ratten, aber auch Menschen, Geruchsspuren in einer Zick-Zack-Form verfolgen. Diese Suchstrategie ist als Casting bekannt. Dabei erfolgt die Vorwärtsbewegung entlang einer (am Boden durchgängigen) Geruchsspur durch wechselndes Kreuzen der Geruchsspur zur linken oder rechten Seite. Weiterhin wird die Frequenz des Einatmens intensiviert – es kommt zum Schnüffeln. Wird die Geruchsspur verloren, werden die Pendelbewegungen ausschweifender. Dabei wird auch die Fähigkeit genutzt, stereo (mit beiden Nasenlöchern) zu riechen. Ist diese Fähigkeit eingeschränkt, sind größere Spurabweichungen zu beobachten und die erforderliche Zeit, die Spur zu verfolgen, steigt (Khan et al., 2012, Porter et al., 2007).[23,24] Für Ratten wurde festgestellt, dass diese in der Lage sind, auch Gerüchen in der Luft zu folgen, ohne dabei die Casting-Strategie zu nutzen. Dies gelang auch bei Verwirbelung der Gerüche und der Überdeckung des Zielgeruchs mit anderen Gerüchen sowie der Einschränkung der Fähigkeit des Stereo-Riechens (Bhattacharyya and Bhalla, 2015).[25]

Es wird angenommen, dass Hunde den Richtungsverlauf einer Geruchsspur bestimmen, indem sie Unterschiede in der Konzentration bestimmter Substanzen wahrnehmen, die vom Trailleger abgelagert werden (Steen and Wilsson, 1990).[26] Weiterhin kann davon ausgegangen werden, dass die Wahrnehmung der Duftintensität abhängig ist von der Anzahl der Geruchsmoleküle, die pro Zeiteinheit detektiert werden. Als Informationsträger des Spurverlaufes kommen z. B. desquamierte Hautzellen infrage. Deren Verteilung entlang des tatsächlich gelaufenen Weges wird durch äußere Bedingungen wie Witterung, aber auch die beim Laufen entstehende Nachlaufströmung determiniert (Edge et al., 2005).[27] Aufgrund der Tatsache, dass die Person, welche die Spur gelegt hatte, nicht mehr vor Ort gewesen ist und der verstrichene Zeitraum seit dem Legen der Spur mehrere Tage betragen hat, ist davon auszugehen,

21 BAU, J. & CARDÉ, R. T. 2015. Modeling Optimal Strategies for Finding a Resource-Linked, Windborne Odor Plume: Theories, Robotics, and Biomimetic Lessons from Flying Insects. Integrative and Comparative Biology, 55, 461–477.

22 FARRELL, J. A., MURLIS, J., LONG, X., LI, W. & CARDÉ, R. T. 2002. Filament-Based Atmospheric Dispersion Model to Achieve Short Time-Scale Structure of Odor Plumes. Environmental Fluid Mechanics, 2, 143–169.

23 KHAN, A. G., SARANGI, M. & BHALLA, U. S. 2012. Rats track odour trails accurately using a multi-layered strategy with near-optimal sampling. Nature Communications, 3, 703

24 PORTER, J., CRAVEN, B., KHAN, R. M., CHANG, S.-J., KANG, I., JUDKEWITZ, B., VOLPE, J., SETTLES, G. & SOBEL, N. 2007. Mechanisms of scent-tracking in humans. Nat Neurosci, 10, 27–29

25 BHATTACHARYYA, U. & BHALLA, U. S. 2015. Robust and Rapid Air-Borne Odor Tracking without Casting. eneuro, 2

26 STEEN, J. B. & WILSSON, E. 1990. How do dogs determine the direction of tracks? Acta Physiologica Scandinavica, 139, 531–534.

27 EDGE, B. A., PATERSON, E. G. & SETTLES, G. S. 2005. Computational study of the wake and contaminant transport of a walking human. Journal of Fluids Engineering, 127, 967–977.

dass keine aktive Geruchsquelle am Ende der Spur existiert, die dem Hund eine entsprechende Geruchswolke über große Entfernungen verfügbar macht.

Weiterhin ist anzunehmen, dass sich ein Teil der volatilen Bestandteile als auch geruchstragende Partikel durch Einfluss von Witterungsbedingungen im näheren Umfeld der tatsächlich gelaufenen Fußspur am Boden bzw. an vorhandener Bepflanzung oder Bebauung abgelagert hat, während ein anderer Teil sich nicht mehr im näheren Umfeld befindet. Durch das Casting-Suchverhalten ist es in Abhängigkeit von der Verteilung der Geruchsspur auch möglich, dass keine weiteren Geruchsreize gefunden werden. Gleichwohl wird weiterhin versucht, wieder in Kontakt mit der Geruchsspur zu kommen. In Abhängigkeit von der individuellen Motivation des Hundes wird das Suchverhalten daher über eine bestimmte Zeit fortgesetzt. Dies kann entweder zum Wiederauffinden der Spur, aber auch zu einer weiteren Entfernung von den entsprechenden Geruchsreizen und letztlich zum Spurverlust führen (Bau and Cardé, 2015, Cardé and Willis, 2008).[28,29]

Nicht zu unterschätzen ist jedoch auch das Verhalten des Hundeführers. Nicht umsonst wird ja vom Team gesprochen. So ist bekannt, dass es zur unwillentlichen Beeinflussung des Suchverhaltens des Hundes durch den Hundeführer kommen kann und somit ein Spurverlust des Hundes die Folge war. Dies kann einerseits aus einer Fehlinterpretation des Suchverhaltens durch den Hundeführer resultieren (Leitch et al., 2013).[30] Andererseits kann auch die (unterbewusste) Intention des Hundeführers zum vermeintlichen Spurverlauf dazu geführt haben, dass er das Suchverhalten seines Hund subtil durch sein eigenes Verhalten (Zug auf der Leine, Halten der Geschwindigkeit) beeinflusst hat (Lit et al., 2011).[31] Neben den unbewussten Signalen des Hundeführers kann auch die Einschätzung des Hundeführers in Bezug auf das wahrscheinliche Ende der Spur aufgrund der bislang genutzten Suchzeit zu einer Fehlinterpretation des Verhaltens des Hundes und letztlich dem Nicht-Fortführen der Suche geführt haben.

Hervorheben möchte ich auch, dass in einer relativ hohen Anzahl (etwa 20 %) die Hunde trotz der tatsächlich gelegten Geruchsspur keine wegführende Spur ausarbeiten konnten. Im Gegensatz dazu konnten die Hunde gut erkennen, wenn es keine Geruchsspur gab (Negativ).

Die Ergebnisse meiner Studie decken sich übrigens mit denen aus einer von der Polizei durchgeführten Versuchsreihe zur Untersuchung von einem Monat alten Spuren. Von den dort eingesetzten 41 Hunden konnten nur 17 eine Spur aufnehmen. Von diesen 17 Hunden erreichte keiner den Endpunkt der Spur, konnten diese jedoch teilweise über mehrere 100 Meter verfolgen.

Vielleicht noch eine Aussage zum Einfluss der Witterungsbedingungen auf den Sucherfolg über alle Versuche. Interessanterweise konnten keine statistisch signifikanten Auswirkungen,

28 AU, J. & CARDÉ, R. T. 2015. Modeling Optimal Strategies for Finding a Resource-Linked, Windborne Odor Plume: Theories, Robotics, and Biomimetic Lessons from Flying Insects. Integrative and Comparative Biology, 55, 461–477.

29 CARDÉ, R. T. & WILLIS, M. A. 2008. Navigational Strategies Used by Insects to Find Distant, Wind-Borne Sources of Odor. Journal of Chemical Ecology, 34, 854–866.

30 LEITCH, O., ANDERSON, A., PAUL KIRKBRIDE, K. & LENNARD, C. 2013. Biological organisms as volatile compound detectors: A review. Forensic Science International, 232, 92–103.

31 LIT, L., SCHWEITZER, J. B. & OBERBAUER, A. M. 2011. Handler beliefs affect scent detection dog outcomes. Anim Cogn, 14, 387–94.

sei es aufgrund von Wind, Temperatur, Niederschlag oder Luftfeuchtigkeit, auf die Erfolgsquote festgestellt werden. Damit möchte ich allerdings nicht sagen, dass die individuellen Witterungsbedingungen die Sucharbeit des Hundes nicht beeinflussen.

Soll der Geruchsartikel das gleiche Alter haben wie der Trail?

An dieser Stelle sei ein kurzer Blick auf die Forschungslage zur Haltbarkeit von Geruchsartikeln und deren Verwendung bei der Geruchsdifferenzierung erlaubt. Versuche zur Differenzierung von menschlichen Geruchsspuren an Geruchsträgern, die über einem längeren Zeitraum Witterungsbedingungen ausgesetzt waren, wurden schon in den 50er und 60er Jahren durchgeführt. Dabei wurden z. B. jeweils Objektträger aus Glas mit Fingerabdrücken über einem Zeitraum von 6, 12, 24, 48, 72 und 96 Stunden sowie 1, 2 und 3 Wochen sowohl in Räumen als auch im Freien aufbewahrt. Die Versuche ergaben, dass eine Geruchsdifferenzierung an im Innern aufbewahrten Geruchsträgern auch nach drei Wochen noch leicht möglich war. Bereits 1930 berichtete das Forscherehepaar Menzel davon, dass mit sechs Wochen alten Geruchskonserven gearbeitet wurde (Menzel and Menzel, 1930).[32] Dies trifft auch für Geruchsträger zu, die Witterungsbedingungen ausgesetzt waren. Teilweise war auch mit diesen eine Geruchsdifferenzierung zum Teil nach bis zu sechs Wochen möglich (King et al., 1964).[33] Spätere Forschungen belegen diese Erkenntnisse für Materialien, die über eine Dauer von 24 Wochen vor äußeren Witterungseinflüssen geschützt waren (Schoon, 2005).[34]

Weit darüber hinausgehende Zeiträume wurden durch Differenzierungshunde der Spezialschule des Ministerium des Innern (MdI) für Diensthundewesen Pretzsch erreicht. Grundlage dafür war eine Ende der 60er, Anfang der 70er Jahre von Derda und Mitarbeiter entwickelte Methode, Geruchskomplexe an absorptionsfähigem Speichermaterial, bestehend aus einem Mischgewebe aus Baumwolle und Zellwolle, zu speichern und in dicht verschließbaren Glasgefäßen selbst bei vielfacher Benutzung über Jahre aufzubewahren (Derda, 1983).[35] Dieses Verfahren wurde auch patentiert. Das Vorgehen zum Aufnehmen der Geruchsspur bestand darin, einen neutralen Geruchsträger auf die vermutlich mit dem Geruch kontaminierte Stelle zu legen, um diesem dann etwa 30 Minuten lang die Absorption des Geruches zu ermöglichen. Zur Vermeidung eines Informationsverlustes und zur Abschirmung gegen Umwelteinflüsse wird der Geruchsträger (Staubtuch) mittels Haushaltsfolie abgedeckt bzw. umschlossen. Nach der entsprechenden Kontaktzeit wird der Geruchsträger mit dem aufgenommenen Geruch in ein dicht schließendes Glasbehältnis (1/2l Konservenglas) eingebracht und konserviert. In umfangreichen Testreihen wurden Versuche zur Haltbarkeit von Geruchsspuren durchgeführt und dabei u. a. folgende Ergebnisse erzielt:

Standspuren von Personen auf verschiedensten Flächen konnten je nach Umwelteinwirkung auch noch nach vier Wochen für erfolgreiche Differenzierung verwendet werden. Das gleiche traf auf die Standspur einer Versuchsperson zu, die 14 Tage starkem Regen ausgesetzt war.

32 Menzel&Menzel, S. 123.
33 King, Becker, Markee. S. 314.
34 Schoon, S. 46.
35 Derda, S. 13.

Spuren, die durch Anfassen eines Gegenstandes durch mehrere Personen entstanden waren, konnten nach drei Wochen noch differenziert werden.

Die Geruchsdiffenzierung von Geruchsträgern, die mit 5 Tropfen Urin (ca. 0,33 ml) markiert waren, war ohne Schwierigkeiten bis zu einem Zeitraum von 3 Monaten, bei der Verwendung von mit 15 Tropfen (1 ml) markierten Geruchsträgern noch nach 4 Jahren möglich.

Darüber hinaus beschreibt Derda, dass die Haltbarkeit der Geruchsträger für eine erfolgreiche Differenzierung mindestens 10 Jahre beträgt. In einem Einzelfall sogar 17 Jahre.[36]

Auch heute noch wird die Abnahme einer Geruchsspur ähnlich durchgeführt. Was sagen uns diese Ergebnisse? Zum einen, dass es durchaus nachweisbar ist, mit einem alten Geruchsträger Geruchsdifferenzierung mit einem Vergleichsgeruch durchzuführen. Aber in diesen Experimenten wird mit frischen Geruchsträgern auch eine höhere Erfolgsquote erzielt. Zum zweiten, dass die Aufbewahrung der Geruchsträger eine entscheidende Rolle spielt.

Bei unseren Experimenten zur Ausarbeitung alter Trails war teilweise zu verzeichnen, dass die Sucharbeit mit einem frischeren Geruchsträger anscheinend nachvollziehbarere Ergebnisse erbrachte als die mit einem älteren. Das wird vor allem an der bereits genannten relativ hohen Anzahl an FALSCH NEGATIV Anzeigen, d. h. der Hund konnte trotz vorhandener Spur keinen Geruch aufnehmen, deutlich. Dies könnte auch mit den verwendeten Speichelproben und deren Veränderung im Laufe der Zeit zusammenhängen. Einschränkend muss ich aber dazu sagen, dass es sich dabei nur um eine Momentaufnahme handelt. Wir haben jedoch keine chemisch-analytische Untersuchung unserer Geruchsproben durchgeführt, sodass eine verbindliche Aussage zur Veränderung des für die Hunde wahrnehmbaren „Geruchsprofils“ der Geruchsprobe nicht möglich ist.

Vor allem ist bei der diesbezüglichen Diskussion zu berücksichtigen, dass die abschließende Kenntnis darüber, welche Geruchsbestandteile der Hund tatsächlich für seine Sucharbeit nutzt, noch aussteht. Erst mit dieser Kenntnis lässt sich der Einfluss der Alterung des Geruchträgers auf die Möglichkeit der Ausarbeitung durch den Hund bewerten.

Soll man für die Verfolgung einer Geruchsspur einen Geruchsträger zu generieren, der frischer ist als die Spur, oder vielleicht sogar umso besser, je frischer der Geruchsträger ist, mit dem der Hund gestartet wird? (Anmerkung: Bei Strafverfahren wird der Individualgeruch standardmäßig direkt vom Körper des – oftmals inzwischen inhaftierten-Tatverdächtigen abgenommen und ist deshalb immer frischer als die zu überprüfende Geruchsspur am Tatort)

Der Geruchsträger ist seiner Bedeutung nach der Suchauftrag für den Hund. Je eindeutiger dieser ist, desto besser sind die Voraussetzungen. Von daher bildet ein frischer und dadurch intensiver Geruchsträger als Startinformation für den Hund die beste Basis für die anschließende Sucharbeit.

36 Derda, S. 58–60

Einfluss der Methodik der Ausbildung und der Wahl der Rasse auf die Erfolgsaussichten insbesondere auch bei alten Trails

Ich denke, dass sich alle einig sind, dass die Art und Weise der Ausbildung, aber auch die Intensität der nachfolgenden Fortbildung oder des Trainings essenziell für die abrufbare Leistung eines Hundes bei der Ausarbeitung von Trails sind. Es gibt die verschiedensten Methoden, einen Mantrailer auszubilden. Die sächsische Polizei hat sehr gute Erfahrungen mit der Ausbildungsmethodik von Armin Schweda gemacht. Diese umfasst einen Zeitraum von ca. 2,5 bis drei Jahren je Hund und beginnt bereits im Welpenalter. Prinzipiell wird von der dualen Ausbildung dieser Hunde abgesehen, das heißt, es erfolgt keine Ausbildung im Schutzdienst. Die Schulung dieser Hunde als Schutzhund ist zum Einsatzzweck kontraproduktiv. Man stelle sich nur vor, der Mantrailer wird im Rahmen der Vermisstensuche eingesetzt, kann eine Spur aufnehmen und verfolgen. Bei der Suche findet er die vermisste Person, welche beim Anblick des Hundes möglicherweise erschrocken reagiert und Abwehrbewegungen vollführt. Im schlimmsten Falle könnte ein dual ausgebildeter Hund dies zum Anlass nehmen, die im Schutzdienst antrainierten Verhaltensweisen zu zeigen. Die Gefahr für diese Personen wäre nicht kalkulierbar.

Die Ausbildung ist in drei Phasen gegliedert. Die Jungtierphase umfasst den Zeitraum nach Erwerb des Welpen (ca. 12 Wochen) bis zum 14. Monat. Die Ausbildungsphase 2 – Aufbauendes Intensivtraining – umfasst den Zeitraum zwischen dem 14. und dem 24. Monat. Letztlich die dritte Phase, eine etwa einjährige Einsatzphase. Die Schulung der Hundeführer erfolgt schwerpunktmäßig in den Bereichen Geruchsverständnis, richtiges „Lesen" des Hundes, Leinenhandling und Einsatztaktik. Wesentliche Elemente der Ausbildung der Hunde liegen in den Bereichen Opferbindung, Konzentration und Fokus, Nasenarbeit sowie Alltagsneutralität. Grundsätzlich bestehen diese Schwerpunkte über den gesamten Zeitraum der Ausbildung, aber auch darüber hinaus.

Wesentliches Element der Ausbildung ist es, dem Hund beizubringen, einem Menschen aus freien Stücken zu folgen bzw. zu finden (Opferbindung). Dabei soll der Hund motiviert werden, eine fremde Person aus eigenem Antrieb finden zu wollen und sie daher ausdauernd und konzentriert zu suchen. Das Ziel liegt darin, dem Hund die Suche nach dem Menschen als naturnahen Ersatz zu präsentieren. Futter- oder Spielzeugbelohnung verstärkt dabei die Motivation des Hundes. Praktisch erfolgt dies dadurch, dass sich eine Person sehr intensiv mit dem Hund beschäftigt, um dessen Aufmerksamkeit und Interesse zu wecken. Im nächsten Schritt wird dem Hund beigebracht, seine Nase zu nutzen, um diese Person zu finden. Hierzu läuft die Person nach der Beschäftigung mit dem Hund davon und versteckt sich hinter einem Hindernis, sodass eine optische Barriere besteht. Das heißt, der Hund kann die Person nicht sehen und deshalb muss der Hund vor allem aufgrund des Geruchs als Schlüsselreiz die Person suchen. Des Weiteren kommt es darauf an, dem Hund den Zusammenhang zwischen dem Geruch und der weglaufenden Person zu vermitteln. Beispielsweise wird dies in der Ausbildung dadurch umgesetzt, dass die Person beim Weglaufen ein größeres Kleidungsstück auf dem Weg zurücklässt. Der Hund folgt dieser Person und läuft dabei direkt über das Kleidungsstück und hat somit erneut Geruch von der Zielperson. Im Laufe der Zeit wird dies mit dem Kommando „Such!" verknüpft. Nach Beherrschen der Grundschritte können dann weitere Geruchsträger in die Ausbildung eingebracht werden (Schweda et al., 2019). Als Geruchsartikel werden, je nach Ausbildungsstand des Hundes, alle vorstellbaren Dinge, wie z. B. Bekleidung, Zigarettenkippen aber auch Körperflüssigkeiten wie Speichel verwendet.

Bei dieser Ausbildungsmethode kommt der Bodenverletzung keine wichtige Bedeutung zu. Daher beginnt das Training auch sofort auf befestigten Untergründen. Die städtische Umgebung ist auch gut geeignet, den Hund mit einer Vielzahl an Umweltreizen zu konfrontieren. Gerade die (Nicht-)Ablenkbarkeit bei der Suche durch zufällige Ereignisse (Katze, Personengruppen, Fahrzeugverkehr, hohe Geräuschkulisse) bietet die Möglichkeit, Faktoren zu erkennen, welche den Hund bei seiner Sucharbeit beeinflussen. Die erkannten Defizite können dann gezielt behoben werden. Grundsätzlich gilt: Je früher mit der Ausbildung begonnen wird, desto besser sind die Ausbildungsergebnisse. Aus diesem Grunde sollte bereits im Welpenalter mit der Nasenarbeit begonnen werden. Diese Sichtweise wird auch durch Brey und Reed bestätigt. Besonders wichtig für das spätere Verhalten der Mantrailer sind die ersten Wochen und Monate. Dies bedeutet nicht, dass sogleich mit der Suchausbildung begonnen wird. Vielmehr ist großes Augenmerk darauf zu legen, dass der Hund bereits zu diesem Zeitpunkt mit einer möglichst großen Anzahl von Alltagssituationen, anderen Tieren und Menschen, Geräuschen, dem Laufen an der Leine usw. in Berührung kommt (Brey and Reed, 1978).[37] Dabei werden die Grundlagen für die spätere Ausbildung gelegt. Je mehr dieser Faktoren der Hund bereits im Welpenalter kennenlernt, desto unerschrockener, angstfreier und konzentrierter wird er später mit unbekannten Situationen umgehen und erfolgreicher bei der Suche sein. Aus meiner Sicht ist ein wesentliches Erfolgselement auch das Einfühlungsvermögen, wenn man so sagen möchte, die Empathie, die der Hundeführer seinem Hund entgegenbringt. Sich bewusst zu werden, dass der Hund etwas „für den Hundeführer machen wollen muss"; das Erfordernis einer vertrauensvollen Beziehung im Team Hundeführer und Hund, welches im Einsatz durch den Hund geleitet wird. Letzten Endes das blinde Vertrauen in die Arbeit des Hundes, weil die eigenen Sinne einfach nicht in der Lage sind, zu verifizieren, was der Hund gerade in der Nase hat und was nicht. Das ganze verbunden mit der Tatsache, anfangs keine schnellen, in Wochen messbare Erfolge der Ausbildung zu erleben. Es gibt nicht die klare Aussage, dass es in z. B. fünf Wochen gelingen wird, dass der Hund einen Trail sicher durch die Fußgängerzone der Stadt bis zu seinem Ziel finden wird. Fehler bei der Haltung bzw. im Umgang mit dem Hund, mangelndes Engagement können auch noch nach den ersten Monaten dazu führen, dass ein als sehr gut geeignet eingeschätzter Hund plötzlich für die anspruchs- und verantwortungsvolle Aufgabe Mantrailing, bei der es im Einzelfall auf Leben und Tod ankommen kann, nicht mehr geeignet ist, weil er in Konfliktsituationen seine gezielte Suche nicht fortsetzt.

37 Brey&Reed, S. 127.

Für das Mantrailing werden verschiedene Hunderassen, vorzugsweise Jagdhunderassen bzw. Scenthounds verwendet. Prinzipiell sind Hunde mit der entsprechenden genetischen Prädisposition in Bezug auf die Größe des Riechepithels, aber auch der darin befindlichen Riechsinneszellen besonders gut geeignet. Die heute noch verwendeten Angaben in Bezug auf die Größe des Riechfeldes und die Anzahl der Riechzellen beruhen auf frühen Arbeiten. Danach hat

- ein Dackel etwa 75 cm² Riechfeld mit ca. 125 Mill. Riechzellen,
- ein Terrier etwa 84 cm² Riechfeld mit ca. 147 Mill. Riechzellen,
- ein Schäferhund etwa 150 cm² Riechfeld mit ca. 225 Mill. Riechzellen (Müller, 1954).

Eine aktuellere Arbeit stammt aus dem Jahr 1967 (Moulton and Beidler, 1967). Doch werden darin die Referenzen der Arbeit von Lauruschkus aus dem Jahr 1942 verwendet. Diesbezüglich wird jedoch in der Arbeit von Müller vermerkt, dass die von Lauruschkus verwandte Methode nicht dazu geeignet war, Riechzellen darzustellen und er daher zur Ermittlung des Riechfeldes die bei Makrosmaten kennzeichnende größere Dicke des Riechepithels zur Grenzziehung benutzt habe.[38] Die aktuellste hier bekannte diesbezügliche Arbeit stammt von Craven. Er untersuchte eine Labradorhündin und kam zu dem Schluss, dass die Größe des Riechepithels eines Nasenlochs (links) 210 cm² beträgt und demzufolge insgesamt 420 cm² (Craven, 2008). Dies übersteigt die bislang festgestellten Größen beträchtlich. Werden diese Ergebnisse auf die Schädelformen brachycephal (kurzer Kopf, wie z. B. Mops, Pekinese, Französische Bulldoge); mesocephal (mittellanger Kopf, wie z. B. Dackel, Spitz) oder dolichocephal (langer Kopf, wie z. B. Dogge, Schäferhund) (Spranger and Lorenz, 2007) appliziert, so ist davon auszugehen, dass mit größerem Riechfeld die Anzahl der Riechzellen steigt und damit auch die Riechfähigkeit des Hundes.

Für den Bloodhound beschreibt Stejskal unter Verweis auf Coren and Hodgson, 2011, dass der Bloodhound 300 Millionen Riechzellen hat (Stejskal, 2012). Shier et al. sprechen jedoch von 4 Milliarden.(Shier et al., 2007) Zur Größe des Riechfeldes des Bloodhounds findet man Angaben von 381 cm² (Tanabe, 2015) unter Verweis auf Chudler der 59 in² (= 380,64 cm²) nennt und dabei auf Shier et al. 10. Edition verweist (Chudler, 2016). Darüber hinaus bestehen ebenfalls Erkenntnisse dazu, dass rassespezifisch die Anzahl der Gene, welche die Geruchsrezeptoren kodieren, verschieden ist und es anzunehmen ist, dass diese die Geruchssensivität der einzelnen Rassen beeinflussen (Tacher et al., 2005). Diese Variabilität und Auswirkungen auf die Riechfähigkeit von Hunden bestätigen auch andere Arbeiten (Lesniak et al., 2008, Robin et al., 2009).

Als Schlussfolgerung bleibt zu konstatieren, dass der Bloodhound über ein vergleichsweise großes Riechfeld mit einer hohen Anzahl an Riechzellen verfügt. Daher verwendet die sächsische Polizei für das Mantrailing mit Ausnahme des am genannten Projekt beteiligten Beagles ausschließlich Bloodhounds. Bewusst wurde hier das sonst geltende, gleichwohl ungeschriebene Prinzip der Mitbestimmung des Hundeführers durchbrochen. In der Mehrzahl der Fälle ist es Usus, den Hundeführer ein entscheidendes Wort in Bezug auf die Rasse des

38 Müller, S. 340.

zu beschaffenden Hundes „mitreden" zu lassen. Dies ist nur allzu verständlich, ist doch jeder Diensthund im häuslichen Umfeld des Hundeführers zu halten. Selbstverständlich soll der neue dienstliche Begleiter auch in das familiäre Gefüge passen. Oft kommt es vor, dass aktuell bereits ein Diensthund geführt wird oder aber der „alte" Hund als „Pensionär" im Haushalt des Hundeführers seinen verdienten „Ruhestand" verbringt.

Zu der Frage, ob die Bloodhounds für die Ausarbeitung alter Trails besser geeignet sind, möchte ich auf unsere Forschung verweisen. Wie angesprochen, waren bei den Testreihen zur Ausarbeitung alter Trails sieben Hunde beteiligt. Dabei handelt es sich um drei Bloodhounds, zwei Hündinnen und einen Rüden, einen Beaglerüden, einen Epagneul Breton Rüden, einen Goldendoodle Rüden und einen weiblichen Bloodhound / Hannoverscher Schweißhundmix. Die genaue Auswertung wird zeigen, ob es hier Unterschiede bei der Leistungsfähigkeit gibt.

Noch eine Anmerkung dazu, ob das Geschlecht des Hundes eine Rolle spielt. Grundsätzlich sind die männlichen Tiere von Größe und Gewicht stärker ausgeprägt als die weiblichen. Dies hat zur Folge, dass möglicherweise das „Zugverhalten" an der Leine mehr Kraftaufwand des Hundeführers bei einem Rüden als bei einer Hündin erfordert. Darüber zeigen Rüden oftmals stärkeres Interaktionsverhalten mit anderen Hunden. Abgesehen von diesen offensichtlichen Unterschieden hat eine Untersuchung der Strukturen des Riechkolbens bei Hunden gezeigt, dass es signifikante Unterschiede zwischen männlichen und weiblichen Hunden bezüglich der Morphologie und der Menge von Mitralzellen gibt. Weibliche Hunde besitzen demnach mehr Mitralzellen als männliche Hunde. Mitralzellen senden das Geruchssignal direkt an die höheren Schichten des zentralen Nervensystems. Damit lassen sich möglicherweise die Unterschiede in der Geruchssensivität zwischen beiden Geschlechtern erklären (WEI Qin-guo, 2008). Vor diesem Hintergrund spricht einiges dafür, vorzugsweise Hündinnen für diese Arbeit zu verwenden.

Welches Rüstzeug braucht ein Ausbilder, um Teams für den polizeilichen und insbesondere den kriminalistischen Einsatz einsatzreif auszubilden?

Ich bin der Meinung, dass an dieser Stelle mehrere Aspekte zu betrachten sind. Zum einen die reine Ausbildung des Hundes, dass dieser eine gute Sucharbeit leistet. Der Hund wird jedoch niemals allein eine 100 %ige Leistung abliefern, da er ja zusammen mit seinem Hundeführer ein Team bildet. Der Ausbilder muss also neben kynologischen Kenntnissen auch sehr viel Einfühlungsvermögen für die Person am anderen Ende der Leine mitbringen. Des Weiteren sind, wie überall im Leben, eigene Erfahrungen zu den verschiedensten Gegebenheiten, die bei der Arbeit mit Hunden entstehen können, unschätzbar wertvoll. Für die Ausbildung bei der sächsischen Polizei bedeutet dies, dass sehr großer Wert darauf gelegt wird, dass die Ausbilder über umfangreiche eigene Erfahrungen im Führen eines Mantrailers in Einsätzen verfügen, was wiederum voraussetzt, das sie entsprechende Prüfungen mit ihrem Hund erfolgreich absolviert haben. Bis zu diesem Punkt unterscheidet sich dies vielleicht nur unwesentlich mit den Anforderungen, die auch im nichtpolizeilichen Bereich an einen guten Ausbilder gestellt werden. Bei der Polizei kommt jedoch die Besonderheit hinzu, dass die Einsatzfelder neben der Vermisstensuche auch die Rekonstruktion von Straftaten umfassen. An dieser Stelle wird bereits ein entsprechendes einsatztaktisches, kriminalistisches und juristisches Fachwissen erforderlich. Sei es bei der Auswahl der richtigen Geruchsträger, mögliche Auswirkungen auf die Beweisverwertbarkeit der Einsatzergebnisse oder auch in Bezug auf die erforderlichen Rechtsgrundlagen für den Einsatz des Diensthundes. All diese Aspekte müssen natürlich auch in das Training und die Übungsszenarien eingebracht werden. Die dem entsprechenden Fallgestaltungen kann sich ein Ausbilder natürlich nur schlecht „aus den Fingern saugen". Dafür bedarf es jahrelanger Einsatzerfahrungen.

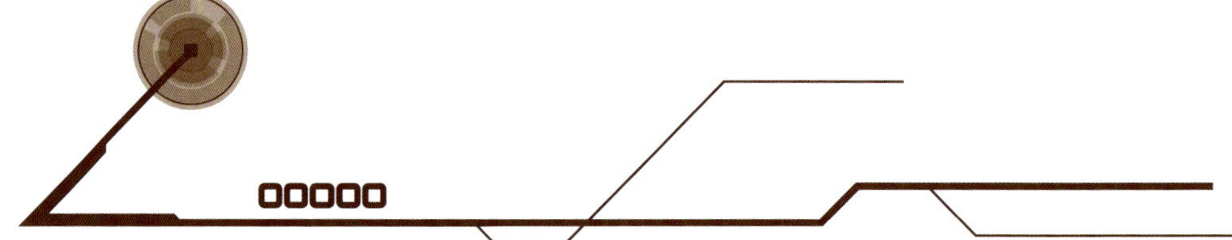

Literaturverzeichnis

BAU, J. & CARDÉ, R. T. 2015. Modeling Optimal Strategies for Finding a Resource-Linked, Windborne Odor Plume: Theories, Robotics, and Biomimetic Lessons from Flying Insects. *Integrative and Comparative Biology*, 55, 461–477.

BHATTACHARYYA, U. & BHALLA, U. S. 2015. Robust and Rapid Air-Borne Odor Tracking without Casting. *eneuro*, 2.

BOULANGER, R. & TRAUTMANN ZENONI, G. 2013. *Mantrailing: Teamarbeit mit Nase und Verstand*, Reutlingen, Oertel & Spörer Verlags Gmbh +Co KG, .

BREY, C. F. & REED, L. F. 1978. *The complete bloodhound*, Howell Book House.

CARDÉ, R. T. & WILLIS, M. A. 2008. Navigational Strategies Used by Insects to Find Distant, Wind-Borne Sources of Odor. *Journal of Chemical Ecology*, 34, 854–866.

CHUDLER, E. H. 2016. *Brain Facts and Figures* [Online]. Available: http://faculty.washington.edu/chudler/facts.html#sensory [Accessed 26.03.2016 2016].

CRAVEN, B. A. 2008. *A fundamental study of the anatomy, aerodynamics, and transport phenomena of canine olfaction*. Doctor of Philosophy, THE PENNSYLVANIA STATE UNIVERSITY.

DERDA, W. 1983. *Die Identifizierung von Spurenverursachern durch die Methode der Sicherung , Konservierung und Differenzierung von Geruchsspuren; Die Differenzierung der Geruchskonserven durch Differenzierungshunde*. Hochschule der Deutschen Volkspolizei "Karl Liebknecht".

DITTERICH, S. 2009. *Mantrailing für Jederhund : Grundlagen, Trainingsaufbau, Extra: Arbeit mit Problemhunden*, Hannover, Sabine Ditteriche.

EDGE, B. A., PATERSON, E. G. & SETTLES, G. S. 2005. Computational study of the wake and contaminant transport of a walking human. *Journal of Fluids Engineering*, 127, 967–977.

FARRELL, J. A., MURLIS, J., LONG, X., LI, W. & CARDÉ, R. T. 2002. Filament-Based Atmospheric Dispersion Model to Achieve Short Time-Scale Structure of Odor Plumes. *Environmental Fluid Mechanics*, 2, 143–169.

GERRITSEN, R. & HAAK, R. 2001. *K9 Professional Tracking: A Complete Manual for Theory and Training*, Brush Education.

HARVEY, L. M. & HARVEY, J. W. 2003. Reliability of bloodhounds in criminal investigations. *J Forensic Sci*, 48, 6.

HEPPER, P. G. & WELLS, D. L. 2005. How many footsteps do dogs need to determine the direction of an odour trail? *Chem. Senses*, 30, 291–298.

KHAN, A. G., SARANGI, M. & BHALLA, U. S. 2012. Rats track odour trails accurately using a multi-layered strategy with near-optimal sampling. *Nature Communications*, 3, 703.

KING, J. E., BECKER, R. F. & MARKEE, J. E. 1964. Studies on olfactory discrimination in dogs: (3) ability to detect human odour trace. *Animal Behaviour*, 12, 311–315.

LEITCH, O., ANDERSON, A., PAUL KIRKBRIDE, K. & LENNARD, C. 2013. Biological organisms as volatile compound detectors: A review. *Forensic Science International*, 232, 92–103.

LESNIAK, A., WALCZAK, M., JEZIERSKI, T., SACHARCZUK, M., GAWKOWSKI, M. & JASZCZAK, K. 2008. Canine Olfactory Receptor Gene Polymorphism and Its Relation to Odor Detection Performance by Sniffer Dogs. *Journal of Heredity*, 99, 518–527.

LIT, L., SCHWEITZER, J. B. & OBERBAUER, A. M. 2011. Handler beliefs affect scent detection dog outcomes. *Anim Cogn*, 14, 387–94.

MASSEN, U. 2013. *Der Gute Mantrailer Ein Lehrpfad für Ausbilder und Hund*, Berlin, epubli GmbH.

MENZEL, R. & MENZEL, R. 1930. *Die Verwertung der Riechfähigkeit des Hundes im Dienste der Menschheit*, Kameradschaft, Verlagsgesellschaft m. b. H., Berlin

MOULTON, D. G. & BEIDLER, L. M. 1967. Structure and function in the peripheral olfactory system. *Physiol Rev*, 47, 1–52.

MÜLLER, A. 1954. Quantitative Untersuchungen am Riechepithel des Hundes. *Zeitschrift für Zellforschung und Mikroskopische Anatomie*, 41, 335–350.

PORTER, J., CRAVEN, B., KHAN, R. M., CHANG, S.-J., KANG, I., JUDKEWITZ, B., VOLPE, J., SETTLES, G. & SOBEL, N. 2007. Mechanisms of scent-tracking in humans. *Nat Neurosci*, 10, 27–29.

ROBIN, S., TACHER, S., RIMBAULT, M., VAYSSE, A., DRÉANO, S., ANDRÉ, C., HITTE, C. & GALIBERT, F. 2009. Genetic diversity of canine olfactory receptors. *BMC Genomics*, 10, 16.

ROGOWSKI, M. 2002. An attempt to determine the possibility of transfer of a persons scent onto a carrier trough teh medium of his or her garment used by another person an infiltration of scent trough the garment. *Problems of Forensic Sciences*, L, 64–77.

SCHETTLER, J. 2014. *K.9 Trailing Professionelle Personensuche mit Hund Die US-Originalmethode*, Kynos Verlag Dr. Dieter Fleig GmbH.

SCHOON, G. A. A. 2005. The effect of the ageing of crime scene objects on the results of scent identification line-ups using trained dogs. *Forensic Science International*, 147, 43–47.

SCHWEDA, A., SCHWEDA, T. & NESTLER, A. 2012. *Von der Basis zum erfolgreichen Mantrailing, Finden statt suchen*, Müller Rüschlikon Verlag.

SCHWEDA, A., SCHWEDA, T. & NESTLER, A. 2019. *Von der Basis zum erfolgreichen Mantrailing, Finden statt suchen*, Stuttgart, Müller Rüschlikon Verlag.

SHIER, D., BUTLER, J. & LEWIS, R. 2007. *Hole's Human Anatomy and Physiology*, Michelle Watnick.

SPRANGER, J. & LORENZ, S. 2007. *Lehrbuch der anthroposophischen Tiermedizin: 39 Tabellen*, Sonntag.

STEEN, J. B. & WILSSON, E. 1990. How do dogs determine the direction of tracks? *Acta Physiologica Scandinavica*, 139, 531–534.

STEJSKAL, S. M. 2012. *Death, Decomposition, and Detector Dogs: From Science to Scene*, Taylor & Francis.

TACHER, S., QUIGNON, P., RIMBAULT, M., DREANO, S., ANDRE, C. & GALIBERT, F. 2005. Olfactory Receptor Sequence Polymorphism Within and Between Breeds of Dogs. *Journal of Heredity*, 96, 812–816.

TANABE, R. 2015. Olfaction. Available: http://www.newworldencyclopedia.org/p/index.php?title=Olfaction&oldid=986659 [Accessed 26 March 2016 19:54 UTC].

WEI QIN-GUO, Z. H.-H., GUO BING-RAN 2008. Histological Structure Difference of Dog's Olfactory Bulb Between Different Age and Sex. *Zoological Research*, 29, 537–545.

WOLF, A. 2016. *Untersuchung des Einflusses der Alterung menschlicher Geruchsspuren auf die Ausarbeitung der Fährten durch Personensuchhunde*. Inaugural-Dissertation zur Erlangung des Grades einer Doktorin der Veterinärmedizin – Doctor medicinae veterinariae – (Dr. med. vet.), Tierärztliche Hochschule Hannover.

20.

Erfahrungen aus Einsätzen und Training

Das unerkannte Pick up …

Was ein „Pick up“ am Start für Schwierigkeiten mit sich bringen kann, musste ich auch in realen Einsätzen erfahren, für die ich hier einmal zwei beispielgebende Ereignisse vorbringe. Ich war zu einem Einsatz angefordert worden, bei dem es um die Suche nach einem Vermissten im Raum Dresden ging. Der Vermisste litt unter einer fortgeschrittenen Krebserkrankung und chronischen Schmerzen. Der Mann war über das Wochenende daheim und hatte mit seiner Frau vereinbart, wenn die Schmerzen stärker würden, sich zurück ins Krankenhaus bringen zu lassen. Als die Frau im Laufe des Wochenendes auf dem Oberboden des Mehrparteien-Mietshauses Wäsche aufhing und später wieder hinunter in die Wohnung kam, war ihr Mann nicht mehr da. Ebenso wenig seine bereitgestellte, fertig gepackte Tasche. Eine Abfrage meiner Kollegen der örtlichen Polizeidienststelle in den umliegenden Krankenhäusern blieb erfolglos. Eine Handyortung ergab einen Bereich am anderen Ende von Dresden, eine Strecke quer durch die sächsische Landeshauptstadt, die mein Hund nicht hätte bewältigen können. Auch auf mehrmalige Anfrage beim dortigen Krankenhaus wurde seitens des Klinikums darauf beharrt, dass ein Herr dieses Namens nicht dort aufgenommen worden war. Ich startete meinen Mantrailer mittels gesichertem Geruchsträger also vor dem Hauseingang. Meine Hündin jedoch bewegte sich nicht von dem Eingang weg. Da ich aber wusste, dass der Mann nicht mehr in dem Haus war, weil wir dieses vorher akribisch überprüft hatten, nahm ich ihr diese Anzeige nicht ab und bestand darauf, die Suche durchzuführen. Sie nahm daraufhin schließlich auch eine Spur auf und folgte dieser. Die Spur verlief ein paar hundert Meter bis zu einem Park, führte jedoch nicht in diesen hinein, sondern endete dort in einer Sackgasse, die lediglich von Wiese umsäumt war abrupt. Der Eingang des Parks war nur ein paar Meter von dort entfernt, jedoch ging mein Hund nicht dorthin. Als wir wieder zurück bei der Ehefrau waren, erklärte uns diese, ja, dies sei die Strecke, welche die beiden immer gemeinsam spazieren gingen. Bis zu dem Park und dann würden sie immer umdrehen! Erst gestern seien sie wieder so gelaufen. Das Verhalten meiner Hündin ließ sich so plausibel erklären. Trotzdem blieb uns der Verbleib des Mannes rätselhaft. Ohne ihn gefunden zu haben und ohne neue Erkenntnisse musste ich den Einsatz vor Ort beenden und begab mich auf den Rückweg. Später erhielt ich einen Anruf, dass der Mann gefunden wurde. Er war wohlbehalten in genau der Klinik, die vehement abgestritten hatte, dass er dort sei! Es war die Klinik im Bereich der Handyortung, zu Fuß schlicht nicht machbar für mich und meinen Hund! Aber was war passiert? Der Mann hatte sich während der Abwesenheit seiner Frau telefonisch ein Taxi gerufen, um sich in die Klinik bringen zu lassen. Das Taxi kam zügig und hatte genau vor dem Hauseingang angehalten, dort, wo ich meinen Hund gestartet hatte. Somit war die frischeste Spur direkt vor dem Hauseingang und zudem nur punktuell – der Trail war gerade mal zwei Meter über den Fußweg zum Taxi! Meine Hündin hatte also alles richtig gemacht und es war mein Fehler, ihr nicht zu glauben! Eine jedoch interessante Nebenerfahrung, die ich machen musste ist, dass ein Hund aus einem Pick up am Start heraus, wenn man ihm nicht glaubt und ihn zum Trailen drängt, nach anfänglich richtigem Verhalten durchaus auch eine ältere Spur des Gesuchten annehmen kann, um seinen Hundeführer zufrieden zu stellen. Das ist natürlich falsch, aber es ist eine lehrreiche Erfahrung allemal!

Hermine, der Differenzierungsprofi

Im November 2020 kontaktierte mich die Mordkommission der Kripo Leipzig. In der dritten Etage eines Mietshauses wurde in einer Wohnung die Leiche einer allein lebenden Frau gefunden, die dort gewohnt hatte und offensichtlich einem Tötungsdelikt zum Opfer gefallen war. Der Leichenfund war bereits einige Wochen her, zeitnah kam damals ein Mantrailer der sächsischen Polizei zum Einsatz. Man hatte mehrere Küchenmesser als mögliche Tatmittel in der Spüle der Wohnung des Opfers gefunden und vermutete, dass der Täter versucht hatte, diese zu reinigen. Man entschied sich für einen Messergriff als Geruchsartikel, um den Mantrailer zu starten. Der eingesetzte Hund war damals vom Hauseingang los ins Stadtgebiet gelaufen. Die gesicherten Spuren wurden in der Folgezeit eingeschickt und am Kriminaltechnischen Institut ausgewertet. Die Auswertung ergab, dass an dem Messer keine DNA gefunden wurde. Allerdings rückte ein zunächst unscheinbares Beweismittel nun plötzlich in den Fokus der Ermittler: An einem in der Wohnung aufgefundenen Bekleidungsstück des Opfers mit Blutanhaftungen von ihr wurde nämlich männliche DNA gefunden. Dabei handelte es sich mit großer Wahrscheinlichkeit um die Spur des Täters. Dieses Teil war nun der neue Geruchsartikel. Die Kripo bestand aus Objektivitätsgründen darauf, dass nicht dasselbe Team, welches bereits in diesem Einsatz tätig war, erneut zum Einsatz kam, um ein unbeeinflusstes Ergebnis zu erhalten.

So kam es, dass ich diesen Auftrag erhielt. Es gab also den gesicherten Geruchsartikel. Zusätzlich musste natürlich das Opfer geruchlich für den Trail ausgeschlossen werden, ebenso der Kriminaltechniker von der Tatortgruppe des LKA, welcher die Spuren seinerzeit gesichert hatte. Vom Kriminaltechniker hatte ich als Ausschlussgeruch eine eigens gefertigte Geruchsprobe auf sterilem Baumwolltuch, vom Opfer diente eine benutzte Damenbinde als Ausschlussgeruch.

Eine Besonderheit dieses Einsatzes war, dass ich gebeten wurde, den Hund im Treppenhaus direkt an der Wohnung des Opfers zu starten. Normalerweise ist dies eher unüblich, da in einem Treppenhaus die Möglichkeiten des Hundes, sich frei für eine Richtung zu entscheiden, eingeschränkt sind. Es geht im Treppenhaus entweder hoch oder runter. Dazu kommt, dass sich in geschlossenen Gebäuden der Geruch anders verhält und sich unter Umständen innerhalb des Gebäudes sehr rasch weiträumig überallhin verteilt. Dieses Phänomen kennen wir von großen Einkaufszentren, die wir ab und zu zum Training nutzen durften. Bei diesem Gebäude verhielt es sich jedoch etwas anders. Aufgrund der Bauart des Gebäudes war der Hausflur nach außen hin offen und ähnelte eher einem durchgehenden Balkon, das heißt es herrschte ständige Frischluftzirkulation. Ich startete Hermine nach dem Ausschluss von

Opfer und Kriminaltechniker vor der Wohnungstür des Opfers. Sie orientierte sich zunächst kurz nach oben, ging dann aber zügig durch das Treppenhaus abwärts bis ins Erdgeschoss. Dort bog sie in einen Flur ein und lief diesen suchend hin und her, bis sie sich schließlich in Richtung des Hauseingangs bewegte. Ich öffnete die Tür nach draußen und meine Hündin betrat den Fußweg. Allerdings ging sie zu meinem Erstaunen lediglich etwa zwei Meter nach links, drehte dann, wiederholte dasselbe in die rechte Richtung und blieb dann quasi vor der Haustür, die inzwischen hinter uns wieder zugefallen war, „hängen". Hermine bewegte sich von dem Gebäude nicht mehr fort! Dieses Verhalten zeigt ein gut ausgebildeter und sicherer Mantrailer, wenn er sich bereits am frischesten Geruch befindet. Diesen Bereich verlässt er dann auch nicht – sofern man ihn nicht dazu zwingt!

Wie sich später aufgrund der Ermittlungen herausstellte, war der Täter ein Bewohner dieses Hauses und wohnte im Erdgeschoss. Wie erklärt sich aber nun das unterschiedliche Suchverhalten der beiden Mantrailing-Teams? Und warum konnte der erste Hund überhaupt loslaufen, obwohl keine DNA an dem Geruchsträger gefunden wurde? Nun, die Hunde verfolgen in aller Regel den frischesten Geruch der gesuchten Person, auch wenn dieser aus einem Geruchspool herausführt (viel Geruch in flächiger Ausbreitungsform – dieser ist eigentlich immer im Wohnumfeld des Gesuchten vorhanden). Wenn sich die Person, in dem Fall der Täter, also zum Zeitpunkt des ersten Einsatzes von seinem Wohnhaus entfernt hatte, zum Zeitpunkt des zweiten Einsatzes hingegen zuhause in seiner Wohnung war, lässt sich das unterschiedliche Ergebnis der beiden Einsätze erklären! Dies sollte den ermittelnden Kriminalbeamten bewusst gemacht werden und auch bei der Versionsbildung zur Tat als Möglichkeit berücksichtigt werden. Zudem muss man natürlich auch bedenken, dass den beiden eingesetzten Teams unterschiedliche Geruchsträger zur Verfügung standen. Die Frage, warum das wahrscheinlich abgewaschene Messer womöglich noch Geruchsspuren aufweisen konnte, kann man nur spekulativ beantworten.

Wie ich immer wieder betone, ist über die vom Hund für seine Sucharbeit verwerteten Geruchskomponenten des Individualgeruchs noch sehr wenig bekannt. Wir behandeln unsere gesicherten Geruchsspuren allerdings grundsätzlich immer auch als bakterielle Spuren. Es kann also durchaus sein, dass eine „kurze Wasserbehandlung" eines grobporigen Untergrundes zwar die bakterielle Spur nicht vollständig entfernen kann, hingegen aber durchaus die DNA-Spur zerstören beziehungsweise unbrauchbar machen kann. Bei der kriminaltechnischen Untersuchung im Labor wurde aber gezielt nur nach DNA-Spuren gesucht.

Trust your dog!

Dieser Leitspruch unserer amerikanischen Mantrailing-Ausbilder Terrence (Terry) Davis, Buck Garner, Jerome (Jerry) Swain und Mike Belanger, bei denen ich vieles lernen durfte, begleitet die Arbeit permanent. Warum Vertrauen in den eigenen Hund essenziell für eine gute Trailarbeit ist, habe ich mit meiner Hündin während eines Einsatzes in Leipzig erlebt. Auch dies ist ein weiteres gutes Beispiel für ein zunächst unerkanntes Pick up.
An einem lauen Sommerabend sollte ich dort die Suche nach einer älteren, alleinlebenden Dame aufnehmen, die von ihrem Sohn als vermisst gemeldet worden war. Dieser war besorgt, weil sich seine Mutter nicht wie üblich telefonisch gemeldet hatte und hatte sie deshalb aufgesucht, jedoch an ihrer Wohnung nicht angetroffen. Auch die anfängliche übliche und zu den polizeilichen Standardmaßnahmen gehörende Abfrage der umliegenden Krankenhäuser ergab keine Fahndungstreffer. Ich startete Hermine, meine routinierte Bloodhound-Dame, an der Wohnung der Vermissten mit einem geeigneten Geruchsträger, den ich mir aus ihrer Wohnung im Beisein ihres Sohnes geholt hatte. Hermine konnte sich gut von dem Wohnhaus lösen und ging einige hundert Meter durch das Stadtgebiet bis zu einem nahegelegenen Supermarkt. Hier befanden sich einige Baustellen, die zwar mit Bauzaun abgesperrt waren, aber auch relativ tiefe Baugruben aufwiesen. Hermine wollte diesen Bereich um den Supermarkt nicht wieder verlassen. Da die Baugruben gut einsehbar und ohne Hinweise auf die Vermisste waren, konzentrierten wir uns auf den Supermarkt. Als denkbare, wenn auch sehr unwahrscheinliche Möglichkeit erschien es uns, dass die Vermisste vielleicht versehentlich zum Ladenschluss dort eingeschlossen worden war. Also wurde die Filialleitung des Marktes kontaktiert mit der Bitte, den Markt aufzuschließen, um nachschauen zu können. Während der Wartezeit überlegten wir noch weitere Möglichkeiten, die das Trailergebnis erklären würden. Die umliegenden Krankenhäuser hatten ja bereits verneint, dass eine Dame mit dem Namen der Gesuchten irgendwo eingeliefert worden sei. Aufgrund des Trailergebnisses kamen wir nun auf die Idee, die Recherche andersherum anzugehen und fragten bei der Rettungsleitstelle nach, ob es an dem betreffenden Supermarkt einen Einsatz gegeben habe. Und tatsächlich war genau in dem Supermarkt, vor dem wir standen, an dem Tag des Verschwindens ein medizinischer Notfall gemeldet worden, bei dem eine ältere Dame im Markt behandelt und mitgenommen wurde. Da die Frau keinen Ausweis dabeigehabt hatte, hatte man im Rettungswagen ihren Namen abgefragt, aber nicht richtig verstanden und sie unter einem falschen, aber ähnlich klingenden Namen ins Krankenhaus eingeliefert. Es war unsere Gesuchte! Auf so eine Weise kann es zum Beispiel unter Umständen passieren, dass aus „Frau Geyer" plötzlich „Frau Meier" wird (beispielhaft). Diese erfolgreiche „Reverse-Suche" konnte nur durchgeführt werden, weil uns Hermine von der Wohnung der Frau zum „richtigen Einsatzort" des Rettungsdienstes geführt hatte! Bei diesem Einsatz war die „Aussage" von Hermine also zuverlässiger als die Auskunft der Krankenhäuser.

Mantrailing verstehen

Um zu verdeutlichen, was es bedeutet, Mantrailing richtig zu verstehen, möchte ich hier einmal folgendes Szenario zeigen, das während eines Trainings so abgelaufen ist und aufgezeichnet wurde.

Das Training fand im Stadtgebiet von Chemnitz statt. Die beiden eingeladenen Fremdläufer (also Runner, die von unseren Hunden noch nie zuvor im Training gesucht wurden), waren von unserem Startpunkt aus schon mehrere Trails gelaufen, die bereits erfolgreich ausgearbeitet worden waren.

Wie ich bereits in diesem Buch erwähnt habe, machen wir im Training diese Starts absichtlich für alle Teams am selben Platz, weil es die Hunde dazu zwingt, von Anfang an richtig zwischen dem meisten und dem frischesten Geruch desselben Runners zu differenzieren und aus dem Geruchspool heraus immer dessen frischeste Spur zu verfolgen. (Es nützt mir im Einsatz ja auch nichts, herauszufinden, wo der Gesuchte sonst immer langgeht, sondern ich will ja wissen, wohin seine letzte Spur führt.) Daher gab es auch von diesem einen betreffenden Runner, der nun gesucht werden sollte, bereits eine Vielzahl von Spuren im Suchgebiet. Nun war also der fünfte Hund an der Reihe und der Runner, ein hundebegeisterter Freiwilliger, übergab dem Hundeführer einen Geruchsträger von sich, der ihn annahm und damit zu seinem Auto ging, um ihn dort für die spätere Suche in seiner Weste zu verstauen. Als er wieder zurückkam, stellten wir alle überrascht fest, dass der Runner sich inzwischen ohne Rücksprache mit dem Ausbilder entfernt hatte. Über Handy war er nicht erreichbar. Somit sollte dieser eigentlich geplante Übungstrail ungeahnt zu einem Double Blind werden. Nun, wie ich bereits erwähnt habe, bin ich kein ausgesprochener Freund von Double Blinds im Training. Aber es handelte sich um ein versiertes, erfahrenes Einsatzteam, und so wurde der Trail gestartet. Der Start erfolgte mitten im Geruchspool, dort, wo der Hundeführer den Geruchsartikel übergeben bekommen hatte und den Runner zum letzten Mal gesehen hatte. Dieser war bei den vier zuvor gelegten Trails bereits entweder selber gesucht worden oder hatte bei der Ausarbeitung der anderen Teams zugeschaut und war deren Trails mitgelaufen, um anschließend wieder an den Start zurückzukehren.

Alle in der Karte blau eingefärbten und eingezeichneten Spuren waren also die Laufwege dieses Runners. Diese waren nur geringfügig älter. Bei dem eingesetzten Hund handelte es sich vom Suchtyp her um einen „Grenzgänger“, also einen, zu dessen Erfolgsstrategie es gehört, an die Außengrenzen des Geruchsbildes zu gehen und zwischen „hier ist noch Geruch“ und „hier ist kein Geruch mehr“ zu pendeln (vgl. S. 88, Geruchsbild einer Spur). Dabei ist die dunklere fett gefärbte Spur der tatsächliche, zuletzt gelaufene Weg des Runners, den er uns später mitteilte. Der Pfeil markiert das Ende des Trails und den uns zu diesem Zeitpunkt unbekannten Standort des Runners.

Suchbild eines „Grenzgängers“ bei einem vorhandenen und „double blind“ ausgearbeiteten Geruchspool

Fette Linie: Letzter Weg des Runners ➔ frischeste Spur
Dünne Linien: Ältere Spuren des Runners vom selben Tag (ca. 1,5 h zuvor)

Die im zweiten Bild rot dargestellte Linie ist die aufgezeichnete Suchstrecke des Mantrailers. Wirklich schön ist hier zu sehen, welche Schwierigkeiten der Hund mit der Richtungsbestimmung in dem Geruchspool hat. Ebenso, wie schwer es ist, in einem Geruchspool, wo ja „per se" der meiste Geruch vorliegt, die frischeste Spur zu finden, insbesondere dann, wenn die anderen nur geringfügig älter sind. Zugleich kann man aber auch sehr schön sehen, wie der Hund an den Außengrenzen umdreht und immer wieder zwischen „Geruch" und „kein Geruch" pendelt!

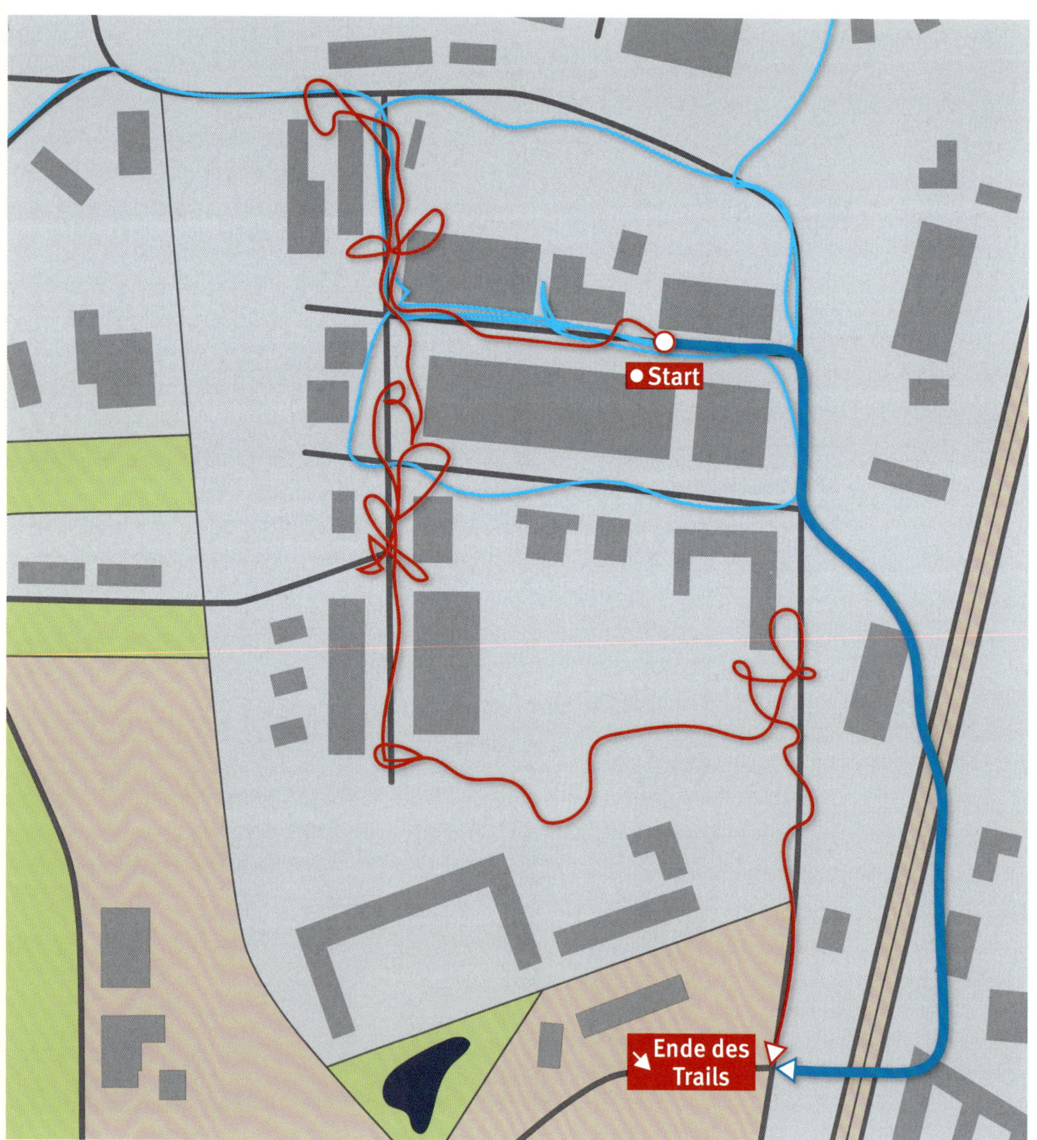

Rote Linie: Weg des Hundes

Um die Arbeitsweise des Hundes noch besser zu visualisieren, habe ich die aus der Erfahrung heraus wahrscheinliche Geruchsverteilung einmal transparent eingezeichnet.

Die dunkelblauen Pfeile markieren die vorherrschende Windrichtung.

So kann man sich die Geruchsverteilung vorstellen. Nun mögen sicherlich Zweifler und Skeptiker sagen, der Hund ist ja keinen Meter auf der direkten Laufstrecke des Runners gelaufen, was erstmal objektiv den Tatsachen entspricht. Es entspricht aber ebenso den Tatsachen, dass:

- Geruch sich verteilt
- der Hund erkennbar Suchverhalten gezeigt hat und sich korrekt orientiert hat
- der Runner in einem Stadtgebiet mit vielen Ablenkungen und vielen Menschen gefunden wurde
- der Trail Double Blind absolviert wurde.

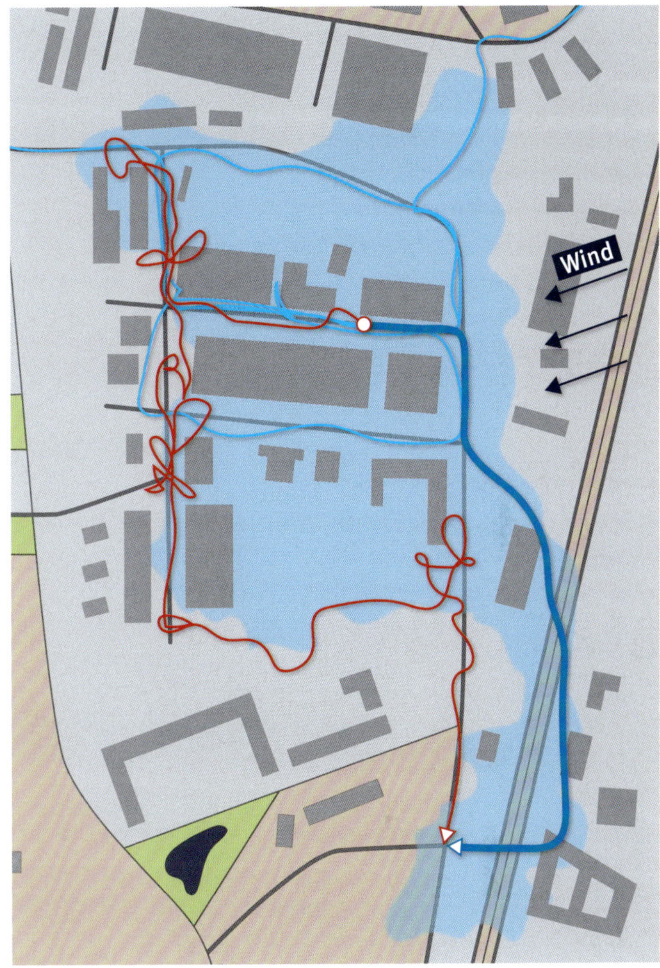

Wahrscheinliche Geruchsverteilung des Runners

Wer das Mantrailing verstanden hat, erkennt, dass dieser erfolgreiche Trail kein „Zufall" war, sondern das Resultat einer Suchstrategie, die aufgegangen ist. Ein anderer Hund hätte auf dem gleichen Trail mit einer anderen Suchstrategie völlig anders ebenfalls zum Ziel kommen oder aber aufgrund der Schwierigkeiten scheitern können.

Mein Freund Armin Schweda sagte mal zu mir „Weißt du, warum wir im Training fast immer finden? Weil wir da nicht aufhören!"

Warum funktionieren Cartrails, aber zugleich auch Pick ups?

Das ist eine interessante Frage, die ich mir selbst schon gestellt habe, denn es ist verwirrend, weil es zunächst völlig unlogisch erscheint!

Sollten denn Cartrails tatsächlich funktionieren, wie kann dann der Hund an der Stelle, an der ein gelaufener Trail aufhört, der Runner in ein Fahrzeug einsteigt und wegfährt, einen Pick up, also faktisch das Ende der Spur anzeigen? Er müsste doch dann eigentlich weiterlaufen?

Wir haben im Training vieles ausprobiert und trainiert. Dabei waren Cartrails nichts Außergewöhnliches. Schließlich ist die einzige Bedingung, um einen Trail zu erzeugen, dass der Geruch des Gesuchten an die Umwelt abgegeben werden kann. Wir haben also im Training und in Einsätzen schon Leute gesucht und gefunden, die auf dem Trail mit dem Fahrrad, dem Motorrad, einem Quad, auf einer Ladefläche, einem Pferd oder in einem Auto mit geöffnetem Fenster unterwegs waren. Das geht, solange sich das Gefährt mit ungefähr ortsüblicher Geschwindigkeit bewegt. Diese „Geschwindigkeitseinschränkung" ist relativ einfach physikalisch zu erklären. Ein Mensch gibt pro Minute nur eine bestimmte Menge an Geruchspartikeln ab, die sich im Mikrogrammbereich bewegt. Das heißt je schneller sich der Mensch mit dem Fahrzeug bewegt, auf einer umso größeren Wegstrecke wird die vorhandene Menge dieser Geruchspartikel verteilt. Während also ein Pilzsammler oder ein hundertjähriger Einbeiniger mit Asthma der Graus für den Mantrailer sind, weil sie so langsam sind, dass sie eher einen langgezogenen Geruchspool legen als einen Trail (also auf vergleichsweise kurzer Strecke unglaublich viel Geruch hinterlassen), lassen sich zum Beispiel Radfahrer oft viel besser verfolgen, weil ihre Spur viel „schmaler" und auch richtungsbestimmter ist. Wird die Geschwindigkeit aber zu hoch, so wird die Spur schon rein physikalisch zu „dünn", weil ja in derselben Zeit viel mehr Wegstrecke zurückgelegt und somit die verfügbare, abzugebende Geruchsmenge wesentlich weiter verteilt wird. Hinzu kommen noch Luftverwirbelungen und die Sogwirkung durch Fahrzeuge. Einen Trail auf einer freien (nicht geschwindigkeitslimitierten) Autobahn halte ich deshalb für fröhlich optimistisch, muss allerdings zugeben, einen solchen auch noch nicht im Training ausprobiert zu haben. Bisher ist es uns noch nicht gelungen, die Autobahnpolizei von der Notwendigkeit einer solchen Übung zu überzeugen.

Da Cartrails mit geöffnetem Fenster ganz gut funktionieren, wollten wir auch herausfinden, ob die Hunde auch mit einem geschlossenen Fahrzeug zurechtkämen. Hier gab es im Training sehr durchwachsene Ergebnisse. Das eine Mal ging gar nichts, ein anderes Mal schien es kein besonderes Problem zu sein. Dabei schienen die älteren, erfahreneren Hunde im Vorteil zu sein. In den Fahrzeugen waren die Belüftung bzw. Klimaanlage ganz normal aktiviert, sodass ein Austausch der Fahrzeuginnenluft mit der Umwelt (wenn auch deutlich eingeschränkter als bei geöffnetem Fenster) dennoch stattfinden konnte. Es scheint dabei auch eine Rolle zu spielen, ob es sich beim Runner um den Besitzer bzw. ständigen Nutzer des Fahrzeuges handelt und das Fahrzeug (Luftfilter, Stoffe, Polster usw.) folglich mit dessen Geruch durchtränkt ist oder er nur Passagier ist.

Aus meiner Sicht wichtig ist, dass es sich dabei jedes Mal vom Startpunkt des Hundes an um einen Cartrail handelte! Im Rahmen einiger Testreihen mit Studenten der Hochschule der Sächsischen Polizei (FH) wurden auch einige Tests mit Cartrails durchgeführt. Dazu ließ man einen Probanden in ein Privatfahrzeug einsteigen, in welchem er noch nie zuvor mitgefahren war und fuhr dieses anschließend einige hundert Meter inklusive zwei Richtungswechseln weg. An der Einstiegsstelle wurde dann der Hund gestartet. Im Rahmen der Tests konnte ich an meinem Hund beobachten, dass, wenn die Person vorher gelaufen und dann im Verlauf des Trails in ein Fahrzeug eingestiegen war, die Tendenz klar zur Anzeige eines Pick ups (also Spurabriss) ging, während die Hündin einen Trail tendenziell eher aufnahm und ausarbeitete, wenn sie von Beginn an auf einem Cartrail startete, etwa auf einem Teil der Strecke, auf dem das geschlossene Auto mit der zu suchenden Person vorbeifuhr. Ich erkläre mir dies mit dem unterschiedlichen Geruchsniveau. Eine laufende Person kann eine viel größere mögliche Menge ihres Geruchs an die Umwelt abgeben als eine Person in einem geschlossenen Fahrzeug, da eine viel größere Oberfläche von ihr mit der Umwelt im direkten Austausch ist.

Sich veränderndes Geruchsniveau beim Pick up

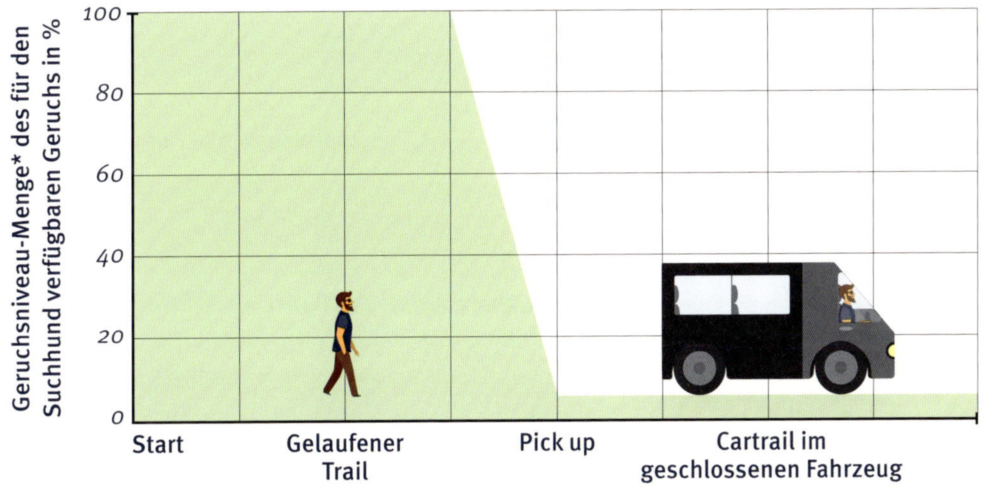

*Schätzwert

Wenn der Hund in einem hohen Geruchsniveau gestartet wurde (zum Beispiel ein gelaufener Trail) und im Verlauf der Suche dann an einen Pick up kam, so hörte er dort meistens auf.

Wurde er dagegen gleich auf dem niedrigeren Geruchsniveau des Cartrails mit geschlossenem Fahrzeug gestartet, dann arbeitete er diesen, wenn es möglich war, aus. Ich konnte so feststellen, dass es viel einfacher und nachvollziehbarer für einen Hund zu sein scheint, von einem am Start geringeren Geruchsniveau hin zu einem höheren (also von wenig zu viel Geruch) zu arbeiten, als auf viel Geruch zu starten und dann die Spur weiter zu verfolgen, obwohl sie immer weniger wird (von viel Geruch zu wenig Geruch).

Dieses beobachtete Verhalten entspräche damit auch sowieso der Logik einer Suche in der Natur und kann mit der Fähigkeit der Richtungserkennung „von alt nach frisch" gleichgesetzt werden. Damit liegt dem Phänomen also ein natürliches, instinktives Verhalten zugrunde.

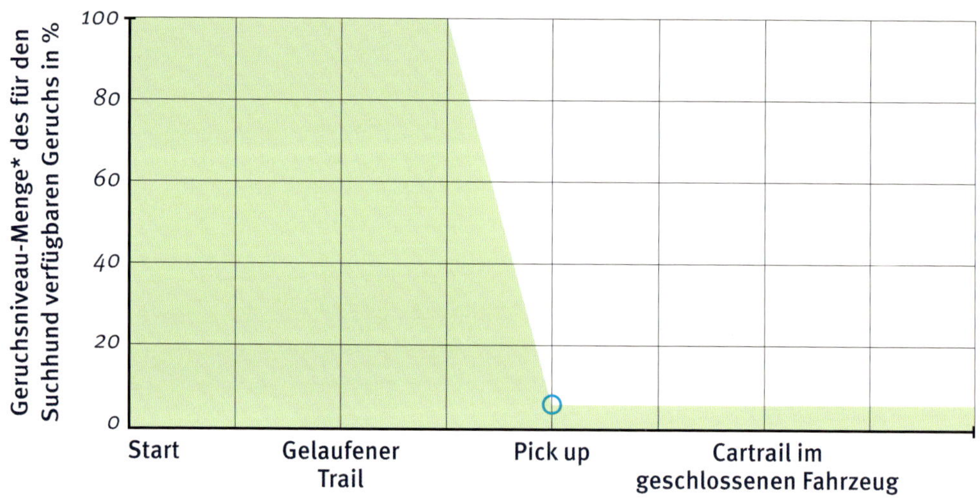

*Schätzwert

Für die Praxis bedeutet dies, dass der „Konfliktbereich" vermutlich am Übergang zwischen dem gelaufenen Trail und dem Cartrail, also am Punkt des sogenannten Pick up sein wird. Im Einsatz kann es also passieren, dass, wenn Sie zufälligerweise unwissentlich den Pick up als Startpunkt „erwischen", der Hund (richtigerweise) erst gar nicht losläuft, weil am Start der frischeste und zugleich meiste – oder besser „der meiste frische" Geruch vorhanden ist! Die Wahrscheinlichkeit, einen vorhandenen Trail aufzunehmen und zu verfolgen, war nach meiner Erfahrung höher, wenn der Hund auf einem „klaren" Suchabschnitt des gelaufenen Trails oder des Cartrails gestartet wurde.

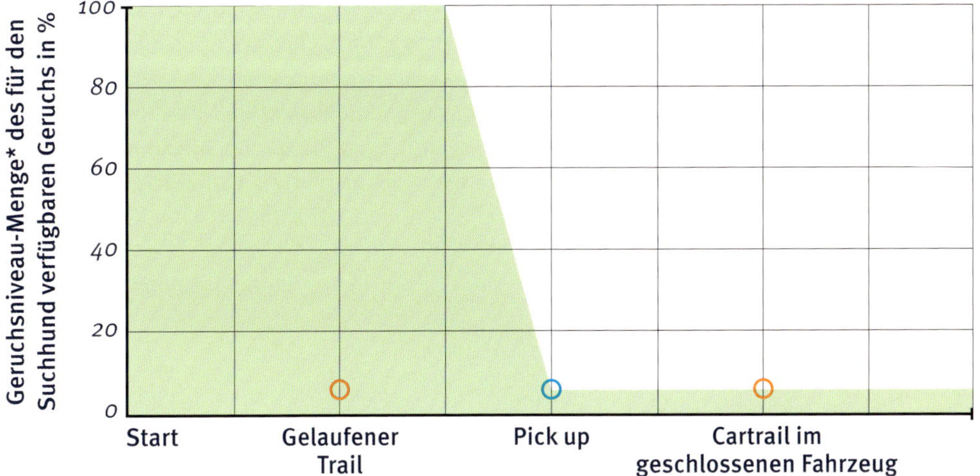

*Schätzwert

Stark vereinfachend würde ich aus meiner Erfahrung heraus die Wahrscheinlichkeit der Aufnahme eines Trails daher wie folgt prognostizieren.

○ Oranger Ring – Hund startet und läuft den Trail.

○ Blauer Ring – (Pick up) – Hund startet nicht und verbleibt am meisten frischen Geruch.

Diese Erfahrung kann unter Umständen bei der Bewertung eines Einsatzergebnisses helfen.

Die Grenzen der Differenzierung von „Alt“ und „Frisch“

Können die Hunde alte und frische Geruchsspuren von ein- und derselben Person immer und jederzeit unterscheiden? In der polizeilichen und insbesondere kriminalpolizeilichen Einsatzpraxis kommt es vor, dass die tatrelevanten Ereignisse aufgrund umfangreicher und zeitlich aufwändiger Ermittlungen zum Einsatzzeitpunkt bereits etwas länger zurückliegen.

Aus meiner Erfahrung heraus kann es dann problematisch werden, von den vorhandenen Geruchsspuren die frischeste „herauszufiltern“.

Wenn man zur Suche nach einer vermissten Person zeitnah nach deren Verschwinden zum Einsatz kommt, dann haben gut trainierte Hunde in der Regel kaum Schwierigkeiten, in dem vorhandenen Geruchspool aus den verschiedenen Spuren die frischeste und somit für das

Verschwinden der Person relevanteste zu erkennen. Ich und einige meiner Kollegen haben aber herausgefunden, dass dies für den Hund nicht mehr so einfach zu sein scheint, wenn das Ereignis bereits länger zurückliegt. Scheinbar unterscheidet sich die frischeste Spur bei je länger verstrichener Zeit umso weniger noch von den anderen Spuren derselben Person.

Den Grund vermute ich in einer Angleichung des Geruchsniveaus. Man könnte dies in etwa mit einer Lösung vergleichen. Wenn man an einer Stelle, zum Beispiel einem Ufer oder in einer Ausbuchtung eines Sees sagen wir eine Tüte Salz einfüllt, so wird über einen gewissen, begrenzten Zeitraum dort an dieser Stelle eine höhere Salzkonzentration messbar sein. Im Laufe der Zeit aber wird diese wieder zurückgehen, weil sich das Salz aufgelöst und im gesamten Wasser des Sees verteilt hat. Dann ist die Salzkonzentration im gesamten See wieder gleich hoch.

Bei Vorträgen benutze ich immer gerne den folgenden Vergleich: Stellen Sie sich vor, ich zeige Ihnen zwei Camembert-Käse. Einer sieht weiß und lecker aus, der andere ist bereits alt, schimmelig bunt und vergammelt. Wenn ich Ihnen nun die Frage stelle, welcher von beiden ist wohl der frischere, dann würde Ihnen die Antwort wohl ziemlich leichtfallen.

Reiche ich Ihnen dann aber zwei alte, vergammelte Exemplare zur Auswahl und sage, einer davon ist einen Tag jünger als der andere, dann werden Sie das wahrscheinlich kaum noch treffsicher herausfinden! Eine richtige Antwort wäre allenfalls ein Zufallsprodukt.

Man muss daher bei polizeilichen und kriminalistischen Einsätzen im Vorfeld seriös absprechen, welchen Einsatzzweck man verfolgt und welches Ergebnis man sich erhofft. Nach mehreren Wochen oder Monaten im Wohnumfeld (also im Geruchspool) eines Vermissten zu starten und zu hoffen, den letzten, frischesten Trail zu treffen, ist angesichts der Vielzahl vorhandener gleicher Spuren nach einem solchen Zeitraum allenfalls naiver Optimismus. Wenn wir bei der bildhaften Sprache bleiben wollen, dann wären das 30, 50, oder 100 vergammelte Camemberts von denen einer(!) der richtige (jüngste/ frischeste) ist.

Das Ganze sieht natürlich schon wieder ganz anders aus, wenn wir einen PLS (Point last seen), also letzten Sichtungspunkt des Vermissten, vielleicht sogar noch außerhalb seines Wohnumfeldes haben. Dann kann der Hund nämlich gezielt auf dem vermutlich zuletzt erzeugten und somit frischesten Trail gestartet werden. Ähnlich verhält es sich auch bei Touristen, die zum ersten Male in einem Gebiet sind und dort gesucht werden müssen.

Im kriminalistischen Bereich spielen jedoch oftmals andere Überlegungen eine Rolle. Hier gibt es zwei grundsätzliche Szenarien, in die ich die Einsätze unterscheide. Zum einen sind dies Einsätze zur kriminalistischen Erkenntnisgewinnung im Ermittlungsverfahren. Zum anderen Einsätze, zur Führung des Nachweises der Anwesenheit am Tatort durch odorologische Spuren.

Diese beiden unterscheiden sich in der Regel bereits grundlegend an einem Merkmal, nämlich dem verfügbaren Geruchsartikel. Bei der ersten Variante, kriminalistischer Erkenntnisgewinn, wurde meistens ein mit der Tat in Zusammenhang stehender Geruchsträger des vermutlichen Täters am Tatort gesichert. Es wird also sehr oft eine zunächst unbekannte Person gesucht. Beim Einsatz des Mantrailing-Teams geht es deshalb darum, entweder die Person selbst aufzuspüren, ihren Fluchtweg und Richtung herauszufinden oder eventuell aufgrund einer erkannten flächigen Geruchsausbreitung ihr übliches Aufenthaltsgebiet, zum Beispiel innerhalb einer Stadt, bekannt zu machen, also „Erkenntnisse“ zu gewinnen. Dabei spielt das Alter der Spur für diese Erkenntnisse kaum eine Rolle. Bei vorhandenen frischen Spuren zum Beispiel am Tatort (PLS) wird der Hund diese sowieso ausarbeiten. Täter, die sich nach der Tat weiter in z. B. demselben Stadtgebiet aufhalten, legen immer wieder neue Spuren und somit Hinweise.

So wurden zum Beispiel unsere sächsischen Hunde für die Aufklärung eines brutalen Sexualmordes an einem jungen Mädchen in Polen hinzugezogen. Am Tatort wurden Geruchsartikel gesichert. Die Hunde lieferten daraufhin immer wieder Spuren vom Tatort am Stadtrand, bis in die Stadt hinein auf den dortigen Marktplatz. Dieser Marktplatz kristallisierte sich als „Ort von kriminalistischem Interesse“ heraus, weil dort dem Benehmen nach auch nach der Tat immer wieder neue, frischere Spuren (ohne Bezug zum Tatort) dieses Täters angezeigt wurden. Später wurde uns von den polnischen Kollegen mitgeteilt, dass der Täter ermittelt wurde. Er wohnte in einem Haus direkt am Marktplatz und konnte durch Beweise überführt werden!

Bei der zweiten möglichen Variante, dem Nachweis der Anwesenheit am Tatort durch odorologische Spuren, ist der Täter bereits ermittelt und bekannt. Er befindet sich in der Mehrzahl der Fälle in Haft und die Geruchsartikel von ihm wurden auf gerichtliche Anordnung direkt von seinem Körper abgenommen. Ein solcher inhaftierter Täter kann keine frischeren Spuren mehr an den Tatort bringen. Außerdem geht es beim Anwesenheitsnachweis am Tatort lediglich um das Vorhandensein von mit dem Geruchsartikel (Suchauftrag) übereinstimmenden Spuren in progressiver, linienförmiger Ausbreitungsform. Es wird also lediglich objektiv festgestellt, ob und gegebenenfalls in welcher Ausbreitungsform Geruch des Tatverdächtigen am Ereignisort vorhanden ist! Dabei wird (im Zweifel für den Angeklagten) ein Negativ und ein Pick up am Start wegen des identischen Verhaltens des Hundes zumeist gleich bewertet. Auch hier wurde in der jüngsten Vergangenheit von sogenannten „Experten“ behauptet und in der Presse verbreitet, es ginge dabei um die Interpretation und das „Lesen“ des Verhaltens des Suchhundes! Das ist schlicht und ergreifend falsch! Der Hundeführer hat nur mittels GPS-Aufzeichnung und zusätzlich mittels Videografie des Einsatzes zu dokumentieren, ob der Hund mit dem vorgehaltenen Geruch „startet“ und die mit dem Suchauftrag übereinstimmende Geruchsspur über eine ausreichende Distanz – in der Regel mehrere hundert Meter – verfolgt. Individualgeruch einer bestimmten Person in linienförmiger Ausbreitung über eine größere Distanz kann in der Lebenswirklichkeit und bei realistischer Betrachtung nur durch die Person selbst erzeugt worden sein. Insofern liegen in einem solchen Fall dann Anhaltspunkte für eine persönliche Anwesenheit am Tatort vor.

Bei einem „Negativ“ und einem „Pick up“ indes startet der Hund nicht und kann sich folglich auch nicht über eine größere Distanz vom Start lösen.

Dies dürfte auch für einen Laien, der in der Hundearbeit nicht bewandert ist, verständlich und zudem auf dem Video erkennbar sein. Nur hierum geht es beim Anwesenheitsnachweis! Nämlich um den völlig objektiven Befund: Kann der Hund mit dem vorgehaltenen Suchauftrag eine Spur aufnehmen und verfolgen oder nicht? Zur Sicherheit und Kontrolle wird dabei immer noch ein zweites Team ohne Kenntnis des Ergebnisses des ersten Teams eingesetzt.

Unnötige Begriffsverwirrung: Mantrailer oder Personenspürhund? Versuch der Erklärung einer Wortkreation des typischen deutschen Beamtentums

Was war zuerst da? MT oder PSH? Nun ja, wie der Begriff Mantrailer schon nahelegt, kam Mantrailing vor etlichen Jahren aus dem englischsprachigen Raum zu uns nach Deutschland herüber. Es fand schnell Eingang in die Rettungshundearbeit und bei privaten Hundefreunden. Einigen dieser Privatpersonen gelang es in der Folge, die Aufmerksamkeit und das Interesse der Strafverfolgungsbehörden für dieses neue Thema und seine sich bietenden Möglichkeiten zu wecken. Dadurch kam es zu ersten Einsätzen privater Anbieter, die unbestritten sicher auch zu manchen Ermittlungserfolgen führten. Leider hat das Thema aber auch noch eine zweite Seite. Die Privatanbieter wurden häufig für ihren Einsatz und ihre Expertise mit einer sogenannten Aufwandsentschädigung „entschädigt", einem Obolus, der sich den Gerüchten zufolge durchaus blicken lassen konnte. Man kann gut nachvollziehen, dass Einsätze, die als erfolgreich bewertet wurden, erneute Anforderungen für weitere Einsätze des betreffenden Anbieters zur Folge hatten. Die potenzielle Gefahr, die das in einem marktwirtschaftlichen System mit sich bringen kann, braucht hier nicht näher ausgeführt zu werden. Nach der Einführung des Mantrailing in die Polizei wollte man sich als Behörde auch nach außen hin hiervon deutlich sichtbar abgrenzen. Für ein gutes Mittel für die Außendarstellung hielten es die Verantwortlichen, den Begriff „Mantrailing" durch etwas anderes zu ersetzen. So soll der (typisch beamtendeutsche) sperrige Begriff des „Personenspürhundes" oder mitunter auch „Personensuchhundes" entstanden sein. Man hat also für etwas, was es bereits gab und in den Köpfen derer, die damit arbeiteten, fest etabliert war, einen neuen Begriff „ge- oder besser erfunden". Das „gut gemeint" nicht automatisch auch „gut gemacht" bedeutet, zeigt sich besonders, wenn mit den verschiedenen Begriffen für das Gleiche Leute konfrontiert werden, die nicht in der Materie stehen.

Ein gutes Beispiel hierfür habe ich selbst bei einem Einsatz erlebt.

Während einer Rufbereitschaft klingelte mein Telefon und der diensthabende Polizeiführer war am Apparat. Er sagte mir, man hätte eine Anforderung für einen PSH und gab mir die Information zum Einsatzort und dass es sich um eine abgängige Person mit ihrem Pkw handelte. Auf meine Nachfrage teilte er mir außerdem mit, dass das Handy des Gesuchten in einem Wald geortet werden konnte. Da es sich im Laufe der Zeit als konstruktiv erwiesen hat, sich die nötigen Informationen direkt vom Einsatzleiter, der draußen vor Ort ist, zu holen, ließ ich mir dessen Telefonnummer geben und rief ihn an. Ich hoffte, dass der Wohnort nicht allzu weit vom Einsatzort entfernt ist (was bei einem Verschwinden der Person mit dem Auto leicht vorkommen kann), weil ja dort zuerst einmal die notwendigen Geruchsträger besorgt werden mussten. Der Einsatzleiter erklärte mir also, man habe ein cirka fünf Quadratkilometer großes Waldgebiet, in welchem das Handy des Gesuchten grob geortet worden ist. Ich sagte dem Einsatzleiter, dass ich mit dem Geruchsträger dann zum Auffindeort des Autos des Vermissten kommen würde, um dort zu starten. Da erfuhr ich zu meiner Verwunderung, dass das Auto noch gar nicht gefunden wurde. Man hatte aber über den Netzbetreiber eine Handyortung veranlasst, bei der

dann das besagte Gebiet identifiziert wurde. Ich erklärte nun dem Einsatzleiter, dass dies für einen Mantrailer nicht ausreicht, denn der braucht, um eine Spur aufzunehmen, einen Ansatzpunkt, also einen Einstieg in die linienförmige Geruchsspur, die er dann verfolgen kann. Ist dieser PLS (Point last seen) nicht vorhanden, kann der Hund mit dem Geruchsträger, der ja gleichbedeutend mit „Suchauftrag" ist, nicht einfach an jeder x-beliebigen Stelle in dem Wald gestartet werden, denn er würde abseits des Trails gestartet dann jedesmal „Negativ" anzeigen. Der Einsatzleiter war für die Aufklärung meinerseits dankbar und sagte, „ Ich dachte, es ist ein Personensuchhund, und da wir eine Person suchen ... passt das!" Nun ja, so gesehen sind aber Fährtenhunde, Schutzhunde, Trümmersuchhunde, Flächensuchhunde und selbst Leichenspürhunde ebenfalls „Personenspürhunde". Nur dass die einen mit Augen und Nase stöbern, die anderen Fährten ausarbeiten, manche jede beliebige gefundene Person anzeigen, während andere wiederum dies nur bei der mit dem Suchauftrag übereinstimmenden Person tun und noch andere nur Tote und andere nur Lebende anzeigen.
Es kommt also bei der Wahl des richtigen Einsatzmittels" weniger auf die allgemeine Bezeichnung der Tätigkeit als auf die korrekte Benennung der Art der Tätigkeit an. Ein Orchester besteht zwar aus lauter Musikern, aber wenn jemand krank wird, muss ich als Dirigent schon wissen, ob ich als Ersatz einen Geiger, Cellisten oder Trompeter brauche! Ich sagte ihm dann, dass die geeigneten Hunde für diese Aufgabe und somit das Mittel der Wahl für seinen Einsatzanlass die Flächenhunde sind, denen eine völlig andere Einsatzstrategie zugrunde liegt und die keinen PLS benötigen, weil es Quellensucher sind. Da wir zu dieser Zeit in der Einsatzgruppe zwei eigene Flächenhunde hatten, sagte ich ihm, ich würde diese fachlich sinnvollere Alternative an den Polizeiführer vom Dienst weitergeben, damit er diese zum Einsatz bringen kann. Also rief ich dort an und erklärte dem PvD das Problem. Zu meiner Überraschung teilte mir dieser nun mit und schwor bei der Jungfräulichkeit seiner Mutter, dass die Polizei nicht über solche Hunde verfügen würde. Da ich mir einigermaßen sicher war, noch ein paar Tage zuvor mit den entsprechenden Kollegen gemeinsam Dienst verrichtet zu haben, bat ich ihn, die Liste der verfügbaren und alarmierbaren Spezialhunde gemeinsam durchzugehen und laut am Telefon vorzulesen. So las er denn vor: Fährtenhunde, Rauschgiftspürhunde, Sprengstoffspürhunde, Personenspürhunde, Brandmittelspürhunde, Leichenspürhunde, Vermisstenspürhunde ...! Ehm, halt stopp. Die als VSH geführten „Vermisstenspürhunde" waren tatsächlich, warum auch immer, das behördlich umgetaufte Äquivalent zum Flächensuchhund! In der gesamten „Hundefachwelt" kann jeder mit den Begriffen Mantrailer und Flächenhunde etwas anfangen, weiß was damit gemeint ist und hat eine Vorstellung davon, was diese Hunde machen und wie sie eingesetzt werden können. Warum Mantrailer und insbesondere die im deutschen Retttungshundewesen allseits bekannten Flächenhunde bei manchen Polizeibehörden anders genannt werden mussten, bleibt ein Rätsel. Diese Neukreationen sagen nichts über die Suchart und Einsatzspezifik aus und stiften mehr Verwirrung als Klarheit!

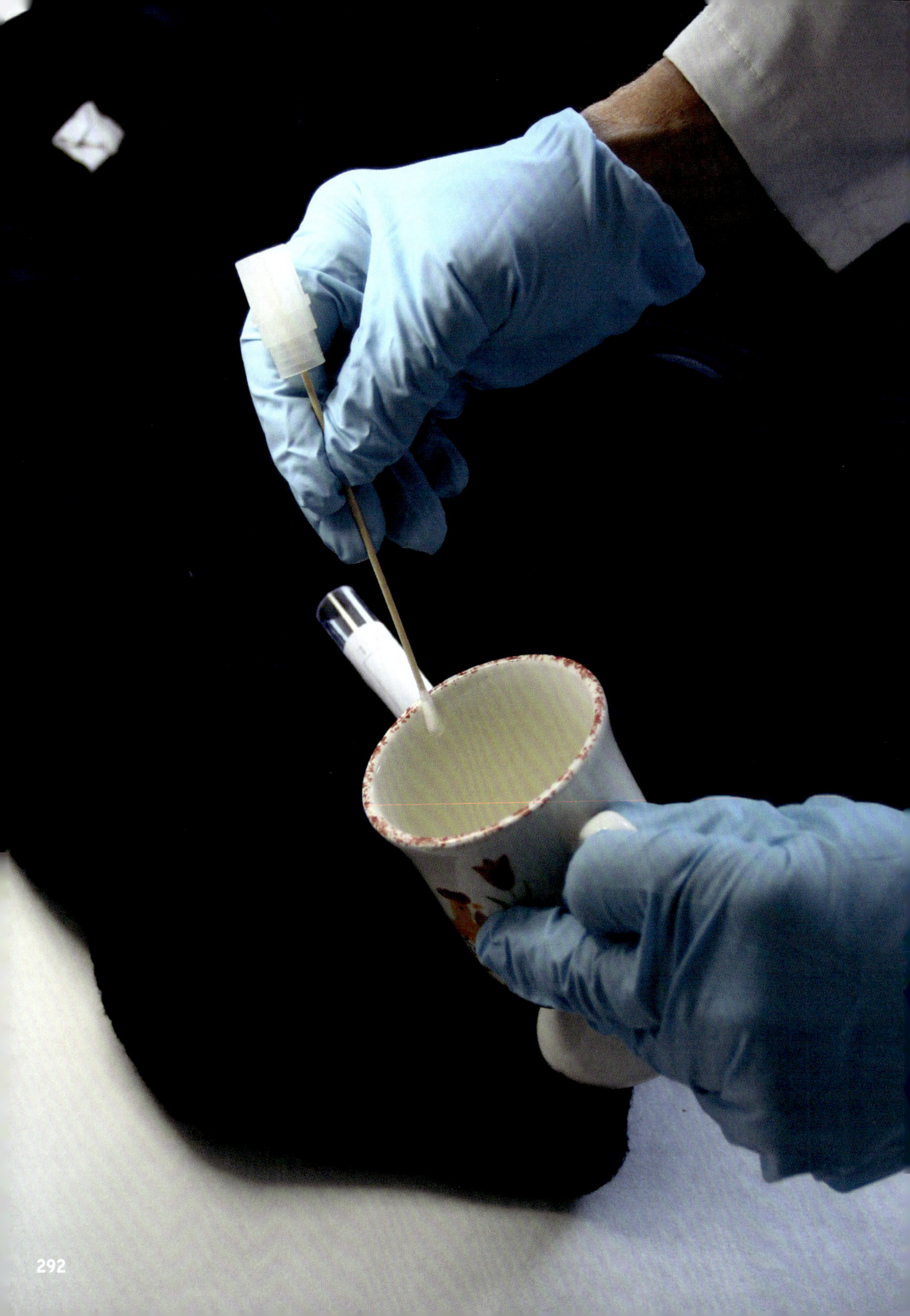

21.

EXTRA:

Die Sicherung von odorologischen Spuren – Eine Handlungshilfe für Einsatzkräfte und Kriminaltechniker

Da wir Mantrailing-Ausbilder immer wieder von Kriminaltechnikern und Einsatzkräften gefragt werden, was sie bei der Sicherung von odorologischen Spuren beachten müssten und weil dabei auch viele Fehler gemacht werden, habe ich an dieser Stelle die wichtigsten Grundsätze der Geruchssicherung nochmals übersichtlich zusammengefasst, auch wenn hier einiges weiter vorn im Buch Gesagte nochmals wiederholt wird.

Allgemeines

Odorologische Spuren sind Geruchsspuren. Etwa zwei Kilogramm des Gewichtes eines erwachsenen, lebenden Menschen sind am und im Körper lebende Mikroben, welche Körperabbauprodukte (z. B. abgestorbene Hautschuppen, Schweiß u. a.) organisch zersetzen und dabei gasförmige Ausscheidungsprodukte abgeben. Dieser körpereigene Geruch ist hoch individuell. Daher werden odorologische Spuren als bakterielle Spuren behandelt. Der Mensch besteht aus Milliarden Zellen, die kontinuierlich absterben und ersetzt werden. Die verschiedenen Körperzellen haben jeweils eine unterschiedliche Lebensdauer. Abfallende Zellen, z. B. mikroskopisch kleine Hautschuppen, werden von darauf befindlichen körpereigenen Mikroben und auch von Bakterien der Umgebung in der sie landen, unter den Einflüssen der Witterung und Temperatur zersetzt.

Die Geruchsinformationen und damit Individualgeruchsmerkmale findet man in allen Körperflüssigkeiten (Blut, Sekret, Harn usw.) auf der Körperoberfläche und an Körperzellen (z. B. in Haaren oder Hautabrieb).

Jeder Mensch hat seine eigene, individuell verschiedene Zusammenstellung von Bakterienkulturen. Eine Übertragung odorologischer und bakterieller Spuren auf Gegenstände erfolgt überwiegend durch Kontakt, kann aber ggf. auch beispielsweise durch Beatmen der Oberfläche in geringem Abstand erfolgen.

Sicherung von Geruchsspuren – Grundsätzliches

Es besteht bei der Sicherung eine Konkurrenz zur Sicherung von DNA-Spuren. Odorologische Spuren sind gasförmige oder häufig bakterielle Spuren und müssen daher gegen Fremdkontamination gesichert werden. Dies kann am besten in gasdichten Verpackungen gewährleistet werden werden. Odorologische Spuren daher am besten in verschraubbaren Gläsern sichern. Diese können zusätzlich unter dem Deckel (also vor dem Zuschrauben) mit einer Alufolie abgedeckt werden, da Aluminium ein bekannter guter „Aromablocker" ist. Möglich sind auch verschweißbare Brandschutt-Tüten. Bei nicht gasdicht verpackten Trägern von odorologischen Spuren z. B. Behältnissen zur DNA-Sicherung mit Membran zum Gasaustausch, muss die Möglichkeit der unkontrollierten Fremdkontamination in Betracht gezogen werden. Solche Spurenträger sind für die Verwendung in Strafverfahren fragwürdig bzw. nicht verwendbar.

Für den Einsatz von Mantrailern bei Strafverfahren ist es erforderlich, äußerst genau zu arbeiten. Das LG Nürnberg Fürth hat 2012 in einem Urteil die Grundvoraussetzungen festgelegt, die zu erfüllen sind, damit das Ergebnis eines Mantrailereinsatzes als beweisverwertbar anerkannt werden kann.

Hunde besitzen die Fähigkeit **selektiv zu riechen**, das heißt sie nehmen an einem bspw. mehrfach kontaminierten Geruchsträger (z. B. von drei Personen angefasst) nicht etwa einen Mischgeruch, sondern den Geruch von **drei verschiedenen** Personen wahr.

Der Geruchsträger ist der „Suchauftrag" für den Hund und zugleich der einzige Moment auf dem Trail, in welchem dem Hund klargemacht werden kann, welchen Geruch er ausarbeiten soll. Deshalb ist es erforderlich, sehr „sauber" zu arbeiten.

Damit das Ergebnis der Sucharbeit einer juristischen Betrachtung standhält, sollte wenn möglich der Geruchsträger und damit der „Suchauftrag" für den Hund so eindeutig wie möglich sein, sprich für den Hund keine Alternativen zulassen. (Alternativen bedeutet, der Hund hätte am Geruchsträger mehrere Gerüche – sprich Personen – zur beliebigen, selbständigen Auswahl).

Möglichkeit des Ausschließens von Gerüchen, die nicht fallrelevant sind

Es besteht die Möglichkeit, bei einem mehrfach kontaminierten Geruchsträger die an ihm haftenden, nicht fallrelevanten Gerüche Unbeteiligter vor dem Beginn der Sucharbeit auszuschließen. Das diese vollumfänglich bekannt sind, ist natürlich zwingende Voraussetzung! Hierzu müssen entweder die Personen, die mit dem Geruchsträger in Berührung gekommen sind, anwesend sein, oder ein von ihnen eindeutiger (nur von der betreffenden Person kontaminierter) und fachgerecht (gasdicht) verpackter Geruchsträger vorhanden sein. Das Ausschließen geschieht mittels Beriechen der Person oder des Geruchsträgers der Person in Verbindung mit einem dem Hund geläufigen Verbotskommando. Die machbare Anzahl der auszuschließenden Personen ist daher vor dem Einsatz unbedingt mit dem Hundeführer abzusprechen, da diese in Abhängigkeit von der Sensibilität des jeweiligen Tieres von Hund zu Hund variieren kann.

Umsetzung

Geruchsträgersicherung

Wer?

1. **1. Wahl:** durch den Diensthundeführer selbst
2. **2. Wahl:** durch sachverständigen Beamten (zum Beispiel ein mit den Erfordernissen odorologischer Spuren vertrauter Kriminaltechniker)

Geruchsartikel sollten, wenn möglich, vorzugsweise vom jeweiligen Diensthundeführer selbst gesichert werden. Grund: Der von ihm am zu sichernden Geruchsartikel hinterlassene, eigene Individualgeruch ist für den Hund irrelevant, weil der Geruch des Hundeführers im täglichen Leben und bei der Sucharbeit mit dem Hund ständig präsent ist. Dieser Geruch des Hundeführers gehört zum Team und muss nicht ausgeschlossen werden. Dies erleichtert und vereinfacht die Arbeit des Mantrailers.

Wie?

Bei der Sicherung odorologischer Spuren durch einen anderen Beamten als den Hundeführer sollte Folgendes Beachtung finden.

Fälschungssicherheit: Vermeidung von Fremdkontamination bzw. wenn unvermeidbar, dann kontrollierte Fremdkontamination

1. **Variante 1:** Verwendung von sterilen (original verpackten) OP-Handschuhen, welche NICHT auf der Außenseite durch den Beamten kontaminiert wurden, oder
2. **Variante 2:** Verwendung von Gummihandschuhen aus einer Verpackung, auf welche AUSSCHLIESSLICH der betreffenden Beamte persönlich zugreift, oder
3. **Variante 3:** keine Verwendung von Handschuhen
4. In den Fällen der Varianten 2 und 3 sind Vergleichsgeruchspuren von dem sichernden Beamten selbst, auf einem sterilen – nicht antibakteriellen (!) – Trägermedium zu fertigen und gasdicht zu verpacken. (steriles Baumwolltuch – für kriminaltechnische Verwendung ausgelegtes Schraubglas, welches erst zur Sicherung des GA geöffnet wird) Hierzu muss das Trägermedium direkten Kontakt zur Körperoberfläche haben (z. B. Abreiben Stirn und Nacken). Eine Fremdkontamination des Vergleichs-GA ist zwingend auszuschließen.

Warum?
Nur im Fall der 1. Variante kann nötigenfalls auf einen geruchlichen Ausschluss des Sichernden verzichtet werden.

Bei den Varianten 2 und 3 ist zusätzlich ein eindeutiger Geruchsträger als Vergleichsgeruch vom den Geruchsartikel (GA)sichernden Beamten, durch diesen selbst anzufertigen und gasdicht zu verpacken (steriles Trägermedium, in einem eindeutig gekennzeichneten Schraubglas). Dieser Geruchträger dient zum späteren Ausschluss für den Hund. Ersatzweise kann der den GA sichernde Beamte auch am Tag des Mantrailereinsatzes persönlich anwesend sein und vom Hund durch beriechen ausgeschlossen werden.

Bei den Varianten 2 und 3 kann von einer kontrollierten Fremdkontamination ausgegangen werden, da bekannt ist, wer ausgeschlossen werden muss. Ein klarer Geruch zum Ausschluss ist einer vagen Aussage zur möglichen Kontamination vorzuziehen.

Stammen die bei der Sicherung verwendeten Gummihandschuhe aus einer Verpackung, auf die mehrere Personen unkontrolliert Zugriff haben oder wurde der GA bereits von einer unbekannten Anzahl Personen kontaminiert, so scheidet eine Verwendung des GA im Strafverfahren aus.

Sicherung von Kleinteilen

1. Gegenstände, die im Original gesichert werden können, sind auch so zu sichern.
2. Die Gegenstände sind bei Möglichkeit (abhängig von der Größe) in verschraubbaren Gläsern aufzubewahren. Ist dies nicht möglich, so können kurzzeitig fabrikneu verpackte, verschließbare Plastikttüten mit Clipverschluss verwendet werden. Wurde die GA-Sicherung durch andere Beamte als den Hundeführer durchgeführt, sollten die gesicherten Gegenstände, zur Sicherheit zweifach verpackt werden (Cliptüte in Cliptüte).

Achtung! Cliptüten sind nicht gasdicht! Eine längere Aufbewahrung in Cliptüten ist daher nicht möglich! Zur aufbewahrenden Asservierung sollte deshalb auf verschweißbare Brandschutt-Tüten ausgewichen werden.

Sicherung von Geruch an nicht verpackbaren Gegenständen, Anfertigung von Geruchskopien

Können die GA nicht im Original gesichert werden, so kann eine Geruchskopie von dem GA angefertigt werden. Geruchskopien werden mittels sterilem Trägermedium gefertigt, welches mit dem GA in direkten Kontakt gebracht wird.

1. Die Geruchsübertragung kann durch Wischen, Tupfen oder dazulegen des Trägermediums zum GA erfolgen. (Beispiel: Lenkrad, Türgriff o. ä.)
2. Eine Einwirkzeit zwischen 10 und 20 Minuten sollte eingehalten werden. Eine unkontrollierte Fremdkontamination des Trägermediums ist auszuschließen
3. Ist es erforderlich, dass mit demselben GA mehrere Mantrailing Teams arbeiten müssen, oder wird der GA noch zur DNA-Analyse gebraucht, so können auch mehrere Geruchskopien gefertigt werden.

Bei kleinen GA, die im Original gesichert werden können, wird der GA hierzu in ein gasdichtes Behältnis zusammen mit der nötigen Anzahl steriler Trägermedien verpackt. Nach der Einwirkzeit,kann der GA der Auswertung als DNA-Spur zugeführt werden. Die Trägermedien müssen einzeln gasdicht verpackt werden. Gegebenenfalls ist ein Vergleichsgeruch des Anfertigers der Geruchskopien bereitzustellen.

Sicherung von Flüssigkeiten

1. Körperflüssigkeiten wie Blut, Speichel, Samenflüssigkeit, Sekret, sollten nach Möglichkeit im flüssigen Zustand gesichert und in geeignetem Behältnis verpackt werden. Für den Mantrailereinsatz kann dann ggf. vor Ort zum Beginn der Arbeit zur besseren Geruchsaufnahme für den Hund ein steriles Trägermedium[39] mit der Flüssigkeit beträufelt werden.
2. Ist die Sicherung nicht im flüssigen Zustand möglich, so kann die Flüssigkeit evtl. auf ein steriles Trägermedium übertragen und so gesichert werden.

Zu den Zeiträumen hinsichtlich der Haltbarkeit und Verwendbarkeit von Flüssigkeiten liegen derzeit keine aussagekräftigen Erkenntnisse vor.

Verwendung von Gewebe und abgetrennten Körperteilen als Individualgeruchsträger der betreffenden Person (z. B. Recherche des Weges eines Getöteten)

Die Verwendung von verderblichem Gewebe wie Innereien, Fleisch oder Körperteilen als GA ist kritisch zu betrachten. Diese Stoffe unterliegen dem biologischen Verfall und der Zersetzung. Die hierbei aktiven Fäulnisbakterien sind nicht mit den Mikroben, die sich am

39 Steriles Trägermedium = sterile Baumwolltücher oder medizinische Kompressen oder Wundauflagen, nicht antibakteriell(!), stets einzeln verpackt.

lebenden Körper befinden, vergleichbar. Daher ist eine Übereinstimmung des GA, also des Suchauftrages mit einer gegebenenfalls tatsächlich vorhandenen Geruchsspur / Trail, fraglich. Daher sind nach derzeitigem Wissensstand Ausweich-GA zu prüfen und ihnen ggf. der Vorzug zu geben. Eine Rücksprache mit dem Diensthundeführer empfiehlt sich.

Dagegen sind Haare, bspw. gesichert aus Haarbürsten oder Trockenrasierapparaten, als GA geeignet.

Geruchsartikelgewinnung an lebenden Personen, z. B. inhaftierten Tatverdächtigen

GA von lebenden Personen werden durch direkten Körperkontakt mit einem sterilen Trägermedium hergestellt.

1. **1. Wahl:** durch die Person selbst oder den Diensthundeführer
2. **2. Wahl:** durch einen sachverständigen Beamten (mit den Erfordernissen odorologischer Spuren vertrauter Kriminaltechniker)

Möglichkeiten:

1. Abreiben oder Betupfen von Hautflächen. Direkter Hautkontakt erforderlich z. Stirn, Nacken, Körper usw.! Um das Argument einer unkontrollierten Fremdkontamination zu vermeiden, sollten keine Handflächen des Probanden verwendet werden (Händeschütteln mit anderen Mitgefangenen)!
2. Entnahme von Haaren (Haarwurzel nicht erforderlich, abschneiden genügt) oder Blut
3. Entnahme von Speichel mittels DNA Röhrchen. Die Röhrchen sind anschl. gasdicht zu verpacken.

Bei der Sicherung jedweder odorologischen Spuren sind stets die Grundsätze der Vermeidung von Fremkontamination bzw. der kontrollierten Fremdkontamination zu beachten.

Fotografische / videografische Dokumentation

Insbesondere bei Straftaten von herausragender Bedeutung ist der Vorgang der Geruchsartikelsicherung vorzugsweise videografisch, jedoch mindestens fotografisch zu dokumentieren (vgl. hierzu Urteil vom LG Nürnberg-Fürth), da der Mantrailereinsatz bei Gericht, sofern keine anderweitigen Beweise für die Schuld des Angeklagten vorliegen, lückenlos videografisch dokumentiert werden muss. Dies, um eine nachträgliche Beurteilung der Trailarbeit durch Sachverständige zu ermöglichen. Hierbei spielt die Herkunft und die Gewinnung des für die Trailarbeit maßgeblichen Geruchsartikels sprich „Suchauftrages", eine tragende Rolle.

Schlusswort

Ich hoffe, dem interessierten Leser, ob nun begeisterter Hundeliebhaber, Rettungshundeführer, Polizeikollegen, Kynologen oder auch Juristen hat mein Buch gefallen und würde mich freuen, wenn es Manchen vielleicht motiviert, sich mit der Materie und den Möglichkeiten der Odorologie weiter zu beschäftigen. Ich bedanke mich bei allen Mitwirkenden für die großartige Unterstützung!

Die Arbeit mit den Hunden, die Zeit, die wir mit ihnen verbringen dürfen sind ein großartiges Geschenk! Und wir wissen noch so wenig über sie!

Lasst uns neugierig bleiben!

Ralf Blechschmidt

Video-Bonusmaterial zum Buch

https://www.hundebuchshop.com/Mantrailing-in-der-Polizeiarbeit-Bonusmaterial.htm

Unter obigem Link finden Sie Bonusmaterial in Form von Videos und Audiodateien zum Buch!

Über den Autor

Ralf Blechschmidt kann auf eine knapp dreißigjährige Karriere als Spezialhundeführer für die Personensuche im polizeilichen Diensthundewesen zurückblicken und war als solcher mit Einsätzen zu zahlreichen Straftaten von herausragender Bedeutung im In-und Ausland beteiligt. Er führte lange Jahre polizeiliche Fährtenhunde und danach Mantrailer, ist Aus-und Fortbilder sowie Prüfer für Mantrailing und gefragter Referent bei Tagungen und Fortbildungen zum Thema Personenspürhunde.

Das könnte Sie auch interessieren:

Arbeitsbuch Mantrailing
75 spannende und effektive Übungstrails

Es steht eine neue Übungseinheit an und du bist ratlos, welche Trails du legen könntest? In diesem Arbeitsbuch findest du viele Ideen, um das Training für dich und/oder deine Trailer effektiv und spannend zu gestalten. Auf den ersten Blick sind die Eckpunkte der jeweiligen Übung aufgeführt: Ob beispielsweise bestimmte Trailgebiete oder extra Materialien benötigt werden oder welches Trainingsziel und welchen Schwerpunkt die Aufgabe verfolgt. Anschließend folgt eine Anleitung mit Skizze zum Trail-Verlauf.
Egal, ob du dich zu den Fun-, Sport- oder Einsatz-Trailern zählst: Du kannst alle Übungen trainieren. Damit ist das Workbook für alle Trainer von Hundeschule bis Rettungshundestaffel, genauso aber auch für Hobbygruppen geeignet. Letztere haben oft das Problem, keinen Trainer zu haben und somit niemanden, der neue Ideen fürs Training einbringt. Diese Lücke wird hier geschlossen!

Flexicover, 192 Seiten, farbig
ISBN 978-3-95464-275-5

K.9 Trailing

Professionelle Personensuche mit Hund

Trailing oder „Mantrailing“, die Personensuche mit Hund, gehört in Europa zu den neueren Unterdisziplinen der Polizei- und Rettungshundearbeit. Jeff Schettler, langjähriger Diensthundeführer der kalifornischen Polizei und Mitglied einer FBI-Spezialeinheit, berichtet in diesem praktischen Buch aus seinem reichen Erfahrungsschatz und gibt wertvolle Tipps. Auswahl und Ausbildung eines Hundes, geeignete Ausrüstung, das Verhalten von Geruch unter verschiedenen Umweltbedingungen, Trails in städtischem Gebiet, Car Trails, Training unter Ablenkungen und vieles mehr werden ausführlich besprochen.

Eine Fundgrube für alle, die sich ernsthaft mit dem Thema Trailing auseinandersetzen möchten.

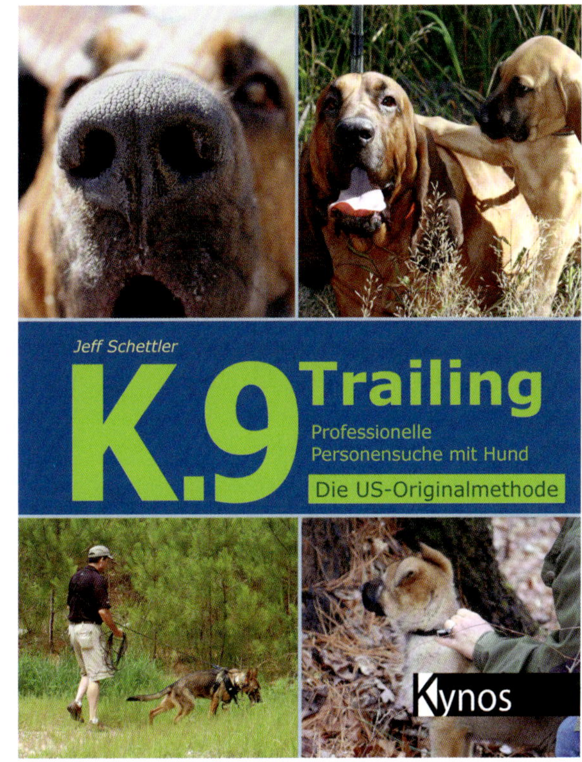

Flexicover, 240 Seiten, durchgehend farbig
ISBN 978-3-95464-018-8